KB107954

시민의 물리학

시민의 물리학

그리스 자연철학에서 복잡계 과학까지,
세상 보는 눈이 바뀌는 물리학 이야기

유상균 지음

플루토

물리학을 이해하는 데 도움 줄 단단한 디딤돌

장회익(서울대학교 물리학과 명예교수)

물리학의 중요성을 모르는 사람은 없다. 그럼에도 물리학을 진지하게 공부하려는 사람이 많지는 않다. 가장 큰 이유는 물리학을 공부하기가 너무 어렵기 때문이다. 정말 그렇다. 60년 넘게 물리학을 공부한 내게도 여전히 가장 어려운 학문이 물리학이다.

당연한 이야기지만 물리학이 어려운 또 한 가지 이유는 물리학을 안내할 좋은 책이 흔치 않기 때문이다. 여기서 좋은 책이란 두 가지 조건을 갖추어야 한다. 하나는 정말 알기 쉽게 잘 쓰여야 한다는 것이고 다른 하나는 현재 내 단계에 적합해야 한다는 것이다. 이 두 가지 조건을 갖춘 책을 발견하기가 정말 어렵다.

그런 점에서 나는 이 책을 적극 추천하고 싶다. 일단 이 책은 매우 알기 쉽게 잘 쓰였다. 단순히 물리학 내용만이 아니라 그것이 전개돼온 역사적 정황을 실감 있게 전해주고 설명 자체도 구수한 이야기체로 잘 풀어나간다. 군데군데 옆길로 새면서까지 독자들의 관심 폭도 넓혀주고 있다. 둘째로 이 책은 정말 넓은 독자층을 아우른다. 물리학을 거의 배우지 않은 일반 대중에서 물리학을 공부하는 학생들 그리고 물리학을 이미 배웠으나 잘 소화하지 못해 거의 망각해가는 지성층에 이르기까지 많은 사람들에게 도움이 되는 책이다.

물론 이 책을 통해 물리학을 얼마나 깊이 이해하느냐는 것은 독자들의 몫이다. 높은 수준의 내용을 본격적으로 공부하는 책은 아니기 때문에 이 책과 함께 좀 더 깊이 있는 책을 본다면 큰 도움을 얻을 것이다. 설혹 그렇게까지 하지 않더라도 물리학에 대해 전반적으로 이해할 수 있다. 어떻게 읽는다 해도 앞으로 물리학을 깊이 이해할 수 있는 기초 소양을 마련하는 데 매우 적절한 책임에 틀림없다. 말하자면 물리학을 이해하는 하나의 좋은 디딤돌이 되어줄 것이다.

이 책은 지난 10여 년에 걸쳐 대안대학 교육에 몸 바쳐온 저자의 경험과 그간의 연구가 맺은 결실이기에 더욱 큰 의미를 지닌다. 저자는 대안대학 교육을 통해 이상적 지성인이 갖출 기본 소양으로서 이 책을 구상했다고 한다. 그런 점에서 이 책은 특히 자연과학에 대한 소양이 결여되기 쉬운 이 시대 생활인들에게 소중한 반려가 되리라 믿어 의심치 않는다.

깊은 생각, 삶의 성찰로 이끄는 과학책

최무영(서울대학교 물리천문학부 교수, 《최무영 교수의 물리학 강의》 저자)

현대사회에서 과학, 특히 물리학은 흔히 물질문명을 연상시키지만 본질적으로는 정신문화로서 인간의 존재와 삶, 곧 인문·사회와 깊이 관련되어 있다. '시민의 물리학'이라는 다소 도발적인 제목에 걸맞은 이 책은 시대에 따른 물리학의 전개를 '과학혁명'이라는 실마리로 서술하고 있다. 과학의 싹이 튼 서양의 자연철학에서 시작해 고전역학과 전자기 이론으로 이루어진 고전물리학, 상대성이론과 양자역학이 토대가 된 근현대 물리학을 설명하고, 혼돈과 통계역학 및 복잡계도 소개하고 있다. 다루는 내용의 제한과 서술의 균형 면에서 조금 아쉽지만, 저자의 관점을 일관되게 유지하면서 간간이 동양철학에 비추어 해석하려는 시도는 흥미를 끈다.

일반인을 위한 대부분의 과학책과 달리 깊은 생각으로 이끌어주는 이 책은 촛불혁명의 언급에서 시작해 삶의 혁명으로 이어가자는 제언으로 끝맺으며 우리 앞날에 중요한 시사점을 내놓는다. 과학에 대한 그릇되고 뒤틀린 앎이 퍼져 있는 현 시점에서 이 책은 과학의 본질을 정확히 이해하고 우리 삶을 성찰하는 데 도움을 줄 것이다.

문과, 이과를 넘어 시민의 교양으로

강내희(지식순환협동조합 대안대학 학장)

유상균 교수가 쓴 《시민의 물리학》을 다 읽고 느낀 소감은 이렇다.

"과학과 친하고 싶어도 어려워 선뜻 다가가지 못하는 문외한에게 큰 도움이 되겠구나."

자연과 세계를 제대로 이해하는 데 과학적 지식이 필수임을 모르는 사람은 별로 없다. 그렇지만 많은 사람들에게 과학이 이해하기 어려운 것 또한 사실이다. 이 책은 과학이 중요하다는 것은 잘 알지만 그 내용을 어렵게 여기는 사람들에게 아주 친절하고 유익한 안내서다.

과학에 대한 공포감을 지닌 것은 나도 마찬가지다. 고등학교 때부터 문과 계열의 공부를 해온 탓도 있지만 사실 이과 공부를 썩 잘하지 못했다. 특히 수학이 서툴어서 로그나 시그마, 함수, 고차방정식 등을 사용해야 하는 문제가 나오면 머리가 새하얘지기 일쑤였다. 그런데 이 책은 나처럼 수학에는 젬병인 사람도 쉽게 따라갈 수 있는 과학 이야기를 펼쳐놓는다. 이 책을 며칠에 걸쳐 읽는 동안 상대성이론의 거시적 세계와 양자역학의 미시적 세계를 드나들며 마치 환상소설에서 펼쳐지는 상상의 세계를 누비는 듯한 느낌이 든 것도 비단 과장은 아니다.

한국은 이제 고학력 사회다. 최근에는 비율이 조금 떨어졌지만, 고등학교 졸업자의 80퍼센트 가까이가 대학에 진학한다. 문제는 고학력이 꼭 균형 잡힌 지성을 보장하진 않는다는 점이다. 고등학교에서부터 이과와 문과로 나뉘는 데다가 대학에서는 분과 학문 중심으로 파편적인 교육이 이루어진다. 그래서 많이 배웠다는 사람일수록 지적 불균형과 편향을 드러내는 경우가 많다. 인문학을 전공한 사람은 과학에 무지하고 자연과학을 전공한 사람은 인문학적 소양이 부족해진다. 이런 현상을 두고 20세기 중반에 찰스 퍼시 스노는 '두 문화' 병폐라고 규정한 적이 있다. 《시민의 물리학》은 우리 사회의 '두 문화' 고질병을 고치는 데 큰 도움을 줄 것이다. 이 책은 지식의 쪼개짐 상황을 치유할 수 있게끔 물리학을 중심으로 과학에 대해 균형 잡힌 해설을 제공한다.

또 한편으로 이 책은 문과 계열의 공부만 해 그쪽 사고방식에 너무 깊이 젖은 나 같은 사람도 공포감을 느끼지 않고 자연과학을 대할 수 있게 해준다. 사실 여기서 다루는 과학 이론은 매우 근본적인 내용이다. 크고 작은 물질의 작용을 일으키는 물리적 힘의 세계를 엄밀한 이치를 통해 살핀다. 이미 고백한 대로 수학에는 젬병인 나도 책을 읽는 동안 전반적 내용을 무리 없이 따라갈 수 있었던 것은 유상균 교수의 설명이 쉽게 다가왔기 때문이다. 물론 복잡한 수식이 나올 때도 없지 않지만, 그런 경우에도 친근한 설명이 따라 나와 큰 도움이 되었다. 상대성이론과 양자역학의 차이와 관계라든가, 이들 이론과 열역학 및 복잡계 이론의 관계와 차이를 쉽게 이해할 수 있게 해준다.

다른 한편으로 《시민의 물리학》은 이과 계열을 전공한 사람에게도 도움이 되리라 믿는다. 물리학을 포함한 과학은 통상 보편성이나 불편부당성을 내세우고 구체적 삶과는 무관한 이론적 지식을 지향하는 경우가 많다. 과학자의 경우 이론 자체를 탐구한다면서 보통 사람은 알아듣기 어려운 원리나 수식만 만들면 설명을 다 한 것으로 여기는 일도 흔하다. 이 책의 큰 장점은 과학이 홀로 원리로서만 성립하는 것이 아니라 문화의 일부로서 역사적으로, 사회적으로 규정 받음을 계속 강조한다는 데 있다. 과학이 어디 먼 딴 나라 이야기가 아니라는 것, 우리가 살고 있는 사회와 늘 밀접한 관련이 있다는 것을 일깨워주는 것이다. 아울러 뉴턴이나 아인슈타인 같은 위대한 과학자도 보통 사람들처럼 나름의 편견과 한계를 갖고 있었다는 점도 지적해준다. 이런 서술 방식은 과학 전문가로 자처하는 이과 계열 전공자들로 하여금 과학의 이론적 작업이 사회·역사적 맥락에서 벗어나지 않는다는 것을 깨닫게 해주고 문과 계열 사람들과 소통이 필요함을 느끼게 해준다.

이 책의 제목은 《시민의 물리학》이다. 여기에는 여러 뜻이 있을 수 있겠지만, 물리학이 시민의 것이라는 뜻이 강하다고 여겨진다. 사실 물리학은 물리학자만의 것일 수 없다. 물리학을 포함한 과학은 모든 다른 학문과 마찬가지로 시민 공통의 자산이다. 이 책은 그래서 물리학이 시민에게 필요하고 시민이 알아야 하는 과학임을 강조한다. 시민은 근대적 주체로서 사회적 권리와 의무를 함께 진다. 우리 모두는 시민으로서 자신의 삶에 영향을 미치는 중요한 사안들을 자율적으로 결정해야 한다. 사회의 구조나 자연환경,

시민 생활의 전반적 모습을 시민으로서 주체적으로 결정해야 한다. 핵발전소나 댐의 건설, 생태 보호, 교통체계 쇄신 등의 문제를 다루는 것도 궁극적으로 우리 시민의 몫이다.

그런데 오늘날 이런 일들은 갈수록 복잡해져서 상당한 과학기술적 지식을 요구한다. 공적인 삶을 스스로 설계해야 하는 시민이 과학 지식과 비판적 태도를 갖춰야 하는 것은 그 때문이다. 핵발전소의 건설이나 폐쇄를 전문가에게만 맡겨놓으면 지금처럼 위험사회가 만들어지므로 적어도 그런 중대한 문제에 개입하려면 시민도 과학기술에 대한 기본 지식을 갖춰야 한다. 이 책은 시민으로서 우리가 지녀야 할 과학 소양을 기르는 데 큰 도움을 줄 것이다. 그런 점에서 《시민의 물리학》이라는 제목은 매우 적절하다.

이 책은 시민이라면 누구든 가까이 두고 자주 들춰 보면 좋을 듯하다. 사실 여기서 다루는 과학 이론은 바로 이해할 수 있을 만큼 만만한 내용이 아니다. 뉴턴이 종합한 고전역학, 아인슈타인이 개척한 상대성이론, 보어를 포함한 코펜하겐 학파가 종합한 양자역학 그리고 19세기 열역학에서 시작된 복잡계 이론 등은 내용이 매우 복잡하고 어렵다. 이들 이론은 고차원적 상상을 바탕으로 만들어졌으며, 그만큼 지속적 관심을 갖고 들여다봐야만 그 내용과 의미를 이해할 수 있다. 이 책이 좋은 것은 그런 어려운 이론을 이해할 수 있게끔 저자 유상균 교수가 편안하게 설명해준다는 점이다. 곁에 두고 반복해 읽어볼 것을 권하는 이유도 여기에 있다.

유상균 교수는 지식순환협동조합 대안대학에서 '물질과 우주', '엔트로피와 생명' 등 자연과학 과목을 맡고 있다. 같은 대학에서 학장으로 있는 나는 우리 대학의 학생들에게 이 책을 꼭 읽어보라고 권할 계획이다. 그리고 사회적 권리와 의무를 자율적으로 지는 주체가 되려는 시민에게도 이 책을 추천한다. 《시민의 물리학》은 과학에 대한 편견이나 무지에서 벗어나게 해줄뿐더러 과학이 우리의 상상력을 한껏 촉발하는 정말 재미있는 세계임을 알게 해줄 것이다.

인문학과 정통 물리학의 재미있는 만남

박인규(서울시립대학교 물리학과 교수)

"세상 살기 참 힘들어요."

이웃들에게 어렵지 않게 들을 수 있는 이야기다. 전세살이에 지친 사람은 집값 때문에, 고등학생은 입시 때문에, 젊은이는 취업 때문에, 노인은 건강 때문에, 힘들고 지친 사람들이 넘쳐난다. 그런데 이상하게도 주변이 모두 다 불행히 사는 것 같아도 지금 이 순간 돈이 넘쳐, 즐거움이 넘쳐 주체를 못하는 사람들도 있다. 이들이 부지런히 일하며 성실하게 살아가는 사람들이라면 크게 못마땅해할 필요는 없어 보인다. 문제는 이들 가운데 불공정한 방법으로 승리를 가로채고 불법을 저지르며 세금을 훔치는 등 정당하지 못한 방식으로 살아가는 사람도 많다는 데 있다.

사람들은 공평하지 못한 일을 당하면 여러 가지 반응을 보인다. 모든 것이 신의 섭리라 생각하며 수긍하고 사는 사람들도 있다. 그 반대쪽에는 나쁜 사람들이 벌을 받지 않는 것은 곧 신이 없다는 증거라 믿으며 똑같이 나쁜 짓을 하려는 사람들도 있다. 아마 우리 모습도 이 양 극단 사이 어디쯤엔가 있지 않을까? 물론 정의롭게 살고자 하는 사람들이 대다수일 것이다. 이렇게 믿는 이유는 우리 사회가 점점 더 좋아지는 것을 실제로 목격하고 있기 때문이다.

민주주의 정착이 요원했던 1970~80년대에는 인문학적 요소가 강한 책들이 사회를 논했다. 정치, 사회, 철학, 민족, 전통, 윤리, 종교…… 이러한 요소들이 당시 사회를 이해하고 비판하는 주요 잣대이자 도구였고, 당연히 사회를 논하는 책들의 중심이 되었다.

반면 현대사회는 이전보다 훨씬 더 복잡해졌다. 후쿠시마 핵발전소 사고로 핵 발전에 대한 찬반 논란이 뜨겁다. 인공지능이 인간의 직업을 빼앗을 것이라는 경고도 들려온다. 비트코인으로 수천억 원을 순식간에 번 사람도 있고 망한 사람도 있다. 유전자기술은 생명을 조작하고도 남을 정도로 발달했다. 요컨대 현대사회는 과거의 지식만으로는 도저히 이해할 수 없는 단계에 이미 들어섰다. 이제는 사회를 이해하기 위해 과학이 필수불가결한 요소가 되었다. 사회운동 역시 과학을 떠나서는 더 이상 계몽을 외칠 수 없는 시대가 되었다.

이런 관점에서 《시민의 물리학》은 정확히 시대에 맞춰 나온 책이라 할 수 있다. 이 책은 정통 물리학 책이 맞다. 그리스 시대의 자연철학에서 시작하여 뉴턴의 고전역학과 전자기학을 넘어 현대물리학의 두 근간인 상대성이론과 양자역학을 설명하고 최신 복잡계 이론까지 빠짐없이 물리학의 전 분야를 다루고 있다. 자연철학의 대서사시라 봐도 좋을 만하다.

책이 강조하는 것은 현상에 대한 올바른 이해다. 어떤 현상을 제대로 이해하기 위해서는 그 현상의 원인이 되는 근본을 먼저 파헤쳐야 한다. 이 책은 바로 이 점에 충실하다. 물리학의 대발견에 대해 때론 역사적 관점에서, 때론 논리적 방법으로 파헤쳐 설명해나간다. 제목에서도 알 수 있지만 《시민의 물리학》은 이런 훈련을 통해 얻은 과학적 인식과 깨달음을 사회를 바라보는 올바른 관점으로 제시하고 있다. 양자역학과 핵물리학을 알아야 핵에너지에 대한 제대로 된 인식을 할 수 있다. 복잡계 물리학은 현대사회에서 벌어지는 불가사의한 현상들의 원인을 깨닫게 해준다. 물리학의 각 부분이 사회를 올바르게 볼 수 있도록 혜안을 제공해주는 것이다.

저자 유상균은 함양 깊은 산골에서 농사를 짓는 사람이다. 또 대안대학교에서 가르치는 선생님이기도 하다. 사회운동을 하다 보면 때론 분노할 줄도 알고 과격함도 필요한데 저자는 늘 온순하기만 하다. '생명운동'이라는 모호한(?) 운동을 주장하지만 물리학의 틀에서 벗어난 비과학적인 이야기는 입에 담지 않는 사람이다. 그야말로 정식으로 물리학을 공부하고 통계물리학을 전공한 정통 물리학자이기 때문이다.

저자는 가톨릭대학교와 서남대학교에서 물리학을 가르치던 교수였다. 남들보다 일찍 대학에 자리 잡은 그가 홀연 강단을 떠나 산골 마을로 간 것이 벌써 20년이나 되었다. 어찌 보면 남들이 부러워하는 교수직도 쉽게 버릴 수 있는 욕심 없는 사람이기도 하다. 욕심 없는 그가 20년간 낮에는 농사를 짓고 밤에는 젊은 학생들에게 물리학을 가르치며 틈틈이 책을 써왔다는 것은 참으로 놀라운 일이다. 왜냐하면 책은 욕심이 있어야 쓸 수 있는 것이기 때문이다. 누군가에게 깨달음을 전달하고자 하는 욕심, 올바르게 이해할 수 있는 지혜를 나누고자 하는 욕심 말이다.

이 책은 물리학은 좋아하지만 수식이 어려워 접근하지 못한 이들에게 좋은 물리학 입문서가 될 것이다. 또 과학기술을 바탕으로 벌어지는 다양한 사회적 갈등 요소들을 잘 이해할 수 있게 도와줄 지침서가 될 것이다. 최근 여러 대학에서 인문·사회학도를 위한 물리학 교양 강좌가 속속 개발되고 있다. 이들 교양 강좌에서 《시민의 물리학》을 만나 보길 기대한다.

저자의 글

새로운 세기가 시작되는 첫해에 저는 미국 일리노이대학교(어바나-샴페인)로 향하는 비행기를 탔습니다. 1995년 박사학위를 끝내고 나서 지방의 한 대학에 자리를 잡을 수 있었습니다. 그러나 물리학의 근원적 문제와 씨름할 공간이라고 생각했던 대학은 더 이상 학문의 전당이 아니었습니다. 결국 교수직을 내놓고 큰 세계를 경험해야겠다고 마음먹었습니다. 국가가 부도 나고 대학이 붕괴되는 한국의 현실에 마음 둘 곳 없이 가슴이 아팠지만 세계 최고 수준의 대학에서 각국에서 온 연구자들과 다양한 연구주제들을 접해보고 싶었습니다.

미국에서 방문연구자로서 재충전할 시간을 가지며 미래를 모색하던 중 9·11 테러가 일어납니다. 이 사건은 엄청난 충격을 주었습니다. 이후 한계에 다다른 자본주의, 생태계 파괴, 곳곳의 굶주림과 불평등 등 현재 인류가 겪고 있는 많은 문제들이 한국의 상황과 겹치며 뼈아프게 다가왔습니다. 세상은 이런데 한가로이 연구실에서 시간을 보내야 하나 깊은 고민에 빠졌습니다. 그때 경상남도 함양에 우리나라 최초의 대안대학인 녹색대학이 설립된다는 기사를 보게 되었습니다. 물리학자인 장회익 선생님이 초대 총장을 맡는다는 소식에 저는 한 줄기 희망을 보았습니다. 서둘러 '녹색대학' 준비과정을 살펴보고 후원자로 가입했으며 앞으로 어떤 삶을 살아야 할지 마음을 굳혔습니다. 물리학을 포함해 모든 학문은 자신과 사회 그리고 자연이 서로 조화롭게 살기 위한 지혜를 찾는 노력입니다. 지금처럼 그렇지 못한 세상이라면 편안한 자리에 안주할 것이 아니라 새로운 길을 개척하자, 그 길을 향한 대안교육 운동에 물리학자인 나도 동참하자는 결심이 섰습니다. 이후 녹색대학의 전임교사가 되었고, 또 10년이 흘러서는 서울에서 시작한 '지순협(지식순환협동조합) 대안대학'의 일원이 되어 매주 함양과 서울을 오가고 있습니다.

이 책은 기본적으로 물리학에 관한 책입니다. 그리고 물리학 혁명의 역사에 관한 책입니다. 시작은 이렇습니다. 물리학을 거의 접하지 못했거나 포기해버린 대다수의 대안대학 학생들로 하여금 물리학의 매력에 푹 빠지게 하고 싶었습니다. 물리학도 세상을 변화시키고 생태적인 대안사회를 만드는 데 꼭 필요할 뿐 아니라 알고 보면 꽤 재미있고 도전할 만한 공부라는 것을 알려주고 싶었습니다. 하루도 바람 잘 날 없는 역동적인 대안대학 현장에서 제 스스로 공부의 끈을 놓지 않고 주경야독하며 조금씩 그 범위를 넓히며 강의해온 것을 이 책에 담았습니다. 마침 우리 사회도 촛불혁명을 거치며 커다란 변화의 물결 속에 있기에 비단 학생들을 넘어 물리학을 어렵게 생각하는 시민들에게도 다가가고 싶었습니다. 물리학은 물리학자들만의 것이 아니라 지구라는 한 배를 탄 시민의 것이자 늘 나은 세상을 꿈꾸는 시민의 강력한 도구이기 때문입니다. 이것이 책의 제목을 '시민의 물리학'으로 정한 배경입니다.

물리학은 오랜 시간을 거치며 여러 차례의 혁명을 통해 우리의 세계관을 변화시켜왔습니다. 자연은 그대로인데 우리의 관점이 변한 겁니다. 결국 물리학은 자연에 관한 절대적 진리가 아니라 그 시대 인간이 자연을 이해하는 방식입니다. 따라서 인간의 수많은 정신활동 중 하나이며, 이 활동들은 서로에게 영향을 미치며 함께 나아갑니다. 다른 자연과학 분야는 물론이고 인문학, 사회과학, 예술이 모두 동반자입니다. 이들은 서로 보완하고 또 협력합니다. 다양한 분야의 사람들이 연합하고 협력해야 하는 이유입니다. 대학은 전문성을 가진 이들이 자신의 영역에만 매몰되지 않고 연합할 수 있는 장이 되어야 합니다. 더 나아가 이제는 시민들도 생활인으로서 여러 환경 속에서 삶의 가치를 찾아 연합의 장에 참여할 수 있습니다. 그 연합의 목적은 단지 학문을 뒤섞는 것이 아니라 우리 시대의 문제를 정확히 인식하고 해결함으로써 건강한 대안사회를 만드는 데 있어야 합니다. 어렵지만 대안대학이 해야 할 몫이 바로 이것이고, 우리는 이 문화가 사회 전반으로 확산될 수 있도록 노력해야 할 것입니다. 이 책은 그 첫 번째 결과물이라 할 수 있습니다.

지금까지 너무 거창하게 이야기했나요? 어떤 욕심을 가지고 시작했든 결국 많은 사람들이 재미있게 읽고 이해할 수 있는 책이 돼야겠죠? 그래서 저는 많은 '물포자(물리를 포기했던 자)'들을 대했던 경험을 토대로 부담 없이 읽을 수 있는 책이 되도록 노력했습니다. 물포자들이여, 야망을 가지시길!

***

누구나 그렇겠지만 책을 쓴다는 것은 제게 정말 힘든 일이었습니다. 함양에서는 농사를 짓고 강의를 위해 매주 전주로, 서울로 길에다 시간을 쏟아부어야 하는 처지에 집필은 엄두가 나지 않는 일이었습니다. 그러던 차 서울 지순협 대안대학 '조합원을 위한 물리학 세미나'반에서 함께 공부하는 플루토 출판사 박남주 대표가 집필을 제안했고, 오랜 보살핌을 거쳐 지금의 책이 나올 수 있었습니다. 박남주 대표에게 감사의 말씀을 전합니다.

이 부족한 원고를 보고 격려의 추천사를 써주신 장회익 선생님, 강내희 선생님, 최무영 선생님, 박인규 선생님께 진심으로 감사드립니다. 앞으로도 여러 면에서 많은 배움을 청하고자 합니다. 특히 최무영 선생님의 저서 《최무영 교수의 물리학 강의》는 이 책을 쓰는 데 등대가 되어주었습니다. 고락을 같이하면서 서로에게 위안이 되었던 녹색대학(지금은 온배움터입니다) 선생님들, 더 넓은 학문의 세계로 나아가는 데 자극이 되어준 지순협의 선생님들께도 감사를 드립니다. 회의를 마치고 함께 막걸리를 나누며 다양한 주제들에 관해 토론하는 시간은 저에겐 보약과도 같습니다. 아울러 강의를 비롯한 여러 만남에서 질문과 토론으로 저에게 배움을 전해주는 온배움터, 지순협의 모든 학생들에게도 고마움을 전합니다. 그들의 한마디 한마디가 이 책의 중요한 밑거름이 되었습니다.

지순협 대안대학이 있기 전부터 시작해 지금 4년째 모임을 이어가고 있는 물리학 세미나반 멤버들께도 감사드립니다. 대부분 물리학과 거리가 멀지만 늘 진지한 자세로 재미있게 공부하는 그분들이 있기에 저의 먼 서울 길이 힘들지 않습니다. 앞으로 뭔가 '큰 일을 낼' 공부모임입니다. 또 제가 강의하는 데 많은 배려를 해주시는 전북대학교 물리학과 노희석 학과장님께도 감사를 드립니다.

무엇보다 지금처럼 활동할 수 있게끔 건강한 저를 있게 해준 부모님들께 감사드립니다. 매주 한 번 아들을 볼 수 있는 것만으로도 행복하다는 말씀에 하늘 같은 사랑을 느낍니다. 더불어 장인, 장모님께 감사드리며 앞으로도 오래오래 건강하시길 빕니다. 외지에서 들어온 제 가족을 이웃으로 따뜻하게 맞아주시는 내곡마을 분들께도 감사의 말씀을 전합니다. 마을의 막내이면서 모든 게 서툰 저를 친동생처럼 대해주십니다. 끝으로 저에게는 첫 번째로 소중한 사람이자 백전면 부녀회장인 아내와 사랑스런 두 아들 재윤, 종윤에게도 감사의 마음을 전합니다.

유상균

차례

여는 글

science!

과학, 새로운 세상을 꿈꾸는 시민의 반려 학문

1장 그리스 자연철학

2장 고전 물리학의 시작

3장 전자기학의 탄생

4장 현대물리학의 시작
5장 현대물리학의 또 한 축
6장 복잡계 과학의 또 다른 혁명
닫는 글
physics!

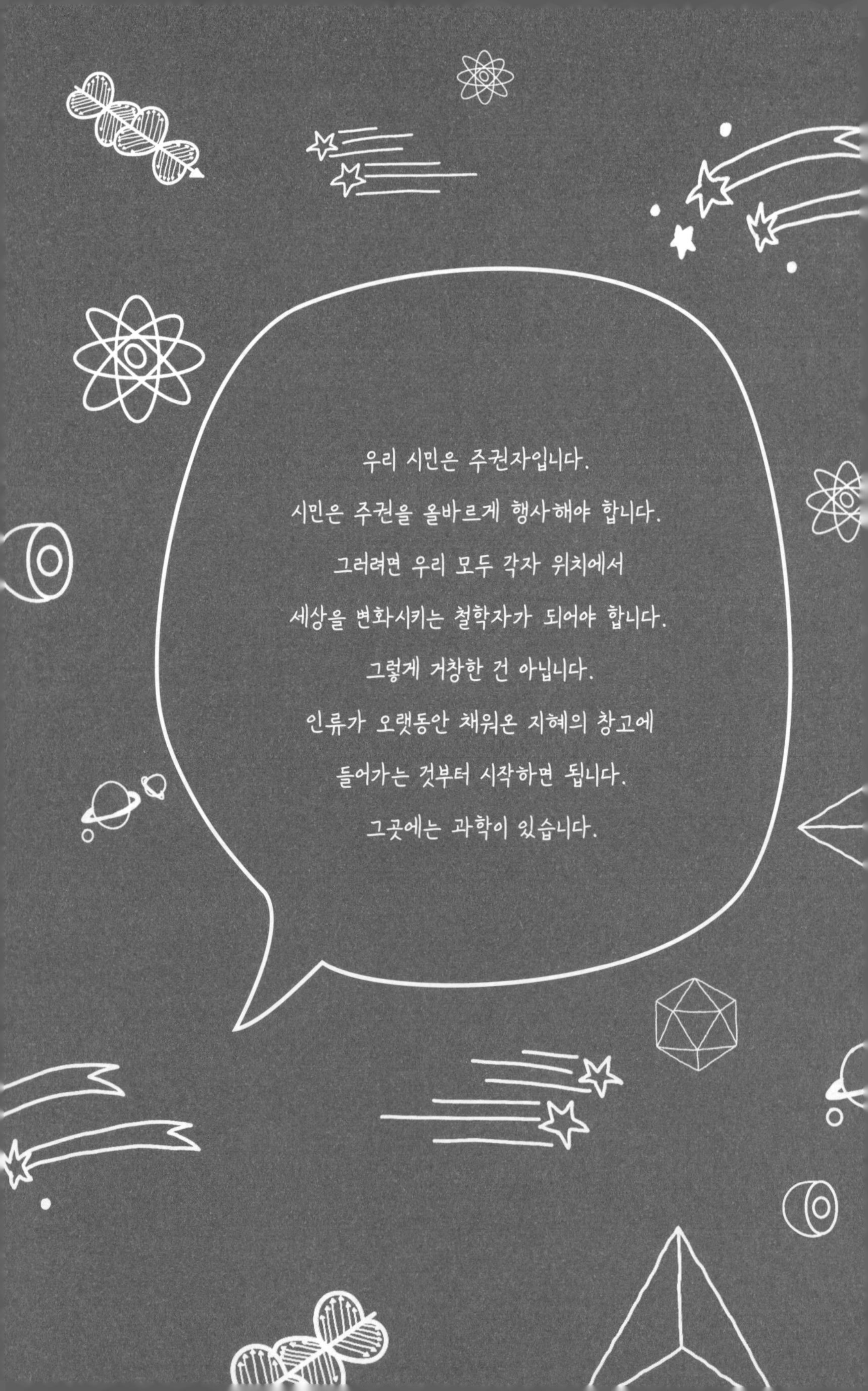
우리 시민은 주권자입니다.
시민은 주권을 올바르게 행사해야 합니다.
그러려면 우리 모두 각자 위치에서
세상을 변화시키는 철학자가 되어야 합니다.
그렇게 거창한 건 아닙니다.
인류가 오랫동안 채워온 지혜의 창고에
들어가는 것부터 시작하면 됩니다.
그곳에는 과학이 있습니다.

왜
시민인가?

2016년 늦가을과 겨울을 지나 2017년 봄에 이르기까지 우리 국민들은 거리에서 촛불을 들었습니다. 공적으로 부여한 대통령의 권한을 사적으로 남용하고 국민과의 소통을 철저히 무시한 정권을 심판하고자 한 처절한 노력이었지요. 그와 동시에 평화적이고 즐거운 축제의 장이자 위대한 시민의식을 보여준 역사적 사건이기도 했습니다. 결국 자격 없는 대통령을 탄핵하여 정권에 부역한 자들을 법정에 세웠으며 적폐 청산을 내건 새로운 정권으로 교체했습니다.

우리 역사에는 동학농민운동, 3·1 운동, 4·19 혁명, 5·18 민주화운동, 6월 민주항쟁 등 사회·정치적으로 큰 변화를 가져온 투쟁이 여러 차례 있었습니다. 그러나 모두 미완의 혁명으로 평가되는 이유는 그 결과로 나라를 잃거나 혼란과 분열 끝에 군부에 정권을 넘겨주었기 때문이죠. 그러면 '촛불혁명'은 정권을 교체했으니 완성된 것일까요?

그렇지 않습니다. 촛불혁명은 앞서 미완의 혁명과 연속선상에 있으며, 앞으로 또 다른 혁명으로 이어가야 합니다. 모든 존재는 끊임없는 변화 속에서 살아갑니다. 더욱이 우리는 언제나 새로운 혁명을 준비하고 실행하며, 또 다음 단계로 나아가는 시민이 되어야 합니다. 그러자면 촛불을 넘어서 우리의 생각과 삶으로부터 계속해서 변화를 이끌어내야 합니다. 민주주의 체제에서 위정자들은 시민의 뜻에 따라 정치를 대리할 뿐 시민이 권력의 주체이며 나라의 흥망성쇠도 결국은 시민에게 달렸음을 잊지 말아야 합니다.

카를 마르크스는 "지금까지 철학자들은 세계를 여러 가지로 해석해왔을 뿐 중요한 것은 세계를 변화시키는 일이다"라고 했습니다.[1] 여기서 '철학자'란 공부를 많이 한 특별한 사람만 가리키는 건 아닙니다. 모든 시민이 각자의 위치에서 세계를 변화시키는 철학자가 되어야 한다는 것이 제 생각입니다.

그럼 철학자가 되려면 어떻게 해야 할까요? 학문學問을 가까이 해야 합니다. 음, 시작부터 어렵다고요? 일단 학문이란 게 뭔지, 그것부터 살펴보겠습니다. 학문을 한자로 학문學文으로 알고 있는 사람들이 의외로 많습니다. 그런데 學文은 글을 배운다는 뜻입니다. 글을 읽고 쓸 줄 아는 것만으로 학문을 한다고 말하기는 어렵지요. 노나라의 젊은 임금 애공이 정치에 관해 묻자 공자는 이렇게 답했습니다.

> 넓게 배우고博學 깊게 묻고審問 신중하게 생각하고愼思 밝게 분별하고明辯 돈독히 행하십시오篤行.[2]

이 말의 앞 두 문장에서 가져온 것이 학과 문, 바로 학문學問입니다. 공자는 책을 열심히 읽고 외는 행위만을 학문으로 생각하지 않았습니다. 공자는 제자들에게 육예六藝를 가르쳤는데, 거기에는 禮(예의범절), 樂(음악), 射(활쏘기), 御(말타기 또는 마차몰기), 書(붓글씨), 數(수학)가 포함됩니다. 《논어》를 공부한 사람이라면 잘 아시겠지만 논어에서 처음 시작하는 글자도 바로 학學입니다. 공자는 《논어》 곳곳에서 자기만큼 배움을 좋아하는 사람은 아마도 없을 거라고 강조합니다. 학문이란 넓은 배움과 깊은 물음입니다. 그러면 깊은 물음이란 또 무엇일까요?

지식을 쌓는 것과 학문을 하는 것은 다릅니다. 별다른 문제의식이 없어도 기존의 정리된 지식을 머릿속에 입력할 수 있습니다. 하지만 그렇게 얻은 지식에 대해 스스로 끊임없이 묻고 답하며 삶에 반영하고 실천하는 건 다른 일입니다. 이렇듯 학문이란 깊은 물음을 통해 배움을 체화하고 삶 속에서 이를 자연스럽게 실천하는 것이기도 합니다. 조선 영조 때의 실학자이자 서양의 천문학과 수학을 받아들였던 대학자 담헌 홍대용 선생의 말씀을 빌려보지요.

큰 의심이 없는 자는 큰 깨달음이 없다.

큰 의심이란 바로 깊은 물음입니다. 우리는 그 물음을 나와 사회, 지구와 우주까지 밀고 나가야 합니다. 우리가 궁극적으로 도달할 질문은 프랑스 화가 고갱이 그린 그림의 제목이 잘 정리해줍니다.

'우리는 어디에서 왔고, 누구이며, 어디로 가는가?'

이처럼 깊은 물음과 그 해답을 찾기 위한 넓은 배움이 있으면 그 사람이 어떤 위치에서 어떤 일을 하든 인류가 처한 사회적·정치적·경제적·생태적 문제에 관해 고민하고 이 문제들을 극복하기 위해 주체적이고 실천적으로 노력할 수밖에 없습니다. 학문은 노나라의 군주에게만 필요한 것이 아니라 민주주의 국가의 모든 시민에게 절대적으로 필요한 것입니다. 그리고 이것이 물리학을 이야기하기에 앞서 혁명을 이야기하는 이유이기도 합니다.

세상을 보는 눈이 바뀌는 배움

배움學과 물음問은 함께 가야 합니다. 그래서 학문인 것이지요. 배움 없이 묻기만 하는 것은 공허한 일이며 물음 없는 배움 역시 껍데기일 뿐입니다. 인류는 오랫동안 깊은 물음을 던지면서 얻은 지혜들을 차곡차곡 창고에 쌓아왔습니다. 그 역사는 수천 년에 이릅니다. 사람이 나서 죽을 때까지 이 창고에 가보지 않으면 얼마나 후회스러운 일이 될까요? 그 지혜들은 언제든 우리의 삶과 정신을 풍요롭게 해줄 준비를 갖추고 있는데 말입니다. 우리가 배움을 찾을 곳은 바로 이곳입니다.

물론 배움은 어디에나 있을 수 있습니다. 함께 사는 가족이나 동료들에게 배우거나 여행에서 만난 자연과 사람들에게 배우기도 합니다. 그런데 이 정도로 충분할까요? 옛말에 구슬이 서 말이라도 꿰어야 보배라지요? 현실에서 이어지는 배움을 보물로 만들기 위해서는 그것들을 꿸 도구가 필요합니다. 그 도구란 가장 기초적이고 모든 경우에도 공통적으로 적용될 수 있는 '보편적 지혜'라고 할 수 있습니다.

그 도구들 가운데 과학이 있습니다. 과학은 지금껏 인간이 세상을 이

해하는 데 없어서는 안 될 기준이 되어줬습니다. 또 현대의 과학기술은 믿기 힘들 정도로 세계와 인간의 삶을 바꾸어놓았습니다. 그래서 한편으로 과학을 맹신하기도 하고 다른 한편으로 과학을 아주 부정적으로 보고 비판하기도 합니다. 기술에 관한 견해는 조금 뒤에 더 자세히 이야기하겠습니다. 다만 여기서 말하고 싶은 것은 과학이 기술의 기초 이론을 제공하는 것은 사실이지만 과학을 이런 관점으로만 보면 본질을 놓친다는 점입니다. 과학은 철학과 더불어 세계관의 학문이요, 세계를 이해함으로써 나를 알아가는 학문이기 때문입니다.

언젠가 서양의 어느 단체에서 인류 역사 1,000년을 빛낸 위인 100명을 순위별로 정한 적이 있습니다. 10위 안에 든 사람 가운데 과학자가 절반이더군요. 아이작 뉴턴을 필두로 찰스 다윈, 알베르트 아인슈타인, 갈릴레오 갈릴레이, 니콜라우스 코페르니쿠스가 그 주인공이며 철학자 카를 마르크스를 포함해서 학자가 여섯 명이 올랐습니다. 유명 주간지 《타임》도 20세기 100년을 빛낸 최고의 인물을 1년 동안 조사해 발표한 적이 있습니다. 그 주인공은 누구일까요? 바로 물리학자 아인슈타인입니다. 여러분은 이 결과에 동의하시나요? 물론 서양에서 조사한 결과이므로 절대적이라 볼 수는 없지만 이 과학자들이 보편적 원리를 새롭게 제시함으로써 인류 문화의 물줄기를 바꾸었다는 점은 부인할 수 없습니다.

과학은 어느 학문보다도 먼저 기존의 세계관을 총체적으로 바꿀 수 있는 힘을 가지고 있습니다. 지동설은 지구를 우주의 중심에서 몰아냈죠? 진화론은 인간의 특별한 지위를 박탈했죠? 만유인력 법칙은 분리되었던 하늘과 땅의 세계를 통합시켰고, 상대성이론은 절대 시공간의 가능성을 끝내버렸으며, 양자역학은 우주가 관찰자와 무관하게 이미 결정되어 있다는 뉴턴의 세계관을 무너뜨렸습니다. 그리고 이제 현대과학은 기존의 관점을 또 한 번 넘어서 물질과 생명과 인간을 연결 짓는 또 다른 변화의 물줄기를 만들고 있습니다.

과학은 우리에게 새로운 세계관을 제시해왔을 뿐 아니라 과학 역시 혁명을 통해 변화하고 진보해갑니다. 그래서 과학의 역사는 혁명의 역사라고 해도 과언이 아닙니다. 결코 완성된 것이 아니라 새롭게 구성되며 또 다른 변화를 향해 나아가니까요.[3] 우리 시민이 나아갈 방향도 이와 꼭 닮았습니다. 이것이 우리가 과학 공부를 통해 얻어야 할 핵심입니다.

모든 곳에 통하는 보편성

현대에 이르러 새로운 과학 분야가 많이 생겨났지만 모든 과학의 근간을 이루는 보편적 학문은 물리학physics입니다. physics는 자연이라는 뜻을 가진 그리스어 physis와 학문(앎)을 뜻하는 -ics의 합성어입니다. 따라서 물리학은 어느 특정 분야라기보다 자연에 대한 보편적 앎을 추구하는 학문인 것이지요. 생명도, 인간도 자연에 포함되므로 당연히 물리학의 연구 대상이 됩니다.

과학은 자연에서 일어나는 현상을 설명하는 학문입니다. 그중에서 물리학은 어떤 특별한 경우가 아니라 언제 어디서나 만족하는 이론을 추구하는 진정한 보편 학문입니다. 이에 비해 보편성이 떨어지는 과학 분야도 있습니다. 이를테면 지구의 생물을 토대로 한 기존의 생물학은 보편 학문이 아닐 수 있습니다. 우주의 다른 어딘가에 지구 생물과는 다른 체계의 생물이 존재할 수도 있기 때문입니다. 반면 우주의 모든 곳에서 물리법칙은 동일하게 작동할 것이 분명합니다. 그래서 물리학이 어려운지도 모릅니다. 원래 '특수' 이론보다 '일반' 이론이 더 어려운 법이지요? 오해는 마세요. 어떤 학문이 더 낫다거나 못하다는 이야기가 아니니까요. 말 그대로 그 원리가 얼마나 넓게 적용될 수 있느냐의 문제입니다.

과학의 역사를 살펴보면 뉴턴의 물리학이 나오기 전에 인간의 과학은 지구를 벗어날 수 없었습니다. 땅 위에서 물체를 떨어뜨리면 그 물체는 지구의 중심, 즉 우주의 중심을 향해 가려는 목적 때문에 떨어진다고 생각했습니다. 그때까지 이 생각은 어디에서나 만족하는 보편적 이론이었죠. 그러나 모든 물체가 떨어진다는 사실은 보편적 현상이 아닙니다. 지구에서는 떨어지지만 지구 밖 우주 공간에서는 떨어지지 않습니다. 따라서 이 두 현상을 동시에 설명할 수 있어야 보편 이론이 될 수 있습니다. 사실 지구상에서 물체가 떨어지는 것은 지구의 중력 때문이며, 지구 중력이 미치지 않는 우주 공간으로 나가면 물체는 어디로도 떨어지지 않습니다. 뉴턴의 제2법칙($F=ma$)은 두 현상을 동시에 설명해줍니다. 보편적 원리이기 때문이죠.

그런데 뉴턴의 법칙이라는 원리를 이해하는 데는 대가가 따릅니다. 뉴턴 법칙은 힘(F)과 질량(m), 가속도(a) 같은 개념을 도입해 자연현상을 설명합니다. 이 개념들은 매우 엄밀하고 정확하게 정의되는 양이므로 관련된 지식을 미리 갖고 있어야 합니다. 여기서 한 발 더 나아가 이것을 우주의 언어인 수학으로 풀어내는 과정까지 알아야 완전히 이해할 수 있습니다. 그래서 보편성을 추구하는 학문은 어렵습니다. 뉴턴의 법칙 이후 등장한 상대성이론과 양자역학은 인간이 경험할 수 없는 세계에까지 그

범위를 확장하면서 더욱 생소한 개념을 도입합니다. 이해해야 하는 세상이 넓어질수록 우리의 상식은 더욱 왜소해질밖에요.

상식을 뒤집으며
앞으로 나아가는 물리학

역사적으로 과학혁명의 대부분은 물리학 분야에서 일어났습니다. 혁명이란 어느 한 영역의 변화가 아니라 세계관의 근본적 변화를 의미합니다. 따라서 세계관에 커다란 변화를 일으키며 발전해온 물리학의 역사는 곧 혁명의 역사라고 볼 수 있습니다. 과학철학자 토머스 쿤에 따르면 과학의 역사는 새로운 세계관, 즉 패러다임paradigm[4]이 형성되는 혁명의 시기와 과학자들이 그 패러다임 안에서 일상적 의문을 푸는 등의 활동을 하는 정상과학의 시기로 나뉩니다. 그렇다고 해도 과학자들이 정해진 시기에 따라 단순 작업만 하는 건 아닙니다. 과학자들은 혁명기가 아닌 정상과학 시기에도, 이해할 수 없는 현상을 기존의 패러다임으로 설명해내기 위해 고도로 창의적인 작업을 합니다.[5] 만약 어떻게 해도 설명할 수가 없다면 패러다임을 바꿔야겠죠.

혁명의 사전적 의미는 '이전의 왕통王統을 뒤집고 다른 왕통이 대신하여 통치자가 되는 것' 또는 '헌법의 범위를 벗어나 국가의 기초, 사회제도, 경제 조직을 급격하게 근본적으로 고치는 것'으로 과학혁명의 의미와는 조금 거리감이 있습니다. 이제부터 물리학을 중심으로 자연과학에서 일어난 혁명에는 어떤 특징이 있는지 살펴보겠습니다.

가장 먼저 생각해볼 과학혁명의 특징은 원뜻대로 기존의 상식이나 고

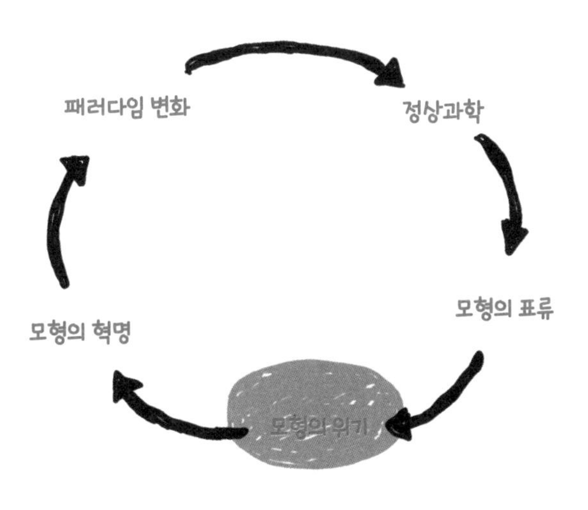

토머스 쿤의 패러다임 사이클

정관념을 넘어서 전혀 새로운 세계관이 들어서는 것입니다. 혁명을 거치면서 우주를 이해하는 우리의 생각은 크게 변합니다. 생각해보세요. 거대한 지구에 발붙이고 사는 인간에게 천동설이 당연하지, 지동설은 오히려 비상식적입니다. 평소 지구의 움직임을 느끼며 사는 사람이 있을까요? 그런데 인간은 태양계 밖으로 나가보지 않고도 태양이 중심에 있고 여러 행성들이 그 주위를 도는 태양계의 모습을 알아냈고, 그에 맞춰 사고방식을 바꿨습니다. 지동설이 처음 주장된 때는 중세가 끝나가던 시기였지만 여전히 기독교의 권위가 높았습니다. 기독교는 지구가 우주의 중심이라고 믿었기에 지동설은 기독교와 대립했고 이 때문에 지동설을 주장한 갈릴레이는 결국 재판까지 받습니다. 과학자들이 목숨을 내놓고 연구하던 시기였죠(이 이야기는 2장에 들어가 자세히 풀어보겠습니다).

과학혁명은 계속됩니다. 19세기 말 인간은 이전에 경험해보지 못한 세계 앞에서 다시 거대한 변화를 맞이합니다. 빛의 속도는 상상할 수 없이 빠릅니다. 1초에 지구를 일곱 바퀴 반이나 돈다고 합니다. 자그마치 초속 30만 킬로미터입니다. 지금의 기술로도 상상할 수 없는 빠르기입니다. 우리가 이렇게 빠르게 움직이면 세상이 어떻게 보일까요? 지금 제일 빠른 교통수단인 비행기를 타도 세상이 그리 달라 뵈지는 않습니다. 하지만 비행기의 속도는 빛의 속도와 비교하면 거의 멈춰 있는 것이나 마찬가지입니다. 상상하기도 어려운 이 빠른 세계를 설명한 사람이 있습니다. 바로 아인슈타인입니다.

아인슈타인은 빛의 속도에 가깝게 빠른 속도로 움직이는 사람의 시간과 정지해 있는 사람의 시간은 다르게 흐른다고 결론을 내립니다. 운동장에 서 있는 나와 운동장을 뛰어가는 친구의 시간은 서로 다릅니다. 시간의 길이도 다르고 날아가는 공을 동시에 보고 있다고 생각하지만 이 또한 동시가 아닙니다. 말도 안 돼! 하는 생각이 들지도 모르지만, 일상적 움직임은 빛의 속도와 비교하면 너무나 느리기 때문에 우리는 시간이 차이 나는 걸 알아차리지 못합니다. 이런 세상을 사는 우리에게는 시간이 누구에게나 똑같이 흐른다는 것이 상식일 수밖에 없지요. 그럼에도 아인슈타인은 인간의 상식을 훨씬 뛰어넘는 믿기 힘든 사실을 찾아냈고, 이 숨겨진 자연의 비밀을 신의 섭리라고 생각했습니다(이 이야기는 4장에서 자세히 풀어봅니다).

비슷한 시기에 또 다른 영역에서도 상식이 무너집니다. 20세기가 시작될 즈음 과학자들은 맨눈은 말할 것도 없고 배율 좋은 현미경으로도 볼 수 없었던 미시세계를 '들여다보게' 되었습니다. 그 작은 세계에 사는 존재들의 움직임은 그때까지 진리라고 생각했던 뉴턴 물리학으로는 전혀 설명할 수 없었습니다. 닐스 보어, 베르너 하이젠베르크, 에르빈 슈뢰딩거 같은 수많은 과학자들이 그야말로 상식을 깨뜨리는 급진적 사고와 상상력을 발휘하여 양자역학이라는 새로운 '왕통'을 만들어냈습니다. 그런데 양자역학의 내용은 그간의 상식과 너무나 동떨어져서, 못지않게 '비상식적'인 상대성이론을 펼친 아인슈타인도 평생 받아들일 수 없었다지요. 이렇듯 인간이 닿을 수 없는 세계의 그림을 그리고 합리적 예측을 통해 검증해내는 것이 물리학의 중요한 역할입니다(5장에서는 이 이야기를 풀어보겠습니다).

자연을 통합해온 물리학

혹시 서로 전혀 상관이 없거나 심지어 모순된 관계에 있는 두 성질이나 현상이 알고 보니 본래 같은 것이었음을 깨달은 적이 있는지요? 이런 마술 같은 일들이 과학혁명의 두 번째 특징입니다.

뉴턴의 만유인력 법칙을 다들 아실 겁니다. 우주에 있는, 질량을 가진 모든 물체는 서로 잡아당기는 힘이 작용한다는 법칙이죠. 뉴턴 이전의 사람들은 고대 그리스의 철학자이자 과학자인 아리스토텔레스가 생각한 우주의 모습을 신봉했습니다. 간단히 말해 하늘에는 하늘의 법칙이 있고 땅에는 땅의 법칙이 따로 있다는 거지요. 그래서 사과나무에서 사과가 떨어지는 땅과 원을 그리며 도는 하늘은 전혀 별개의 세계라고 생각했습니다. 그런데 뉴턴이 그 구분을 없애버립니다. 떨어지는 사과와 원운동하는 천체는 만유인력이라는 같은 원인에 의해 움직인다고 설명하면서요. 이른바 하늘과 땅의 대통합이라고 할까요(2장에서는 이 이야기를 자세히 풀어보겠습니다).

다른 예도 있습니다. 사람들은 오래전부터 전기현상과 자기현상에 대해 알고 있었습니다. 매우 신비로운 현상이라고 생각하며 일상생활에 이용하기도 했지만 딱 거기까지였죠. 그런데 19세기 말 물리학자 제임스 클러크 맥스웰은 전기현상과 자기현상에 대해 전기는 자기를, 자기는 전기를 만든다는 사실을 밝혀내 하나의 이론으로 통합합니다. 더욱이 과학자들의 오랜 숙제였던 빛의 정체도 전기와 자기가 협력해 만들어내는 파동임이 입증됩니다. 전기와 자기와 빛이 하나의 원리로 통합된 것이죠. 과학의 역사에서 가장 멋진 순간이 아니었을까 생각합니다(3장에서는 이 이야기를 풀어봅니다).

아인슈타인의 상대성이론은 그야말로 통합의 대잔치입니다. 그 내용도 매우 심오해서 아직도 믿기지 않을 정도입니다. 먼저 발표한 특수상대성이론은 시간과 공간을 구분할 필요가 없으며, 물질과 에너지도 형태가 있느냐 없느냐의 차이일 뿐 결국 하나라고 설명합니다. 그리고 나중에 발표한 일반상대성이론에서는 이 우주가 "시간과 공간, 물질과 에너지가 한데 어울려 추는 춤"이라고 설명합니다. 꽤 아리송하죠? 이런 내용을 우리가 일상적 상황에서 직접 경험하기는 어렵기 때문이지요(4장은 이 이야기를 풀었습니다).

대립을 넘어서는 물리학

과학혁명의 세 번째 특징은 모순되고 대립적인 개념의 상보성입니다. 표현이 좀 어려운가요? 친근한 예를 들면 동아시아의 핵심 사상인 음양론陰陽論이 있습니다. 음과 양은 분명 서로 대립합니다. 그렇지만 동아시아의 전통은 모든 것을 음 또는 양, 둘 중 하나로 구분하지 않지요. 음 속에 양이 있고 양 속에 음이 있습니다. 염계 선생으로 알려진 북송의 사상가 주돈이가 지은 〈태극도설太極圖說〉을 잠깐 들여다볼까요.

> 무극인 태극이 있다.
> 태극이 움직여 양을 낳고, 움직임이 극한에 이르면 고요해지는데, 고요해져서 음을 낳는다.
> 고요함이 극한에 이르면 다시 움직인다.
> 한 번 움직임과 한 번 고요함이 서로 뿌리가 되어 음과 양으로 나누어지니 '양의兩儀'가 세워진다.
> 음양이 서로 변하고 합해져 수, 화, 목, 금, 토를 낳으니 다섯 가지 기운이 순조롭게 펼쳐져 사계절이 운행된다.[6]

음과 양은 서로 대립하는 관계가 아니라 서로 협력하고 서로의 뿌리가 되어 만물을 낳으며 또 운용함을 이야기하고 있습니다. 대사상가인 퇴계 이황 선생이 선조에게 평생 공부로 삼으라며 그림과 함께 바친 열 가지 글이 《성학십도聖學十圖》인데 맨 첫 글이 바로 〈태극도설〉입니다. 퇴계 선생은 상보성이야말로 임금이 새길 첫 번째 지혜라고 생각한 것이죠.

물리학에서 가장 기초가 되는 현상이 진동운동입니다. 반복적으로 운동하고 멈추는 진동은 파동을 만들어 퍼져나가게 합니다. 물리학에서 모든 물질은 둘 중 하나의 형태로 존재한다고 생각합니다. 하나는 입자(알갱이)입니다. 독립적으로 위치가 정해지고 개수를 셀 수 있죠. 날아가는 야구공이나 태양 주위를 도는 행성도 단순화시켜 하나의 입자라고 생각할 수 있습니다. 또 다른 형태는 파동입니다. 대개 파동은 뭔가의 진동에 의해 공간적으로 퍼져나가는 존재입니다. 음파나 물결파 같은 것이 있지요. 파동은 퍼져 있기 때문에 입자와는 전혀 다른 성질을 갖습니다.

자연에는 이렇게 두 가지 물질 형태가 존재합니다. 그것이 무엇이든 둘 중 하나입니다. 어떤 것이 입자라면 파동이 될 수 없고, 그것이 파동이라면 입자라고 할 수 없습니다. 역사적으로 빛이 입자냐 파동이냐는 문제가 꽤 오랫동안 논란의 중심에 있었습니다. 그런데 양자역학에서는 미시세계의 존재가 이 두 성질을 동시에 가지며 서로 상보적이라고 말합니다. 이를 바탕으로 이른바 '코펜하겐 해석'이 나옵니다(5장에서는 이 이야기를 자세히 설명합니다).

물리학은 오래전부터 자연의 질서를 만드는 법칙을 찾아왔습니다. 규칙적인 질서가 자연에 내재하고 이 질서를 찾으면 자연을 이해할 수 있다고 믿었습니다. 그러나 최근 카오스이론이나 생명현상, 뇌과학을 비롯한 복잡성 이론은 자연이 질서만으로 이루어진다고 말하지 않습니다. 질서 속에 무질서가 있고 무질서한 가운데 질서가 존재하며, 이 둘이 협력하여 멋진 자연을 만들어낸다고 봅니다. 이런 측면에서 생각해본다면, 세상을 제대로 보기 위해서는 나무를 보고 숲을 알려는 기존의 주류적 관점에서 벗어나 아예 숲 전체를 보는 통합적 눈이 필요합니다(6장에서는 이 이야기를 더 깊이 풀어보겠습니다).

밀고 당기면서
함께 나아가는 과학

인문학의 바탕이 되는 철학 역시 과학처럼 '혁명의 길'을 걸어왔습니다. 19세기 후반의 철학자들은 18세기 이성 중심의 계몽주의 시대에 대한 반동으로 오래전 데카르트가 확고하게 세워놓은 '주체'에 대해 문제를 제기하면서 현대철학의 문을 엽니다. 카를 마르크스, 프리드리히 니체, 지그문트 프로이트, 에드문트 후설, 마르틴 하이데거, 장 폴 사르트르, 미셸 푸코, 질 들뢰즈, 펠릭스 가타리로 이어지는 현대를 대표하는 철학자들의 기저에는 주체와 객체를 가르는 이분법에 대한 부정이 있습니다. 그런데 주체와 객체는 뉴턴 물리학에서 너무나 분명하게 구분되는 전제입니다. 그 확고한 구분이 동시대 양자역학에 이르러 완화되기 시작합니다.

과학은 사회 속 인간의 창의적 사고가 가져온 산물이기에 이처럼 다른 영역들과 함께 변화하며 서로를 이끌었습니다. 산업혁명 이후 과학과 기술의 관계도 그렇고, 인문학이나 문화예술 역시 과학과 함께 걸어온 도반道伴인 셈입니다. 따라서 과학과 거리가 멀어 보이는 예술 세계에서도 과학의 영향을 받은 새로운 사조가 등장합니다. 미술에서 여러 관점을 하나의 화폭에 담는 폴 세잔의 정물화나 파블로 피카소의 입체적 그림이 대표적이죠. 또 프랑스 작가 마르셀 프루스트의 《잃어버린 시간을 찾아서》나 제임스 조이스의 《율리시즈》는 상대성이론의 핵심적 결과인 시간의 상대성을 반영한 작품입니다. 그 밖에 판화가 마우리츠 에셔를 비롯해 많은 작가와 예술가들이 현대과학의 결과물을 자신의 작품에 반영합니다. 깊은 물음에서 나오는 많은 사람들의 진정한 노력은 분야를 막론하고 어떤 공통점이 있는 듯합니다.[7]

하지만 과학의 본고장인 유럽에서도 한때 과학과 인문학의 장벽은 꽤 높았던 것 같습니다. 물리학자이자 소설가인 찰스 P. 스노는 1959년 케임브리지대학에서 열린 리드 강연Rede Lecture에서 이런 이야기를 전합니다. 어떤 모임에서 높은 수준의 교양을 가졌다는 사람들이 과학자들의 무지를 조롱하자 이들에게 열역학 제2법칙을 설명할 수 있는지 물었답니다. 하지만 대답한 사람이 아무도 없었다네요.[8] 넓은 배움과 깊은 물음을 실천한다면 두 영역 사이의 벽이 생기지 않겠지요?

모든 기술이 꼭 필요한 걸까?

기술에 대해서는 특별히 좀 더 짚어보려 합니다. 현대 문명은 과학과 기술이 짧은 시간에 만나서 이룬 결과입니다. 인류는 과거와 달리 자연을 변화시키거나 파괴할 수 있는 대단한 기술력을 갖고 있습니다. 과학이 이 기술력의 이론적 바탕을 마련해주었죠. 우리 문명이 위기로 치닫고 있는 지금이야말로 과학과 기술에 관해 전반적으로 깊이 성찰할 때가 아닐까 생각합니다.

과학기술은 70억 명이 모여 사는 지구에 반드시 필요합니다. 한정된 자원으로 이 많은 사람들이 삶을 지탱하기 위해서는 많은 분야에서 지속적인 기술 개발이 있어야 합니다. 기술은 과학 연구에도 중요합니다. 순수과학의 이론을 검증하기 위해 첨단 기술이 필요한 경우가 많습니다. 얼마 전 질량을 부여하는 입자인 힉스 입자를 검출했던 유럽입자물리연구소CERN의 입자가속기가 대표적이지요. 이렇듯 과학과 기술은 서로 상부상조하며 앞으로 나아갑니다.

그렇지만 기술은 양날의 검과 같습니다. 현대사회에서 개발되는 많은 기술이 인간에게 편리함과 신속성을 제공하지만 부작용도 만만치 않기 때문입니다. 컴퓨터는 연산 속도가 빨라진 나머지 이제는 작업하다가 몇 초 기다리는 것도 지루하게 느껴질 정도입니다. 불과 얼마 전까지만 해도 컴퓨터를 켜는 데만 1~2분이 걸렸는데 말이죠. 컴퓨터가 빨라진 만큼 우리 삶도 덩달아 바빠졌습니다. 더욱이 제조업에서는 많은 공정이 자동화되어 편리함과 신속성이란 장점을 넘어 기계가 사람의 일자리를 넘보고 있는 실정입니다. 중국의 고전 《장자》 외편 〈천지〉에 매우 의미 있는 말씀이 있습니다. 조금 길지만 인용해보죠.

> 길을 가던 자공■이 야채밭을 경작하고 있는 한 노인을 보았다. 노인은 지하도를 뚫어 물이 나오는 곳까지 내려가 그곳에서 항아리에 물을 담은 다음 다시 바깥으로 가지고 나와 밭에 물을 주고 있었다. 쉬지 않고 애를 썼으나 힘만 많이 들 뿐 효과는 적었다. 자공은 보기가 안쓰러워 노인에게 말했다.

■ 공자의 제자로 정치·경제 방면에 뛰어난 재능을 가지고 있었습니다.

"이런 일에 쓰는 좋은 기계가 있습니다. 하루에 백 이랑의 밭에 듬뿍 물을 댑니다. 힘은 적게 들고 효과는 큽니다. 그것을 사용해보시지 않겠습니까? 두레박이라는 겁니다."

그러자 노인은 불쾌한 듯 잠시 낯빛을 바꾸고 묵묵히 있더니 곧 빙그레 웃으며 말했다.

"내 선생님은 '교묘한 기계를 가진 자는 틀림없이 교지巧知를 짜내어 일을 한다. 그러면 틀림없이 어떤 일을 꾀하려는 마음을 지니게 된다. 그러면 순수한 혼이 갖추어지지 않는다. 그러면 인간의 영묘한 본성이 안정되지 않는다. 그러면 도는 길러내려 하지 않는다'라고 말씀하셨소. 내 방아두레박이 있는 것을 모르는 바 아니나 그것을 사용하는 것은 부끄러운 일이기에 쓰지 않는 것이오."

이 글에서 무엇을 느끼셨나요? 꽤 오래전에, 얼마 전 타계한 신영복 선생의 글 속에서 이 글을 접한 적이 있습니다. 그때 머리가 확 깨는 기분이었습니다. 우선 촌에서 농사짓는 노인에게도 가르침을 주는 선생님이 계십니다. 공부를 하지 않으면 이와 같이 분별 있는 태도를 가질 수 없겠지요. 힘이 적게 들고 효과가 크다는 자공의 소개에 노인은 긴 훈계 끝에 '내가 그 기계를 모르는 것이 아니라 부끄러워 쓰지 않는 것이다'라고 일침을 가합니다.

저도 10년 넘게 농촌에 살면서 남의 땅을 빌려 주식인 쌀과 여러 작물을 유기농으로 재배하고 있습니다. 사실 수만 제곱미터의 논을 기계 없이 갈고 모를 심고 타작한다는 것은 불가능한 일입니다. 당연히 기계가 필요하죠. 그래서 우리 마을에서는 여러 농사꾼들이 공동으로 기계를 사용해 함께 일합니다. 각자 개별적으로 농사를 지을 수밖에 없는 현실에서 사라진 농촌 공동체를 복원하는 길이기도 하고, 함께 하니 비용도 절약되고 힘도 덜 듭니다. 또 일과 놀이가 함께 어우러지는 재미도 있습니다. 그렇지만 150~200제곱미터 남짓한 집 앞 텃밭은 모두 삽과 호미로만 짓습니다. 지금의 농사는 '석유농'이라고 불러도 좋을 만큼 화석연료 없이는 힘이 들지만, 할 수 있는 한 석유를 쓰지 않으려고 노력합니다. 석유로 움직이는 기계는 지구의 에너지 자원을 고갈시키고 온난화를 가속시키기 때문이죠. 저도 자공을 부끄럽게 한 노인처럼 써서 부끄럽지 않은 기술만을 사용하려고 합니다.

꼭 기계만이 부끄러운 기술이 아닙니다. 비극적 사건을 일으켰던 가습기 살균제나 많은 사람들이 남용하고 있는 세정제, 방향제 같은 화학제품도 부끄러운 기술의 산물이 아닐까요? 여러분도 주변에 부끄러운 기술이 있는지 찾아보세요. 그리고 부끄럽지 않은 기술을 부끄럽지 않게 쓰려 노력해보는 게 어떨까요? 현대문명을 만들어내고 유지시키는 과학기술이기에 현대사회를 사는 우리 시민들의 고민과 실천이 필요한 부분입니다.

그럼 이제부터 과학혁명의 역사를 좇는 기나긴 여정에 올라보겠습니다.

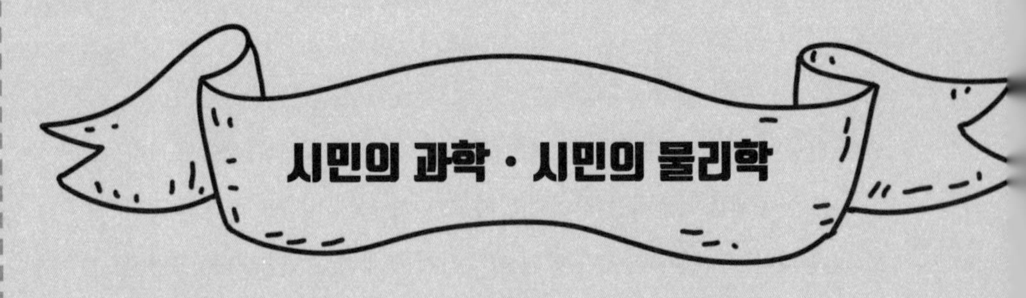

과학하는 사람들

“ 넓게 배우고 깊이 묻는 사람들 ”

시민의 탄생!

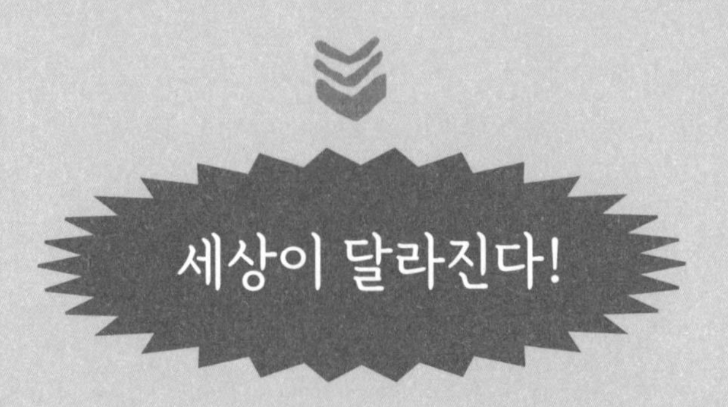

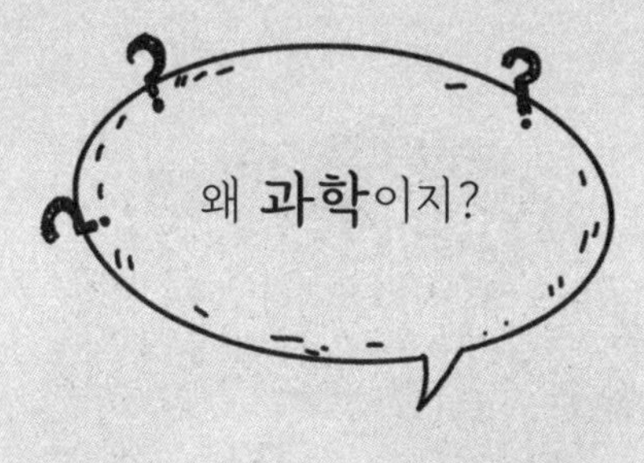

세계관을 바꾸는 학문

"과학을 알면 세상을 보는 눈이 달라지니까.
세상 보는 눈이 달라지면 궁금함이 늘어가니까."

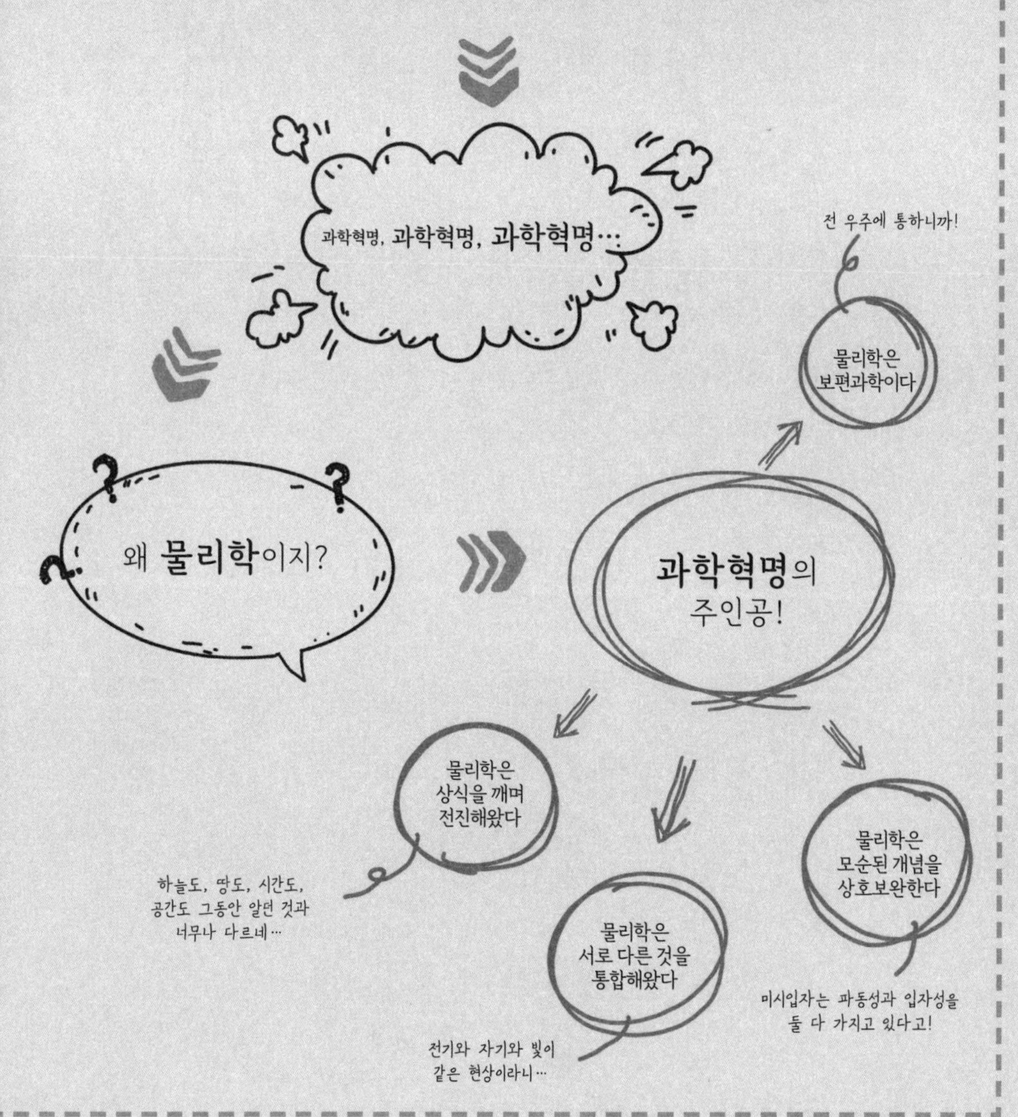

1장 드디어 과학이 시작되다

그리스 자연철학

2장 고전 물리학의 시작

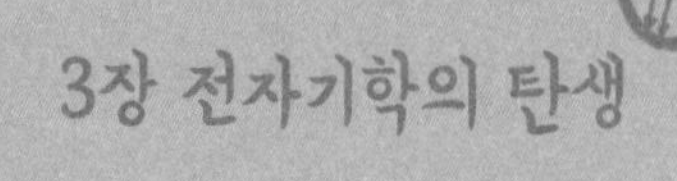

4장 현대물리학의 시작
5장 현대물리학의 또 한 축
6장 복잡계 과학의 또 다른 혁명
닫는 글
physics!

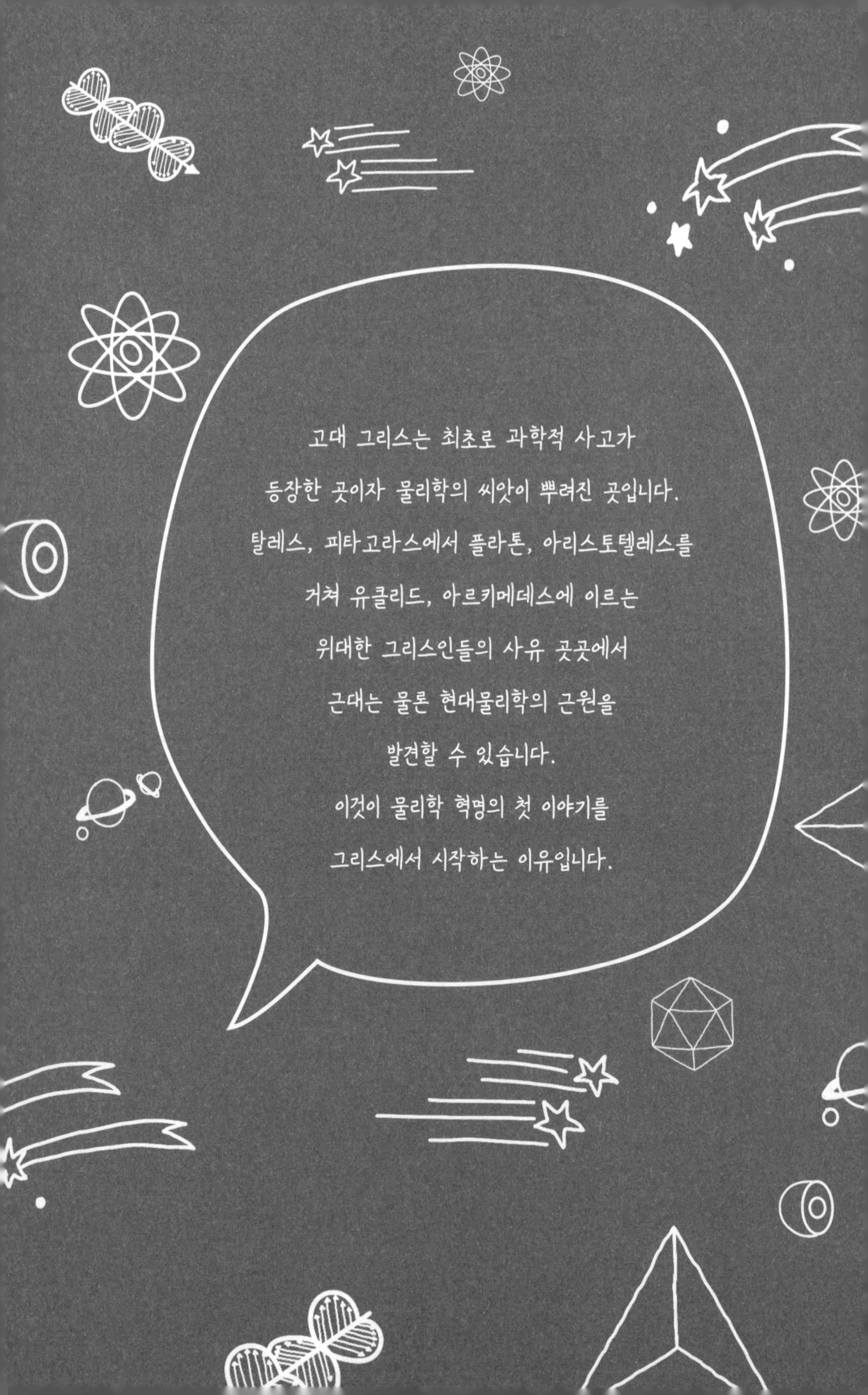
고대 그리스는 최초로 과학적 사고가
등장한 곳이자 물리학의 씨앗이 뿌려진 곳입니다.
탈레스, 피타고라스에서 플라톤, 아리스토텔레스를
거쳐 유클리드, 아르키메데스에 이르는
위대한 그리스인들의 사유 곳곳에서
근대는 물론 현대물리학의 근원을
발견할 수 있습니다.
이것이 물리학 혁명의 첫 이야기를
그리스에서 시작하는 이유입니다.

첫 번째 과학혁명은 근대과학을 창시한 아이작 뉴턴이 아니라 그보다 훨씬 오래전의 그리스인들에서 시작합니다. 약 2,500년 전 그리스 식민지 이오니아 지방에 살면서 자연의 본질에 관해 물었던 자연철학자들에서 시작하여 서양철학의 커다란 두 기둥이라 불리는 플라톤과 아리스토텔레스 그리고 그리스의 마지막을 빛낸 아르키메데스까지 살펴보려고 합니다.

이 즈음 그리스뿐 아니라 세계 여러 곳에서 인류는 정신적으로 주목할 만한 발전을 이루었습니다. 중국의 유교와 노장 사상, 인도의 우파니샤드와 붓다, 이스라엘의 예레미야와 유대교 등이 모두 이 즈음에 등장하거나 확고한 틀을 세웠습니다. 독일의 철학자 카를 야스퍼스는 이 시대를 일컬어 축의 시대axial age라고 했습니다.[9] 인류 정신에 큰 축이 세워진 시대라는 뜻이지요. 아닌 게 아니라 이 시대의 성과들은 지금까지도 우리에게 큰 영향을 미치고 있습니다.

그 가운데 그리스는 16~17세기에 성립된 근대과학의 씨앗이 뿌려진 곳이자 최초로 과학적 사고가 등장한 곳입니다. 물론 당시의 사상을 현대적 의미의 과학이라고 할 수는 없습니다. 토머스 쿤이 말한 패러다임이 존재하지 않고 과학의 핵심이라고 할 실험과 검증도 없었으니까요. 여러 철학자들이 나름의 논리적 근거로 자신의 주장을 펼쳤지만, 그들이 제시한 다양한 주장은 지금 우리가 알고 있는 사실과는 거리가 멀어 보입니다. 그럼에도 그리스 시대는 신화에서 벗어나 인간 스스로 세계의 본질에 관해 사유하기 시작한 과학혁명의 시대였으며 지금도 과학 문화의 중요한 거름이 되고 있습니다. 우리가 그리스에서 이야기를 시작하는 이유가 바로 여기에 있습니다.

탈레스,
과학의 시작

이오니아 지역에 위치한 밀레토스는 이집트와 메소포타미아 가까이에 위치한 폴리스였습니다. 경제적으로 풍요롭고 권력의 지배가 없는, 아마도 마르크스가 소망했던 '자유로운 개인들의 연합체'와 매우 가까웠을 것으로 생각됩니다. 일본의 사상가 가라타니 고진은 저서 《철학의 기원》에서[10] 이오니아 지역이 아테네나 스파르타와 달리 씨족 전통을 단절시키고 정치경제적 자유와 평등이 실현된 사회였다고 소개합니다.

이곳에서 그리스 최초의 자연철학자가 등장합니다. 기원전 624년에 태어난 탈레스입니다. 탈레스는 만물의 근원인 아르케arche에 대해 질문을 던졌고, 스스로 '물'이라는 해답을 찾았습니다. 물이 중요한 물질인 것은 맞지만, 지금의 과학자들에겐 터무니없는 답입니다. 물 분자는 수소 원자 두 개와 산소 원자 한 개가 결합해 만들어졌으니 더 근본적인 것은 원자라고 할 수 있으며, 이런 원자조차도 더 작은 입자들로 이루어져 있습니다. 그러나 답은 그리 중요하지 않습니다. 궁극적인 그 뭔가는 앞으로 또 달라질 수 있으니까요. 최근에는 측정조차 할 수 없는 작은 크기의 끈이 궁극적인 물질의 근원이라고 하는 이론이, 모든 것을 설명하는 이론의 후보로 주목받고 있습니다.

여기서 중요한 점은 바로 '물음'에 있습니다. 다시 말해 세상을 당연하게 생각하지 않고 질문을 했다는 점이 중요하지요. 그런 점에서 탈레스는 만물의 본질에 대해 묻고 그 해답을 신이 아닌 물질세계에서 찾고자 한, 위대한 혁명을 이끌어낸 최초의 과학자라고 할 수 있습니다.

탈레스는 상인이었지만 마찰전기를 통해 최초로 전기현상을 알아내는 등 여러 실용적인 지식도 고루 갖춘 종합적 지식인이었습니다. 문명의 발상지인 이집트 등지를 여행하며 기하학 체계를 접한 후 최초로 기하학의 정리를 소개하기도 했습니다. 훗날 유클리드■가 그때까지의 기하학을 총정리한 《기하학원론》을 쓰면서 본 궤도에 오른 기하학의 역사는 탈레스에서 시작한 겁니다. 기하학은 '땅Geo을 측량metry한다'는 어원을 가진 말입니다. 이집트의 나일강 유역은 비가 오지는 않지만 주기적으로 강이 범람하는 덕분에 농사를 지을 수 있는 곳입니다. 그런데 강이 범람할 때마다 땅의 경계가 지워져 곤란한 경우가 많았습니다. 그만큼 측량을 해서 경

■ 그리스식 원래 발음은 에우클레이데스로 서구에서 수학이 발전하면서 유클리드란 영어식 발음이 일반화됩니다.

계선을 다시 긋는 일이 중요했고 그러다 보니 측량기술과 그 기반이 되는 기하학이 발달하게 됐지요. 이집트에서 실용적으로 활용되던 기하학은 논리성을 중시하는 그리스로 전해져 추상적이고 연역적인 정리와 증명으로 가득 찬 논리 체계로 변화하여 후에 유클리드 기하학으로 완성됩니다.

탈레스의 사유는 제자 아낙시만드로스로 이어집니다. 그는 스승 탈레스의 과학적 사고를 비판적으로 계승하면서 전혀 새로운 답을 내놓습니다. 만물의 본질은 우리 눈에 드러나는 물과 같은 것이 아니라 보이지 않으면서 만물을 떠받치는 '무한자(아페이론apeiron)'라고 주장합니다. 보통은 이처럼 있을지 없을지도 모르는 존재를 규정하고 그것을 본질이라고 하면 황당하겠죠? 그런데 사실 지금의 과학은 온통 아낙시만드로스 같은 사고방식으로 가득 채워져 있다고 할 수 있습니다. 어떤 게 있을까요?

물리학에서는 중력이나 전기력, 자기력이 작용하는 공간은 보이지 않는 '장field'이란 게 존재하여 힘을 매개한다고 생각합니다. 다시 말해 힘이 있기 전에 장이 존재하고, 그 장 속에 어떤 물체를 놓았을 때 장을 통해 힘이 작용한다는 거죠. 서로 잡아당기고 미는, 눈에 보이는 현상을 보이지 않는 장의 작용으로 설명하는 것이 아낙시만드로스의 사고방식과 비슷합니다. 단지 당시에는 이를 실험적으로 검증할 방법이 없었을뿐더러 그러한 노력을 하지 않았을 따름이죠.

아낙시만드로스의 뒤를 이어 아낙시메네스는 다시 만물의 본질을 '공기'라고 주장합니다. 탈레스의 물과 아낙시만드로스의 아페이론 사이에서 찾은 절충이 아닐까 싶습니다. 공기가 응축하거나 희박해짐에 따라 물이나 흙, 불 등의 만물이 된다는 아낙시메네스의 제안이 좀 더 현실적이라는 생각도 듭니다.

변화에 대해 생각하는
헤라클레이토스와 파르메니데스

앞서 소개한 세 사람이 만물의 근원에 대해 물, 무한자, 공기 등의 실체적 측면을 이야기했다면 그리스 식민지였던 에페수스의 헤라클레이토스는 '변화'를 생각합니다. '모든 것은 변한다'는 것만이 진리이며 변하지 않는 것은 오로지 '변한다는 사실'뿐이라는 것이지요. 흐르는 강물도 어제와 오늘이 다르기 때문에 같은 강물에 두 번 들어갈 수 없습니다. 따라서 헤라클레이토스는 사물의 본질을 '불'이라 생각합니다. 이때의 불은 실체적 불이라기보다 만물을 변화시키는 주체로서 관념적 존재입니다. 헤라클레이토스에 관한 자료가 거의 없어서 그 사상의 깊이와 통찰에 관해 정확히 알 수는 없지만 존재보다 과정을 중시하는 현대과학, 현대철학과도 가까워 보입니다.

반면에 그리스 서쪽 이탈리아의 파르메니데스는 생각이 달랐습니다. 세계에는 변하는 것이 없다고 하니까요. 흐르는 강물을 가지고 이야기한다면 언제나 같은 강일 따름이라는 것이죠. 그는 먼저 '존재하는' 것은 존재하며 그 밖의 다른 것은 존재하지 않는다는 알쏭달쏭한 이야기를 합니다. 따라서 세계는 존재하는 것들로 채워져 있으며 빈 곳은 존재하지 않는다고 말합니다. 빈 곳이 없으면 운동이나 변화가 일어날 수가 없습니다. 물체가 옮겨 갈 빈 곳이 없으니까요. 그래서 우리 주변에 펼쳐지는 변화의 세계는 비실재적 세계라고도 합니다. 오로지 불변과 부동의 세계만이 실재한다고 보았죠. 믿을 수 있는 것은 이성뿐 감각은 속임수라는 것입니다. 파르메니데스의 제자인 제논은 독특한 역설로 스승의 논리를 뒷받침합니다. '발사한 화살은 움직일 수 없다' 또 '아킬레스와 거북이 역설'을 통해 변화와 운동이 갖는 모순을 지적합니다.

서로 상반되는 헤라클레이토스와 파르메니데스의 사상, 두 사람 중 서양의 철학과 과학을 통틀어 크게 영향을 미친 사람은 파르메니데스입니다. 훗날 등장하는 플라톤의 이데아론, 심지어 우주를 설명하는 불변의 법칙을 찾고자 하는 현대과학도 그 연장선상에 있다고 볼 수 있습니다. 반면 헤라클레이토스는 세계를 끝없는 변화의 연속으로 이해한 동양의 사고와 맥을 같이합니다. 최근 등장한 알프레드 노스 화이트헤드의 과정철학■이나 복잡계 과학의 관점이 헤라클레이토스 사고의 연장선에 있다고 볼 수 있습니다. 이제부터 좀 더 구체적으로 과학적 방법에 영향을 끼친 중요한 사람을 만나보겠습니다.

피타고라스는 말한다, 세상은 모두 수!

그 사람은 기원전 582년에 태어났으며 '피타고라스의 정리'로 우리와 친숙한 피타고라스입니다. 에게해의 사모스섬에서 태어난 피타고라스는 이집트는 물론 인도까지 갔다 왔고 말년에는 남이탈리아에 정착해 자신의 학파를 만들었습니다. 피타고라스학파는 단순한 학문 탐구를 넘어서 많은 문도들이 함께한 종교적 집단이었다고 전해집니다.

■ 실재reality란 고정불변하는 것이 아니라 과정process이라고 보고, 그 생성과 변화를 밝히는 철학을 말합니다(《과정과 실재》(알프레드 노스 화이트헤드 지음, 오영환 옮김, 민음사, 2003)).

피타고라스는 만물의 본질이 '수數'라고 주장합니다. 물처럼 실재하는 물질은 아니더라도 어떤 물질성을 전제로 하는 것이 아니라 추상적인 '수'가 만물의 본질이라고 여긴 것은 기존의 철학적 사유와 매우 다릅니다. 앞서 소개한 아낙시만드로스가 '눈에 보이지 않는' 아페이론이 만물의 본질이라고 주장했지만 아페이론 역시 물질성을 가지고 있습니다. 그런데 피타고라스는 만물의 본질에서 물질성을 지웁니다. 그는 자연의 질서란 어떤 물질적 존재로도 그 근본을 알 수 없고 오로지 수의 조화로만 이해할 수 있다고 주장하지요.

이런 생각은 현실 세계와는 별개로 '수'라는 본질적 존재로 이루어진 이상적이고 관념적인 제2의 세계를 상정합니다. 피타고라스의 주장은 플라톤의 '이데아Idea' 철학과 연결됩니다. 그리고 자연철학의 수학적 원리를 찾았던 갈릴레이와 뉴턴으로 이어져 오늘날의 현대과학 속에서 살아 숨쉬고 있습니다.

먼저 피타고라스 정리부터 살펴볼까요? 피라미드를 만들며 뛰어난 문명을 이룩한 이집트 사람도, 또 바빌로니아와 인도 사람도 직각삼각형을 알고 있었습니다. 직각삼각형을 이루는 세 정수쌍의 수 3, 4, 5나 6, 8, 10 등이 새겨진 돌이 발견되기도 했지요. 그러나 이 수들이 갖는 공통된 하나의 정리, 즉 두 변 a와 b, 빗변 c를 가진 직각삼각형의 세 변의 관계를 $a^2+b^2=c^2$이라고 일반화시킨 정리는 피타고라스가 찾아냅니다. 측정으로 근사치를 얻는 실제 세계에서 세 길이를 가지고 이 정리를 정확히 증명해낼 방법은 없습니다. 아무리 세밀하게 길이를 재도 약간의 오차는 생길 수밖에 없습니다. 또 무한히 많은 세 정수쌍을 하나하나 확인해볼 수도 없고요. 오로지 관념의 세계 안에서 논리적 추론을 통해서만 증명할

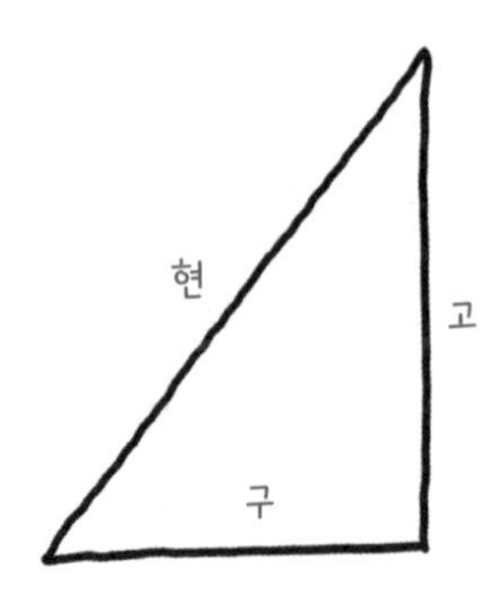

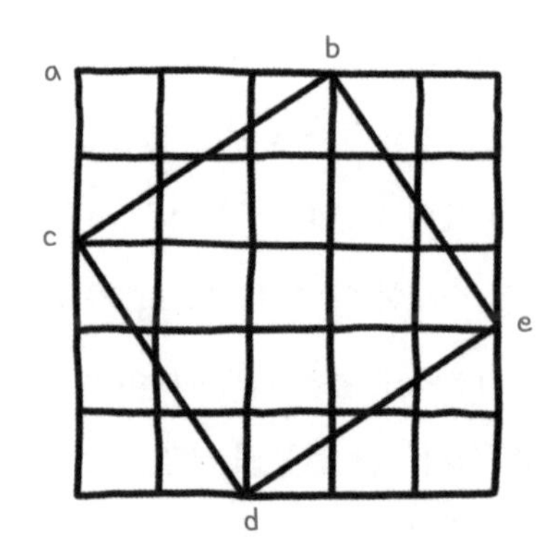

구는 2, 고는 3인 직각삼각형 abc의 빗변의 제곱은
사각형 bcde의 면적인 13과 같다.
따라서 구고현 정리 $2^2+3^2=13$이 성립한다.

1-1 구고현 정리와 그 증명

수 있는데, 지금까지 알려진 증명 방식이 수백 가지에 이릅니다.

동아시아에서도 피타고라스 정리는 일찍부터 알려져 있었습니다. 아마 피타고라스보다 더 이전에 쓰였을 거라 생각되는 중국의 수학책《주비산경周髀算經》에는 '구고현勾股弦 정리'가 소개됩니다. 이 책에서는 구고현 정리에 대해 '구와 고의 제곱의 합은 현의 제곱이 된다'고 설명하고 그림 하나로 이 정리를 간단히 증명합니다. 동양의 수학 수준은 서양에 비해 결코 뒤지지 않았습니다. 다만 서양처럼 수학을 고도의 추상화된 단계로 밀어붙이기보다 실용적으로 사용했기 때문에 발전 양상이 달랐을 뿐이죠.

뭔가 익숙한
숫자 7

피타고라스는 음악에도 관심을 가졌습니다. 특히 줄의 길이에 따라 음의 높낮이가 달라지는 사실에 큰 흥미를 느꼈죠. 그는 서로 다른 길이의 줄을 진동시켜 화음이 만들어질 때 그 길이의 비가 정수비가 된다는 사실을 알아냈습니다. 두 정수의 비로 나타낼 수 있는 수를 유리수rational number라고 하는데, rational은 '합리적인, 이성적인'이란 뜻을 가지고 있습니다. 다시 말해 수의 조화로 세계의 본질을 이해할 수 있다는 피타고라스의 사고에서 그 '수'가 가리키는 것은 바로 유리수입니다.

유리수는 소수로 표시하면 유한소수가 되거나 같은 숫자가 반복

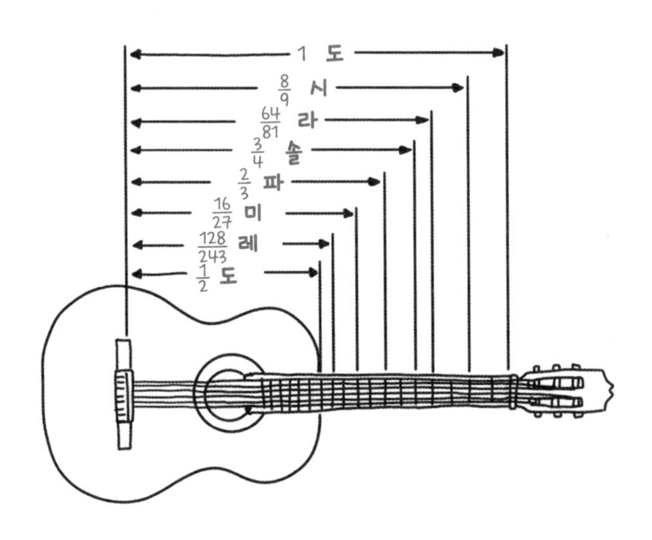

1-2 음계와 줄의 길이의 비

해서 되풀이되는 규칙성을 가집니다. $\frac{1}{2}$은 0.5, $\frac{1}{3}$은 0.333…, $\frac{1}{7}$은 0.142857142857…이고 모두 유리수입니다. 피타고라스는 이 사실로부터 음악에서 화음을 이루는 기본 음계를 일곱 개로 정리했고, 그것이 지금 우리가 알고 있는 옥타브, 즉 도, 레, 미, 파, 솔, 라, 시입니다. 처음 도와 다음 도 사이의 길이의 비는 1:2입니다. 그림 1-2에서 각 음의 상대적 비를 나타냈습니다.

놀랍지 않나요? 전세계적으로 사용하는 옥타브 체계가 2,500년의 역사를 가지고 있다는 사실이요. 지금은 과학적으로 줄의 길이가 곧 그 음의 진동수(1초당 진동횟수)와 관련 있음을 알고 있습니다. 음파는 공기 분자의 진동으로 전달됩니다. 음의 높이는 음파의 진동수에 따라 변하는데, 높은 도는 낮은 도보다 진동수가 두 배입니다.

한편 비이성적인 수, 즉 무리수는 유리수와 다른 성질을 갖습니다. 정수의 비로 나타낼 수 없고, 따라서 소수로 표현할 때도 규칙성이 전혀 없이 무한히 이어집니다. 처음에 피타고라스학파는 무리수를 알지 못했습니다. 그런데 매우 역설적이게도 피타고라스 정리는 이미 무리수의 존재를 말하고 있습니다. 피타고라스 정리를 떠올려볼까요. 만약 직각삼각형의 두 짧은 변의 길이가 모두 1이면 나머지 긴 한 변의 길이는 $\sqrt{2}$가 됩니다. $\sqrt{2}$는 무리수입니다. $\sqrt{2}$가 무리수임은 어떻게 증명할까요? 계산하는 방식으로는 증명할 수 없습니다. 이 수가 전혀 규칙성 없이 무한히 계속되는 소수임을 증명하려면 소수점 이하의 값들을 무한히 계산해야 하니까요. 대신 다른 방법을 씁니다. 귀류법을 쓰면 논리적이고 연역적으로 증명할 수 있습니다. 즉 $\sqrt{2}$가 무리수가 아니라고 가정한 후 최종적으로 그 가정이 모순이라는 사실을 보이면 되지요.

피타고라스학파가 이 사실을 알아낸 학파의 문도 히파수스를 천기누설로 바다에 빠뜨려 죽였다는 이야기가 전해지기도 합니다. 피타고라스학파는 조화로운 수, 질서의 수인 유리수가 우주의 질서를 만들어낸다고 생각했고, 세계는 이 질서에 의해 작동한다고 보았으니까요. 그래서 질서와 규칙이 없는 무리수는 배격할 수밖에 없었던 겁니다.

여기서 한 가지 궁금한 점이 생깁니다. 피타고라스는 왜 일곱 개의 음계를 생각했을까요? 이미 7음계에 익숙한 우리에게는 당연하게 느껴지지만 자연에 정해져 있다거나 필연적인 개수는 아닙니다. 물론 7이란 수는 좀 특별하지요. 1부터 10까지의 수 가운데 다른 어느 수와도 약수, 배수의 관계가 없이 독립적입니다. 무엇보다 7이라는 수에는 당시의 천문학이 들어 있습니다. 16세기 이전의 우주관은 지구가 중심에 있고 일곱 개의 천체 곧 해와 달, 수성, 금성, 화성, 목성, 토성이 매일 지구를 돈다고 보았습니다. 따라서 7은 매우 상징적이고 의미 있는 수였습니다. 그래서 서양에서는 지금도 7을 행운의 수라고 합니다. 일주일도 7일이며, 각 요일의 이름도 천체의 이름과 연관됩니다. 또 무지개는 일곱 빛깔이라고 합니다. 실제 무지개를 관찰해보면 일곱 색깔을 명확히 구분할 수 없는데도 말입니다. 저는 다섯 색깔 정도의 띠처럼 보이는데 여러분은 몇 가지 색깔로 보이나요? 당시 최고의 과학이었던 천문학이 인간의 삶에 얼마나 큰 영향을 미쳤는지 잘 알 수 있는 대목입니다.

동양에서도 천문 관측을 많이 했는데 특별한 점이 있을까요? 네. 서양보다 훨씬 거대하고 심오한 철학과 과학 체계를 가지고 있었습니다. '음양오행'이라고 알려진 이론 체계입니다. 동양에서는 예로부터 달(음)과 해(양) 그리고 다섯 개의 행성(목, 화, 토, 금, 수)이 우리 주위를 돌면서 모든 변화를 관장한다고 봤습니다. 음양오행 체계가 인간이나 국가의 길흉화복뿐 아니라 계절의 변화, 색깔과 음식의 맛도 주관하며, 심지어 사람의 몸도 같은 원리로 작동한다고 보았지요. 음과 양이 서로 조화를 이루어야 하며 이 균형이 깨지면 병이 생긴다는 겁니다. 음양오행론은 현대과학의 관점으로 수량화하고 검증하기는 쉽지 않지만 수천 년을 이어 내려온 우리의 과학입니다. 서양에서 동양의학은 서양의학의 한계를 깨달은 연구자들에 의해 대체의학의 개념으로 많이 연구되고 널리 퍼져 있습니다. 2015년에는 중국 중의과학원中醫科學院의 투유유 교수가 노벨 생리의학상을 받기도 했습니다. 한편 우리나라에서는 협진 연구가 있음에도 양의학, 한의학 하면 밥그릇 싸움이 제일 먼저 떠오르니 씁쓸하기도 합니다.

그리스 시대의 원자론, 현대과학을 여는 열쇠가 되다

원자atom에 대해서는 다들 알고 계실 겁니다. 이 말은 부정어 a와 '나누다'란 뜻을 가진 tom이 결합된 말로 더 이상 나눌 수 없는 물질을 의미합니다. 사실 원자는 더 이상 나눌 수 없는 입자는 아니고 원자핵과 전자로 이루어져 있습니다. 그러나 원자는 분자 이상의 복합 물질을 이루는 기본 단위이며 물질의 기본 구조는 보통 원자에서 시작합니다. 20세기 초 아인슈타인은 실제로 존재하는지에 대해 말이 많던 원자가 진짜로 존재한다는 사실을 규명합니다. 그런데 예측한 크기가 너무 작아서 아무리 좋은 현미경을 써도 볼 수가 없었습니다.

그리스 시대를 이야기하다가 갑자기 웬 원자냐고요? 무려 2,500년 전이오니아에 살았던 데모크리토스가 자연은 더 이상 나눌 수 없는 원자로 이루어져 있다고 주장했기 때문입니다. 그의 주장은 현대의 원자론과 여러 면에서 비슷한 점이 많습니다. 시대를 앞선 뛰어난 통찰력이라 할까요. 데모크리토스는 원자는 종류가 매우 많으며 물질이 다른 것은 결국 원자의 수가 다르기 때문이라고 했습니다. 현재 주기율표에 100개가 넘는 원자들이 나열되어 있고, 이 원자들이 다양하게 결합하여 수없이 많은 물질을 만들어낸다는 사실이 잘 알려져 있죠? 데모크리토스의 주장은 이 사실과 별반 차이가 없습니다.

데모크리토스는 또 이런 주장도 했습니다. 세계는 원자와 허공으로 이루어져 있으며, 허공 속에서 원자는 충돌에 의해 방향이 바뀌기는 하지만 기본적으로 직선운동만 하며 이 운동으로 인해 세계가 변화한다고요. 여기서 직선운동만이 가능하다는 생각은 필연적으로 세계는 예측 가능하며 우연적 요소는 없다는 생각으로 이어집니다. 이 또한 뒤에 소개할 뉴턴의 물리학과 궤를 같이하는 생각입니다.

이런 데모크리토스의 주장은 널리 받아들여지지 않고 묻혀 있다가 100여 년이 지나 우리에게는 쾌락주의자로 더 잘 알려진 사모스의 철학자 에피쿠로스에게 계승됩니다. 로마의 시인이자 철학자인 루크레티우스의 저서 《만물의 본성에 대하여》에 그런 에피쿠로스의 사상이 잘 나타나 있습니다. '원조' 원자론 자체도 주목 받지 못한 상황에서 에피쿠로스의 사상은 데모크리토스의 표절로 여겨졌습니다. 그런데 에피쿠로스의 원자와 데모크리토스의 원자는 다른 점이 있습니다. 에피쿠로스는 원자의 직선운동에 수정을 가했습니다. 원자는 직선운동에서 벗어날 수 있으며, 이 벗어남을 '클리나멘clinamen'이라고 합니다. 세계에는 우연적 요소가 언제나

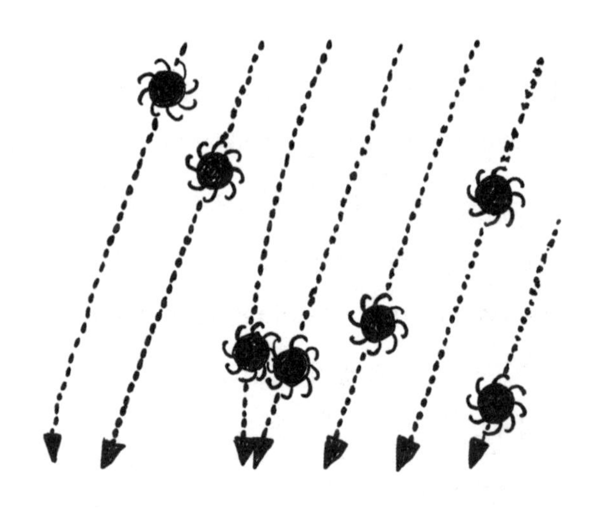

1-3 클리나멘 선형운동(직선운동)은 필연적으로 미래를 예측할 수 있지만
비선형운동은 우연이 영향을 미치며 미래를 예측할 수 없다.

존재한다는 의미입니다. 다시 말해 데모크리토스가 세계는 필연만으로 이루어져 있다고 생각했다면, 에피쿠로스는 우연이 있을 수 있다고 생각한 거죠.

이 두 유물론자에 대한 비교연구가 한 철학자의 박사학위 논문의 주제였는데 많은 분들이 들어본 이름일 겁니다. 바로 카를 마르크스입니다. 마르크스는 헤겔에 심취해 변증법을 공부하다가 루크레티우스를 통해 에피쿠로스를 만났는데 이후 모든 것이 바뀝니다. 새로운 유물론자로 거듭난 것이지요. 데모크리토스가 관념적 원자 그 자체를 찾아 헤맨 것과 달리 에피쿠로스는 원자 자체에 집중하기보다 원자들이 만들어낸 세계에 집중했습니다. 에피쿠로스에게 자연은 원자들의 우연적이고 가변적인 복합체일 때 의미가 있었습니다. 마르크스는 에피쿠로스를 통해 영원함은 없으며 세계는 언제든 원자의 새로운 조합에 의해 재구성될 수 있음을 깨달습니다.[11] 이로써 "지금까지 철학자들은 단지 세계를 여러 가지로 해석해왔을 뿐이지만 중요한 것은 그것을 변화시키는 일"이라고 일갈할 수 있었던 것이지요. 이 사고는 근대철학이 현대철학으로 넘어가는 중요한 계기가 됩니다.

마르크스와 동시대에 과학계에서도 굳건한 뉴턴 물리학의 결정론적 세계관■에 문제를 제기한 과학자가 있습니다. 《종의 기원》을 써서 진화론을 주장한 찰스 다윈입니다. 생명의 역사는 정해진 것이 아니라 우연적 변이와 자연선택으로 목적 없이 진화해왔다는 것이 진화론의 내용입니다. 마르크스는 다윈의 책을 읽고 자신과 유사한 생각을 가진 사람에게 경의를 표하며 자신이 쓴 《자본론》을 다윈에게 보냈다고 합니다. 그런데 영국이라는 매우 보수적인 사회의 일원이었던 다윈은 마르크스를 경계하며 책을 열어보지 않았다는 일화가 전해집니다.

아무튼 인류가 근대에서 현대로 넘어가는 그 씨앗도 에피쿠로스의 원자론이라는, 묻혀 있던 그리스의 사고에서 나왔음을 알 수 있습니다.

■ 세계는 뉴턴 법칙에 따라 정확히 작동하기 때문에 미래는 이미 결정되어 있다는 세계관을 말합니다(2장 참조).

수학에서 세계의 본질을 찾아 헤맨 플라톤

19~20세기에 걸쳐 활동한 대철학자 알프레드 노스 화이트헤드는 "서양의 2,000년 철학은 모두 플라톤의 각주에 불과하다"고 했습니다. 그는 또 현대과학 역시 피타고라스를 거쳐 플라톤에 이르며 세워진 전통을 고스란히 안고 있다고 말했습니다. 이 말은 전혀 과장이 아닙니다. 이데아 철학자로서 이원론적 세계관을 펼친 플라톤은 수학을 매우 중시해서 자신이 세운 학교인 '아카데미아Academia' 정문에 "기하학을 모르는 자는 들어오지 마시오"라고 적힌 현판을 걸어놓기도 했지요.

플라톤은 왜 이렇게 수학, 특히 기하학을 중시했을까요? 답은 그의 이데아 철학에서 찾을 수 있습니다. 플라톤에 따르면 세상의 모든 존재는 현실에 존재하지 않지만 대응되는 완전한 이데아가 있습니다. 사람은 사람의 이데아가 있고, 개는 개의 이데아가 있습니다. 그런데 사람이나 개의 이데아가 어떤 것인지는 명확하지 않습니다. 사람마다 생김새나 성질이 모두 다른데 그 전체를 대표하는 완전한 '사람 이데아'란 게 무엇인지 쉽게 그려지지 않습니다. 그런데 수학의 세계는 어떤가요? 우리는 세 변이 있고 그 내각의 합이 180도인 삼각형을 쉽게 정의할 수 있습니다. '삼각형의 이데아'는 우리의 머릿속으로 쉽게 그릴 수 있습니다. 반면에 현실 세계에서 이 삼각형을 정확히 그려낼 수는 없습니다. 아무리 잘 그려내도 그 자체가 완전한 삼각형이 될 수는 없기 때문이지요. 결국 플라톤의 철학이 잘 구현될 수 있는 세계도 피타고라스와 마찬가지로 관념의 세계였고 수학이 바로 그러한 세계였던 겁니다.

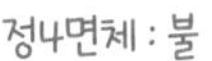
정4면체 : 불

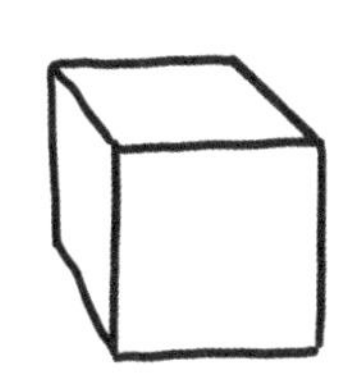
정6면체 : 흙

정8면체 : 공기

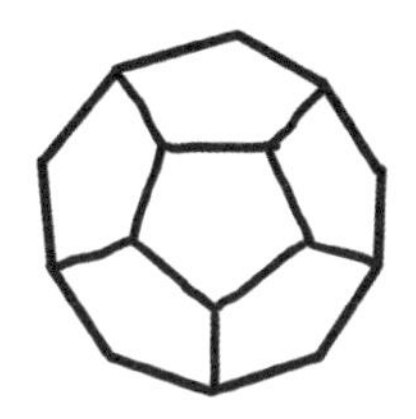
정12면체 : 대우주

정20면체 : 물

1-4 플라톤의 정다면체와 다섯 가지 원소

플라톤의 사상은 물리학에서도 찾아볼 수 있습니다. 물리학자들은 어떤 현상을 설명할 때 현실 그대로가 아닌 가상의 모형을 설정합니다. 그 현상을 드러내는 가장 적합한 이데아적 모형이라고 할까요. 물리학자들은 이 모형을 관념적 수학과 연결시키고 적절한 방정식을 세워 그 답을 찾음으로써 현상의 기본 원리와 속성을 도출해냅니다. 물리학자들의 작업은 현실 세계가 아닌 수학적 세계에서 이루어진다고 할 수 있지요.

플라톤 시대에는 만물의 근원인 아르케에 대해 다양한 생각들이 나와 있었고, 대체로 철학자 엠페도클레스가 제시한 4원소설이 잘 알려져 있었습니다. 엠페도클레스는 물, 불, 흙, 공기가 서로 협력하여 지구상의 모든 변화를 이끌어낸다고 보았습니다. 단 하늘의 세계는 4원소가 아닌 특별한 존재로 이루어진다고 생각했죠. 플라톤은 이 다섯 물질에 대해 수학적 해석을 내놓습니다. 그럼 플라톤의 수학적 해석을 살펴볼까요?

기하학에서 정다면체라는 3차원 입체 도형이 있습니다. 한 면이 정다각형으로 이루어진 입체 도형인데 특이하게도 정다면체는 모두 다섯 개밖에 없습니다. 다섯 개라고 하니 만물을 이룬다는 기본 원소들과 어떻게든 연결 짓고 싶은 마음이 들지요? 플라톤도 그랬습니다. 다면체 중에서 가장 간단한 모양을 가진 것이 정사면체입니다. 정삼각형 네 개가 모인 다면체이지요. 다음은 주사위 같은 모양의 정육면체입니다. 정사각형 여섯 개가 모여 있죠. 다음은 정팔면체로 정삼각형 여덟 개가 모여 만들어집니다. 다음은 정십이면체로 정오각형 열두 개로 이루어져 있으며, 마지막으로 정삼각형 스무 개가 모여 있는 정이십면체가 있습니다.

플라톤은 각 원소들의 성질과 다면체의 외형을 고려해 이들의 관계를 대응시켰습니다. 위로 치솟는 불은 정사면체, 무거운 흙은 정육면체, 가벼운 공기는 정팔면체, 물은 정이십면체와 짝을 이루는 식이죠. 그리고 마지막으로 지구가 아닌 천상의 원소는 정십이면체에 대응시키는데, 그 이유는 정십이면체가 완전한 3차원 도형인 구球에 가장 가깝기 때문입니다. 이처럼 플라톤은 우주를 구성하는 각 원소들에 대해 기하학적 해석을 제시했습니다. 지금 보면 얼토당토않은 듯 보이지만 당시에는 최고 철학자의 우주론이었습니다.

모든 것에는 목적이 있다는 아리스토텔레스의 생각

플라톤의 제자 아리스토텔레스는 스승의 철학과 과학을 비판적으로 계승합니다. 현실과 이상의 세계를 나눈 이원론적 이데아 철학을 비판한 아리스토텔레스는 만물의 본질은 따로 떨어져 있지 않고 현상계의 물체 자체 안에 있다고 주장합니다. 그는 자연학, 미학, 윤리학, 정치학 등 인간이 사유할 수 있는 거의 모든 영역에 대해 저술을 남긴 정말 부지런한 사람이었습니다. 여기서는 그의 운동론과 우주론을 살펴보겠습니다.

아리스토텔레스의 저서 《형이상학》 제5권은 사물이 구성되는 네 가지 원인에 대해 설명하고 있습니다. 질료인質料因은 사물의 물질적 재료를 의미하며 형상인形相因은 질료가 변화해가는 법칙을 말합니다. 그런데 이들은 수동적 원인입니다. 능동적 원인인 작용인作用因은 운동의 제일 근원인 작동자mover를, 목적인目的因은 운동과 변화의 궁극적 목적을 말합니다. 특히 목적인은 생명에 관해서도 많이 연구했던 아리스토텔레스가 생명이 갖는 목적성을 모든 운동으로 확장한 것이라 여겨집니다.

아리스토텔레스에 따르면 만물은 각자 고유의 장소로 가려고 하는 목적이 있습니다. 마치 도토리가 참나무가 되려는 목적을 가지고 변해가는 것처럼 말이지요. 물체가 아래로 떨어지는 이유 역시 우주의 중심인 지구 바닥으로 가려는 목적이 있기 때문입니다. 이러한 설명은 당시로서는 매우 논리적이고 그럴듯하게 받아들여졌을 겁니다. 그러나 이 그릇된 운동론 탓에 근대과학이 탄생하기까지 2,000년을 더 기다려야 했습니다.

아리스토텔레스는 가장 자연스러운 사물의 상태를 정지 상태로 보았고, 운동하는 모든 물체는 결국 정지 상태로 가려는 목적이 있다고 생각했습니다. 실제로도 그런 것처럼 보입니다. 평면 위에서 물체를 밀면 움직이다가 곧 멈춥니다. 아무리 미끄러운 얼음판 위에서라도 모든 물체는 멈추게 마련이지요. 아리스토텔레스는 이것을 목적론적으로 인식했습니다. 외부에서 물체를 계속 움직이도록 하는 요인이 없는 한 물체는 반드시 정지하게 되어 있지요.

아리스토텔레스의 우주론은 어땠을까요? 아리스토텔레스는 신들이 사는 완전한 하늘의 세계와 인간이 사는 불완전한 땅의 세계를 구분했습니다. 달을 그 경계로 보았는데 달의 표면이 깨끗하지 않은 것은 타락한 지구에 오염되었기 때문이라고 생각했습니다. 엠페도클레스와 플라톤의 생각을 받아들여 지상의 세계는 물, 불, 흙, 공기 4원소로 이루어지며, 하늘의 세계는 에테르ether라는 물질로 되어 있다고 보았습니다. 플라톤이 정십이면체에 대응시켰던 바로 그 물질입니다. 아이테르aether라고도 불리는 에테르는 '항상 빛나는 것'이라는 뜻으로 변함없는 하늘의 세계를 가리킵니다. 에테르는 오랜 시간이 지나 19세기 말에 잠깐 부활합니다. 빛을 전달하는 매질에 에테르라는 이름을 붙였거든요. 하지만 빛을 전달하는 매질 같은 건 없다는 사실이 밝혀졌고, 곧 폐기되고 맙니다.

아리스토텔레스는 완전한 세계인 하늘에서 모든 천체는 원운동을 하며 불완전한 세계인 지상에서는 모든 물체가 대체로 직선운동을 한다고 보았습니다. 우리는 지금 공을 비스듬히 던지면 포물선을 그린다는 사실을 알지만, 아리스토텔레스는 공이 직선으로 올라가다가 어느 순간 방향이 바뀌어 직선으로 떨어진다고 했습니다. 이런 것을 보면 매우 객관적인 것처럼 보이는 '관찰'이라는 행위도 관찰자가 신봉하는 이론에 따라 얼마

든지 달라질 수 있음을 알게 됩니다. 똑같은 현상을 보고도 뉴턴은 아리스토텔레스와 전혀 다른 세계관을 가지고 자연을 해석하지 않았던가요?

물리법칙을 아름답게 표현한 아르키메데스의 시도

지금까지 그리스를 빛낸 여러 사상가를 만나보았습니다. 미처 소개하지 못한 중요한 사람들이 많지만 아쉬우나마 마지막으로 아르키메데스를 소개하겠습니다. 아르키메데스는 로마와 카르타고 사이에서 포에니 전쟁이 한창이던 기원전 212년에 로마 병사의 창에 찔려 사망한 그리스의 마지막 과학자입니다. 그가 살던 시라쿠사가 카르타고의 편에 서는 바람에 비극적 죽음을 맞습니다. 우리에게는 '유레카Eureka'라는 외침과 함께 목욕탕에서 뛰어나와 알몸으로 달렸다는 일화로 너무나 유명한 수학자이자 과학자이죠. 아르키메데스는 왕이 내린 과제를 풀면서 부력에 관한 원리를 찾아냅니다. 이 원리는 인류가 수학적으로 표현한 최초의 물리법칙이 아닐까 생각합니다. 그러나 수학자로서 그의 놀라운 통찰력은 더 높이 평가 받아야 마땅합니다.

아르키메데스는 기하학의 영역에서 뛰어난 직관과 통찰력으로 도형의 넓이나 부피 등의 계산법을 고안해낸 수학자로 유명합니다. 그가 고안한 방법 중에서 원의 넓이를 구하는 방법을 잠깐 살펴볼까요. 원은 '한 점에서 같은 거리에 있는 점들의 집합'이라고 정의하지요? 여기서 같은 거리란 곧 원의 반지름을 의미합니다. 반지름을 r, 대략 3.14로 주어지는 원주율을 π라고 할 때 원의 넓이는 πr^2입니다. 초등학교에서 배우기 때문에 누

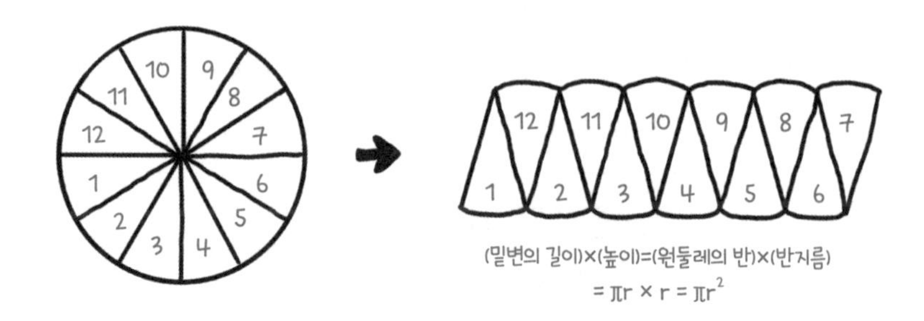

1-5 아르키메데스의 원의 넓이 계산

구나 알고 있는 쉬운 공식이지만, 사실 이런 공식을 얻어내는 게 그리 쉬운 일은 아닙니다. 원의 넓이를 구하는 공식이라고 별 생각없이 외워 쓰는 이 공식이 나오기까지의 과정은 고등학교에서 적분법을 사용할 때 배웁니다. 미적분은 17세기에 뉴턴이 수학적 운동법칙을 만들 때 고안해낸 발명품입니다. 무한히 잘게 나누어 그 모두를 합하는 방식인데 지금 소개하는 아르키메데스의 방법과 비교해보죠.

아르키메데스는 그림 1-5와 같이 원을 피자처럼 나누어 각 조각마다 번호를 붙였습니다. 그 조각들을 그림의 오른쪽과 같이 재배치할 수 있겠죠? 그럼 원이었던 것이 직사각형에 가깝게 모양이 바뀝니다. 물론 조각이 열두 개밖에 안 되니 완전한 직사각형은 아닙니다. 그렇지만 무수히 많은 작은 조각으로 나눈 뒤 재배치하면 거의 완전한 직사각형이 될 것입니다. 직사각형의 넓이는 밑변에 높이를 곱하면 되지요. 그림에서 밑변은 전체 조각의 절반이므로 원둘레의 반, 곧 $\pi \times r$이 됩니다. 높이는 원의 반지름이므로 r이고요. 이 둘을 곱하면 $(\pi \times r) \times r = \pi r^2$이 됩니다. 이게 곧 원의 넓이가 됩니다. 이쯤 되면 적분의 원조라고 할 수 있겠지요?

이쯤에서 과학의 싹이 튼 그리스 시대 이야기를 마칠까 합니다. 머나먼 과거라서 나와 상관없이 느껴졌지만 지금도 우리에게 큰 영향을 미치는, 진정 '축의 시대'로 평가될 만한가요? 그들 역시 현재 우리가 묻는 것과 똑같은 물음을 던졌습니다. 그 물음의 해답을 찾기 위해 펼쳤던 그들의 다양한 사유는 지금 우리 시대의 변화를 이끄는 동력이 되고 있습니다. 그러면 그리스 시대를 지나 이어지는 다음 시대는 어땠을까요?

그리스 시대 이후 유럽은 로마제국, 중세로 이어지지만 주목할 만한 과학적 발전을 거의 이루지 못했습니다. 오히려 8세기경 세력을 넓히며 대제국을 건설한 아랍에서 그리스의 주요 문헌을 번역하면서 과학의 명맥을 유지하지요. 다만 아랍은 그리스와 지적 성향이 달라 실용적 측면에서 과학을 받아들였기 때문에 새로운 과학 원리로 발전시키는 데까지는 나아가지 못했습니다. 결국 이 시기에는 이렇다 할 과학적 혁명이 없었다고 할 수 있지요. 그러다가 16세기에 들어서면서 유럽에서 르네상스 운동이 일어나고 그리스의 과학과 철학 문헌이 라틴어로 다시 번역되면서 전례 없는 차원의 과학혁명이 시작됩니다. 이제 그 혁명의 시대로 건너가 보겠습니다.

과학이란 게 시작됐다!

첫 번째 과학혁명

그리스인 탈레스
신화 말고 세상을 고민하다.

아낙시만드로스와 아낙시메네스
스승의 뒤를 이은 질문
"만물의 본질이란?"

피타고라스
모든 것이 수다.

헤라클레이토스
'변화'가 핵심이지!

"내 생각은 동양적인 사고방식과
맥을 같이해."

파르메니데스
아니, '변화'란 건 없어.

"모든 서양 철학, 현대과학까지
내 영향권에 있지."

데모크리토스
세상은 원자로
이루어져 있다.

직선운동만 하는 원자는
'필연'과 '예측 가능성'으로 이어진다.

플라톤
관념적인 수학의 세계가
떠받치는 이데아 세계

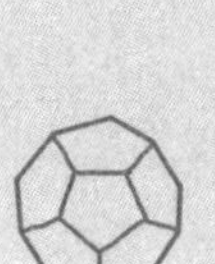

아리스토텔레스
근대과학 이전의 유럽인들의
사고를 압도한 지배자

에피쿠로스
세상을 이루고 있는 원자는
직선운동을 안 할 수도 있다.

언제든 직선 궤도에서 벗어날 수 있는
세계에는 '우연'이란 게 존재한다.

아르키메데스
물리법칙을 수식으로
표현하고자 한 선구자

그리스의 멸망과 로마제국 건설

2,000년 동안 끊겨버린
그리스인의 과학정신

중세 암흑기와
아랍제국의
그리스 과학 계승

다시 과학이 시작되다!

1장 그리스 자연철학

2장 위대한 거인의 어깨 위에 우뚝 선 뉴턴

고전물리학의 시작

3장 전자기학의 탄생

4장 현대물리학의 시작
5장 현대물리학의 또 한 축
6장 복잡계 과학의 또 다른 혁명
닫는 글
physics!

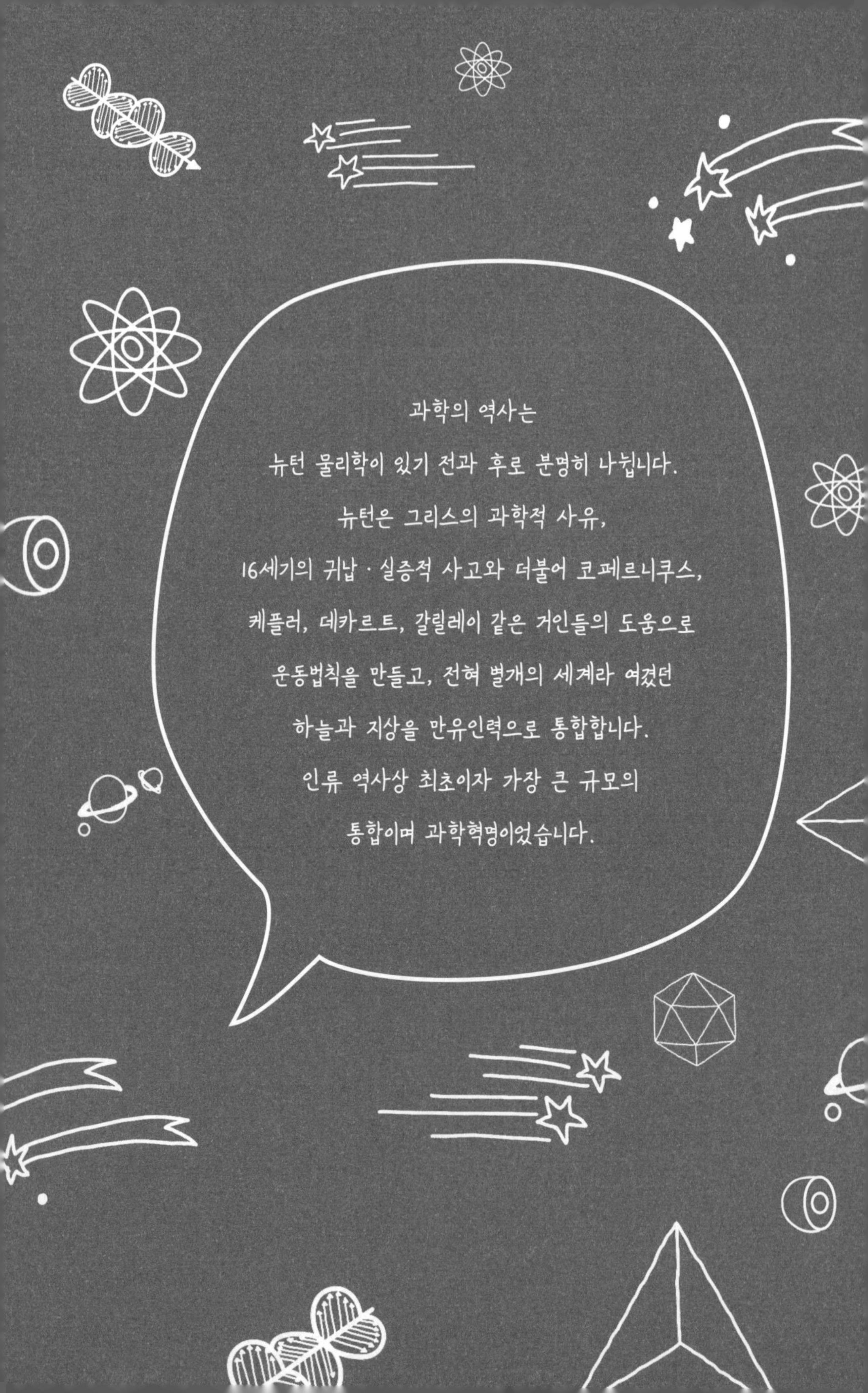
과학의 역사는
뉴턴 물리학이 있기 전과 후로 분명히 나뉩니다.
뉴턴은 그리스의 과학적 사유,
16세기의 귀납 · 실증적 사고와 더불어 코페르니쿠스,
케플러, 데카르트, 갈릴레이 같은 거인들의 도움으로
운동법칙을 만들고, 전혀 별개의 세계라 여겼던
하늘과 지상을 만유인력으로 통합합니다.
인류 역사상 최초이자 가장 큰 규모의
통합이며 과학혁명이었습니다.

두 번째 과학혁명은 어떻게 시작되었을까요? 앞서 소개한 첫 번째 과학혁명에서 이오니아인들은 초자연적 존재에 의존하지 않고 인간의 사유만으로 자연의 본질에 대해 물음을 던지고 해답을 모색했습니다. 그러나 실험과 같은 실증적 증거를 제시하려 하지 않았고, 운동과 변화를 설명하는 구체적 원리에 이르지도 못했습니다. 그런 점에서 이 장에서 이야기할 뉴턴 물리학이 성립되기 전까지 2,000년이 넘는 기간을 과학사의 전반부로 분류하기도 합니다. 그렇다면 세상을 바꾸어놓은 뉴턴의 저서 《자연철학의 수학적 원리》가 출간된 1687년부터 지금까지를 후반부로 볼 수 있습니다. 축구 경기와 달리 후반부가 전반부보다 훨씬 짧지요? 앞으로 1,000년이 지난 뒤에는 과학사의 시대 구분을 어떻게 할지 궁금하군요.

두 번째 과학혁명은 아이작 뉴턴이 완성했다고 볼 수 있습니다. 하지만 그 완성의 뿌리는 앞에서 설명했듯이 피타고라스와 플라톤, 아리스토텔레스의 그리스 전통에서 찾을 수 있습니다. 여기에 뉴턴이 있게 한 또 하나의 뿌리는 그리스에는 없었던 실험과 검증, 귀납적 사고입니다. 이 씨앗은 16세기에 뿌려졌다고 볼 수 있습니다. 혹시 일본의 실천적 지성인 야마모토 요시타카를 아시나요? 일본 최초의 노벨상 수상자 유카와 히데키에게 발탁되어 정상급의 물리학자로 발돋움하던 중 학생운동이 세계적으로 일어났던 1960년대 말에 도쿄대학교 전공투 의장을 맡아 활동한 분입니다. 그 후 대학을 떠나 독립 연구자로 학문의 길을 걷다가 《과학의 탄생》[12], 《16세기 문화혁명》[13]이라는 대작을 발표해 크게 주목을 받았지요.

야마모토 요시타카는 르네상스를 '귀족적 르네상스'와 '민중적 르네상스'로 구분합니다. 귀족적 르네상스에는 스콜라 철학을 극복하면서도 그리스 고전을 최고의 가치로 여기고 여전히 논리적 탐구에 매달렸던 학자들이 속하고, 민중적 르네상스에는 라틴어가 아닌 자국어로 글을 쓰고 실용적인 수학과 측정을 토대로 자연현상을 이해하려 했던 실증적 장인 기술자들이 속한다고 설명합니다. 야마모토는 이 장인들이 과학혁명에서 더욱 중요한 역할을 했다고 말합니다. 단 이들은 지적·방법적 훈련이 부족하다 보니 과학의 성과를 만들어내지 못했을 뿐이죠. 그래서 과학적 성과는 오롯이 갈릴레이와 뉴턴의 몫으로 돌아갑니다. 야마모토는 세계를 바꾼 17세기 과학혁명의 과정에서 민중들의 실천적 노력이 중요한 영향을 미쳤음을 생생히 보여줍니다. 뉴턴의 물리학은 결국 그리스의 연역적 사고의 위대한 전통과 16세기 민중들이 이룩한 귀납적·실증적 사고가 통합돼 나온 결실이라고 할 수 있습니다. 비슷한 문제의식을 갖고 있는 책이 또 있습니다. 《과학의 민중사》[14]라는 책에는 '과학기술의 발전을 이끈 보통 사람들의 이야기'라는 부제가 붙어 있습니다.

이처럼 든든한 뿌리와 더불어 동시대 여러 거인들의 어깨 위에 서서 세상을 멀리 볼 수 있었던 뉴턴은 그들이 이룩해놓은 결실을 거두어 세상을 밝게 비추는 등불로 만들었습니다. 그 거인들은 바로 니콜라우스 코페르니쿠스, 요하네스 케플러, 르네 데카르트 그리고 뉴턴이 태어난 해에 사망한 갈릴레오 갈릴레이입니다.

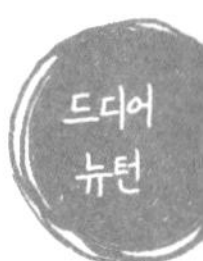

지구가 움직인다, 코페르니쿠스

우리는 일상적으로 해가 뜨고 진다고 얘기합니다. 지금은 누구나 지구가 하루에 한 번 자전을 하며 1년에 한 바퀴씩 태양을 공전한다는 사실을 잘 압니다. 그래도 우리는 여전히 지구가 중심에 있고 태양이 우리를 중심으로 계속 도는 것처럼 표현합니다. 왜 그럴까요? 과학적 사실과 우리의 감각이 다르기 때문입니다. 코페르니쿠스 이전에는 하늘에 대해서 우리의 감각 그대로 지구가 중심에 있으며 달, 수성, 금성, 태양, 화성, 목성, 토성 등 일곱 개의 천체가 돌고 있다고 생각했습니다. 이것이 그리스의 천문학자 프톨레마이오스가 세밀하게 관측하여 완성한 우주론입니다(그림 2-1).

그런데 이 모형은 하늘을 누더기처럼 볼품없는 공간으로 만들었습니다. 프톨레마이오스는 지구는 불완전한 반면 하늘은 완전하다고 믿었고, 하늘에서는 완벽한 천체가 완벽한 원 궤도를 그려야 한다는 고정관념을 갖고 있었습니다. 이 생각에 맞춰 관측된 궤도를 원에 끼워 맞추려고 했지요. 하지만 전혀 맞지 않았습니다. 심지어 수성과 금성은 역행운동을 할 때도 있었습니다. 할 수 없이 프톨레마이오스는 주전원이라는 보조 원

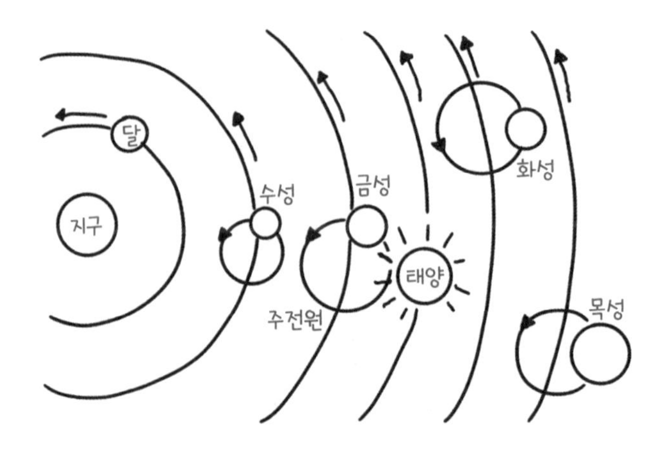

2-1 프톨레마이오스의 우주

을 도입하여 궤도를 보완하고, 천체가 도는 궤도의 중심이 지구에서 약간 벗어나 있다고 가정합니다. 그는 완전한 도형인 '원'을 포기하지 않으려고 처절하게 노력했지만, 억지로 꿰맞춰진 행성의 궤도는 하늘을 누더기처럼 만들었습니다. 더욱 답답한 것은 그렇게 여러 조치를 취했건만 행성이 왜 이다지도 복잡하게 움직이는지 이유를 전혀 알 수가 없었습니다.

이런 복잡한 하늘에 의구심을 가진 코페르니쿠스는 지구 대신 태양을 중심에 놓고 하늘을 재구성해봅니다(그림 2-2). 그랬더니 프톨레마이오스의 하늘보다 훨씬 간결해졌습니다. 코페르니쿠스 역시 원 궤도를 고집하긴 했지만 보정을 위해 도입해야 하는 주전원도 훨씬 줄어들었고 행성의 역행운동도 매끄럽게 설명할 수 있었습니다. 고정된 지구가 아니라 다른 행성들과 더불어 움직이는 지구에서는 수성이나 금성이 마치 일시적으로 뒤로 후퇴하는 것처럼 보일 수 있으니까요. 코페르니쿠스의 이 모형은 루

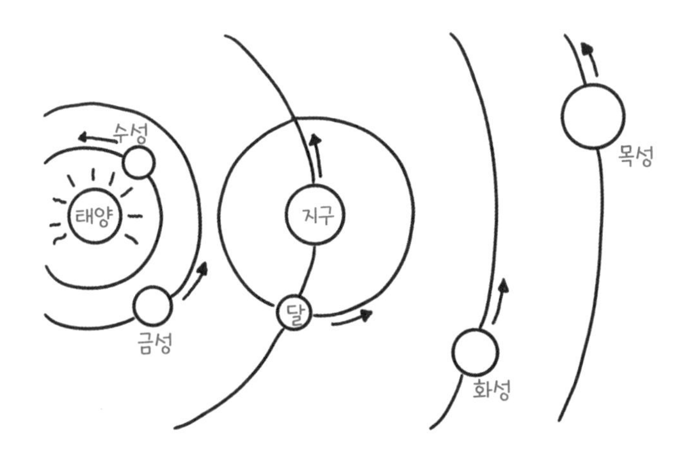

2-2 코페르니쿠스의 우주

터파 목사인 안드레아스 오시안더의 도움으로 《천구의 회전에 관하여》라는 책으로 출간됩니다. 그런데 출간된 해가 안타깝게도 코페르니쿠스가 세상을 떠난 해인 1543년입니다. 오시안더는 지구중심설을 중심 교리로 하던 로마 가톨릭교회가 이 모형을 비난할 것을 염려해 서문에 "단지 계산을 간단하게 하기 위한 모형"이라고 썼다고 합니다.

실제로 코페르니쿠스는 지동설을 확신했을 겁니다. 하지만 생전에 자신의 모형을 입증하려고 노력하지는 않았던 것 같습니다. 워낙 다양한 분야에 관심을 가진 전형적 르네상스인이라 전문적인 과학 연구에 집중할 수도 없었지만, 당시 기독교가 지구중심설이 아닌 교리는 이단으로 규정하고 탄압했기 때문이지요. 그렇지만 코페르니쿠스의 이 모형은 객관적 사실을 토대로 하는 자연과학이 오랫동안 인간을 지배해온 굳은 믿음을 뒤집을 수 있다는 사실을 여실히 보여줍니다.

코페르니쿠스는 여러 방면에 능통한 진정한 르네상스인이었습니다. 경제학에도 관심이 많았다고 합니다. 그는 화폐를 연구하여 중요한 성과를 내기도 했습니다. 귀금속 화폐의 가치는 귀금속이 자체로 가진 내재적 가치가 아니라 다른 재화와의 상대적 교환가치에 의해 결정된다는 결론을 내렸죠. 쉽게 말해 시중에 유통되는 통화량이 두 배로 늘어나면 금화의 가치는 절반이 된다고 말입니다. 실제로 16세기경 아메리카에서 유럽으로 금이 대거 유입되어 유럽 전역에서 물가가 폭등한 일이 일어났습니다. 코페르니쿠스는 그야말로 다재다능한 '멀티 플레이어'였습니다.

아무튼 앞서 이야기한 대로 코페르니쿠스의 가설은 우리 감각과 전혀 맞지 않습니다. 궤도를 관측한 결과를 더 간결하게 설명할 수 있다는 장점은 있지만 우리의 직관을 벗어나기 때문에 오히려 수많은 의문점을 만들어낼 수밖에 없었습니다. 우리는 이렇게 생긴 의문의 답을 찾아가는 과정 속에서 과학혁명의 진면목을 볼 수 있습니다. 뉴턴이 어깨에 올라탄 첫 번째 거인 코페르니쿠스는 지구를 우주의 중심에서 치워버리고 거대한 별, 태양을 도는 행성으로 바꿔놓았습니다. 동시에 기독교의 권위에도 커다란 타격을 가했지요. 세상이 우리가 보는 것과 다른 세계일 가능성은 언제나 있습니다. 이것이야말로 가장 확실한 진리인 듯합니다.

별과 행성에 관한 세 가지 법칙,
케플러

두 번째 거인 요하네스 케플러는 훌륭한 천문 관측가인 튀코 브라헤의 조수가 되어 그가 평생에 걸쳐 관측한 자료를 세밀하게 분석한 끝에 세

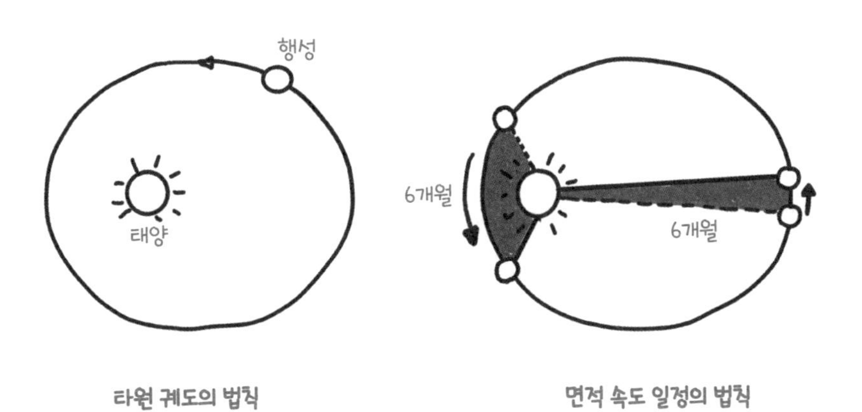

타원 궤도의 법칙　　**면적 속도 일정의 법칙**

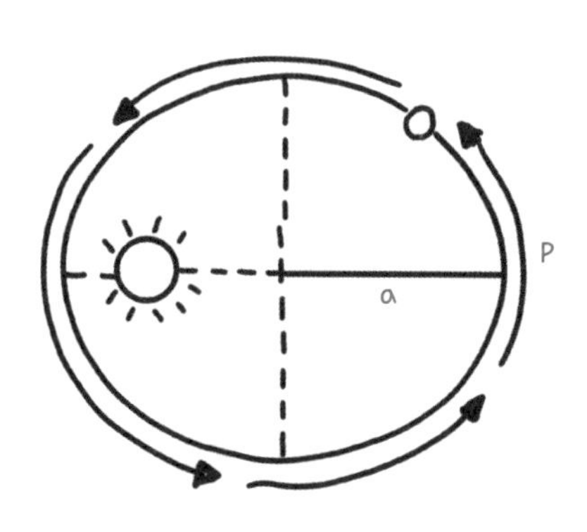

조화의 법칙

$P^2 = a^3$

P = 행성의 공전주기
a = 공전궤도의 긴 반지름

2-3 케플러의 세 가지 법칙

가지 케플러 법칙을 찾아냅니다. 이렇게 해서 또 한 번 역사적 전환이 이루어집니다. 사실 케플러는 과학자이지만 별점을 쳐 생계를 이어간 신비주의자였고 행성의 궤도가 원이어야 한다는 생각을 고수했습니다. 그러니 처음에는 그의 생각과 브라헤의 관측 자료가 일치하지 않았습니다. 그러나 케플러는 각고의 노력 끝에 태양을 도는 행성의 궤도가 원이 아니라 타원이라는 사실을 발견합니다.

케플러 법칙에 따르면 모든 행성은 태양을 하나의 초점으로 하는 타원 궤도를 그립니다. 이것이 제1법칙이죠. 케플러 제2법칙은 면적 속도 일정의 법칙입니다. 태양과 행성을 이은 선이 같은 시간에 같은 면적을 휩쓸고 간다는 법칙으로, 이 법칙에 따르면 행성이 태양에 가까이 있을 때 더 빨리 움직입니다. 그리고 제3법칙은 궤도의 긴 반지름의 세제곱이 공전주기의 제곱에 비례한다는 것입니다(그림 2-3). 케플러가 발견한 이 세 가지 법칙은 그가 오랜 시간에 걸쳐 열심히 노력한 결과이자 인류가 그려낸 우주의 모습에서 또 하나의 커다란 도약이기도 합니다.

좌표계란 엄청난 도구, 데카르트

세 번째 거인은 프랑스 사람으로 최초의 근대인이라 불릴 만한 위대한 인물입니다. 바로 르네 데카르트입니다. 그는 30년전쟁으로 휩싸인 시대에 태어나 삶의 대부분을 전쟁 속에서 살았습니다. 스물두 살이던 1618년에 전쟁이 시작되어 그가 죽기 2년 전인 1648년에 베스트팔렌조약으로 끝났으니까요. 30년전쟁 속에서 유럽의 전통은 파괴되고 남은 것은 불확실성뿐이었습니다. 가톨릭교는 그 권위를 위협받으며 더욱 배타적이고 독선적인 종교가 되었습니다.

이러한 역사적 배경에서 철학자 데카르트는 불확실성을 극복할 수 있는 확실한 철학을 세우고 싶었습니다. 그는 모든 것을 내려놓고 누구도 의심할 수 없는 확실한 명제를 찾고자 했습니다. 그렇게 해서 얻은 것이, 모든 것을 의심하는 주체인 '생각하고 있는 나'는 결코 의심할 수 없다는 결론이었습니다. 이것이 너무나 유명한 '나는 생각한다, 고로 존재한다cogito ergo sum'란 언명이 나오게 된 배경입니다. 이처럼 우리 인간은 지리적·시간적 배경에 크게 영향을 받습니다. 시대가 데카르트를 필요로 하기도 했고요. 어쩌면 제가 이 책을 쓴 배경도 살면서 미력이나마 다가올 문제들을 생각하고 해결을 모색하려는 시대적 요구인지도 모르겠습니다.

그런데 데카르트가 수학자라는 사실을 아시나요? 해석기하학이라는 용어를 들어보신 적은요? 이름은 생소하지만 사실 해석기하학은 우리에게 매우 친숙한 개념입니다. 어릴 때 학교에서 이미 배웠거든요. 우리는 학교 수학시간에 x축과 y축 그리고 두 축이 만나는 점을 기준으로 삼는 좌표계라는 것을 배웁니다. 어른이 되어서도 여전히 많이 사용하지요. 데카르트는 천장에 붙은 파리의 위치를 어떻게 나타낼까 생각하다가 이 좌표계를 고안했다고 합니다. 공간에 있는 어떤 한 점을 나타내려면 먼저 기준을 정한 뒤 그 점이 기준점에서 동쪽으로 얼마, 북쪽으로 얼마만큼의 거리에 있는지 알면 위치가 정해지겠죠? 너무나 쉽고 익숙해서 사소해 보이지만 좌표계의 발명은 뉴턴은 말할 것도 없고 이후 수학과 과학 영역에 엄청난 영향을 미칩니다. 그런데 이렇게 쉽고 간단하게 공간을 기술할 수 있는 방법을 어째서 17세기가 되어서야 알아낸 걸까요?

당시까지 서양의 수학은 대부분 기하학을 중심으로 발달했다고 1장에서도 이야기했지요? 기하학은 매우 논리적인 체계를 갖추었지만 몇 가지 약점이 있습니다. 첫째 양수밖에는 다룰 수 없습니다. 길이, 넓이, 부피, 각도를 이야기할 때 영이나 음수는 존재하지 않죠? 둘째 기하학 문제를 다룰 때 자와 컴퍼스, 각도기를 이용해 작도하는 일이 매우 까다로운 작업입니다. 이와 비교해 동양에서는 매우 실용적인 대수학이 발달했고, 인도에서는 최초로 영과 음수를 발명해 사용하고 있었지요. 힌두교와 불교의 본고장으로 '공空' 사상을 수학에 실현한 것은 아닌가 하는 생각도 듭니다.

영과 음수라는 심오한 발명품은 근대과학을 향해 달려가던 서양의 철학자 데카르트에게 선물을 안겨주었습니다. 좌표계는 원점인 영을 중심으로 양수와 음수로 나뉩니다. 이 좌표계는 기하학이 가진 한계를 단번에 극복하고 뉴턴이 수학적 원리를 이끌어내는 결정적 도구를 제공합니다.

잠깐 좌표계가 어떻게 기하학의 한계를 극복했는지 살펴볼까요. 좌표계 덕분에 기하학적 도형을 일일이 그리지 않고도 숫자와 문자로 이루어진 방정식으로 간단히 나타낼 수 있습니다. 반지름이 1인 원은 $x^2+y^2=1$로, 2차 포물선은 $y=x^2$으로, 또 기울기가 1이고 원점을 지나는 직선은 $y=x$로 쓸 수 있습니다. 또 그림 2-5에서처럼 포물선과 직선이 만나는 교점을 찾는 기하학 문제도 방정식으로 계산하면 무리수까지 매우 정확히 구할 수 있습니다. 예전에는 일일이 작도를 해야 했죠. 얻은 값이 정확하다는 보장도 없었고요. 더욱이 시시각각 변하는 수를 좌표계에 나타내면 매우 쉽게 그 변화의 흐름을 파악할 수 있습니다. 이것은 나중에 뉴턴이 미적분을 이끌어내는 데도 매우 중요한 역할을 합니다.

영과 음수는 동양의 발명이 서양 과학에 지대하게 영향을 미친 한 예

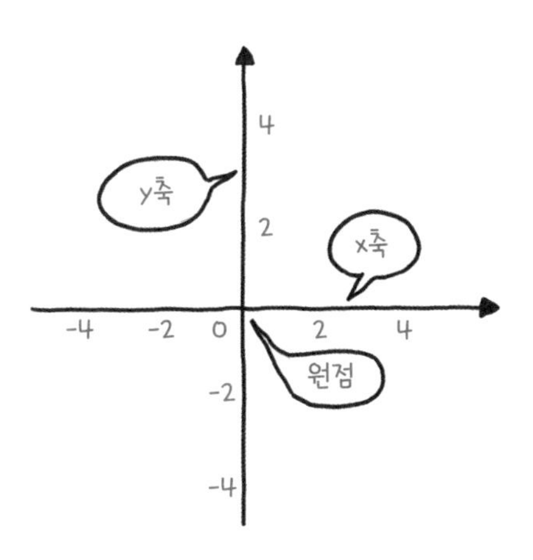

2-4 데카르트 좌표계

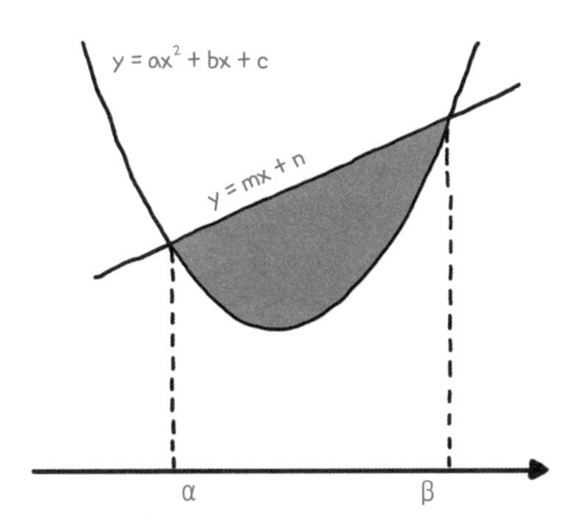

2-5 포물선과 직선이 만나는 두 교점 α와 β

입니다. 이 밖에도 동양이 서양 과학에 발명품을 제공해 결실을 이룬 예는 또 있습니다. 중국이 최초로 발명한 나침반은 서양에 전파되어 전기와 자기의 연관성을 입증한 앙페르의 법칙, 즉 전선에 전기가 흐르면 자기력이 작용한다는 사실을 밝혀내는 데 큰 역할을 했습니다. 이 법칙은 인류의 삶을 근본적으로 바꾸어놓은 전기 혁명의 초석이 됩니다(3장 참조).

최근 우리는 동양의 정신과 서양의 기술이란 의미로 '동도서기東道西器'를 말하지만 과학정신에서는 그렇지 않은 것 같습니다. 앞으로도 동서양의 우월성을 따질 게 아니라 서로의 장점을 받아들여 새로운 도약을 이루어 내야 합니다. 과학은 서양만의 것도 아니고 서양인만의 힘으로 이룩한 것도 아닙니다. 전 인류의 노력의 결과이며 인류 공동의 자산이고 인류 모두에게 영향을 미치는 정신적 활동인 것입니다.

최초의 근대 과학자,
갈릴레이

네 번째이자 마지막 거인은 근대과학의 원조인 갈릴레오 갈릴레이입니다. 갈릴레이는 망원경을 개량해 하늘을 더욱 정밀히 관측했고 자신의 맥박이나 물을 시계로 이용해 운동을 측정하고 수학적 원리를 찾았던, 철학적 관심보다 과학적 탐구에 집중한 전문 과학자입니다. 그는 천체를 관측해 태양의 흑점을 발견했고 목성 주위를 도는 네 개의 위성을 찾아냈습니다. 이러한 관찰 끝에 갈릴레이는 하늘은 완전하지도 않으며, 모든 천체가 지구 주위를 돌아야 한다는 천동설이 잘못되었음을 확신합니다. 그는 당시 지동설을 가설 이상의 이론으로 주장하거나 가르칠 수 없다는 교회의 명령을 무시하고 저서 《두 세계 체계에 대한 대화 : 프톨레마이오스와 코페르니쿠스》에서 지동설을 주장하다가 종교재판을 받습니다. 갈릴레이는 결국 자신의 주장을 철회하고 가택연금의 처벌을 받지만, 그렇다고 진실은 달라지지 않지요.

그는 지상의 운동에 대해서도 열심히 탐구합니다. 시계추의 주기가 진폭에 관계없이 일정하다는 사실도 밝혀내고 낙하하는 물체의 거리는 시간의 제곱에 비례해 늘어난다는 사실도 알아냈습니다. 자연에 깊이 담겨 있던 수학적 원리들이 그 모습을 조금씩 드러내자 갈릴레이는 결국 "세상을 창조한 신은 수학자"라고 단언합니다.

갈릴레이는 그때까지 최고의 현인으로 추앙받아온 아리스토텔레스의 운동론을 대신할 새로운 운동론을 제시합니다. 너무나 간단한 뒤집기로 보일지 모르겠습니다. 하지만 이는 엄청난 혁명이었으며 새로운 과학이 시작되는 출발선이었습니다. 무엇이 그렇게 대단하다는 걸까요?

먼저 아리스토텔레스를 다시 기억해볼까요? 그는 모든 운동을 목적론적 사고로 설명했습니다. 낙하하는 물체는 우주의 중심을 향해 가려는 목적이 있고, 모든 물체가 결국 정지하는 것은 정지 상태가 가장 자연스러운 최종 상태이기 때문이라는 겁니다. 물체가 정지하지 않고 계속 운동하는 것은 공기가 뒤에서 추동력을 제공하기 때문이고요. 따라서 그의 운동론은 다음과 같이 요약할 수 있습니다.

"모든 물체는 외부에서 영향을 주지 않는 한 정지한다."

이 명제는 보편적 진리처럼 보입니다. 실제로 물체는 아무리 미끄러운 바닥이라도 계속 밀어주지 않으면 결국에는 정지합니다. 이처럼 너무나 분명해 보이는 주장을 갈릴레이가 뒤집습니다. 이렇게 말이죠.

"모든 물체는 외부에서 영향을 주지 않는 한 등속운동을 계속한다."

이게 바로 뉴턴의 제1법칙이라고 하는 관성의 법칙입니다. 정지한 상태는 자연스럽게 생기는 것이 아니라 오히려 외부의 영향 때문에 운동에 변화가 생긴(속도가 감소한) 상태라는 생각입니다. 우리는 이제 물체가 멈추는 이유는 거친 바닥이나 공기의 마찰 같은 외부 마찰력 때문이며 외부 마찰이 없다면 멈추지 않을 것이라는 사실을 알고 있습니다.

갈릴레이는 이 놀라운 반역을 사고실험을 통해 얻어냅니다. 그런데 이 사고실험은 그리스의 피타고라스와 플라톤의 전통을 계승한 것입니다. 어째서 그렇냐고요? 갈릴레이는 눈에 보이는 대로의 현실 상황이 아닌 마찰이 전혀 없는 이상적인 상황, 즉 '운동의 이데아'를 설정했기 때문입니다.

관성의 법칙을 통해 우리는 코페르니쿠스의 지동설에서 이해할 수 없었던 문제에 대한 해답을 얻을 수 있습니다. 즉 공을 위로 던지면 그사이에 지구가 이동하는데도 왜 공은 뒤로 떨어지지 않는가 하는 의문 말입니다. 지구가 움직일 때 지구상에 있는 모든 물체는 지구와 함께 움직입니다. 위로 던져 올려진 공도 지구와 같은 속도로 움직여왔고 계속 같은 속도로 움직이려는 관성을 가지고 있습니다. 따라서 우리가 볼 때 높이는 변해도 공은 여전히 지구와 우리와 함께 전진하게 되지요. 공이 공중에 떠 있는 동안 지구가 사라지지만 않는다면요. 지금 보면 당연한 이치이지만 그땐 너무나 생경했을 겁니다. 이렇듯 지금까지 상식을 깨고 진리를 찾아내는 것이야말로 과학자들이 해야 할 중요한 역할이 아닐까요.

갈릴레이는 여기서 한 걸음 더 나아가 관성의 법칙을 서로 다른 두 관찰자의 경우에 대해 기술하는 상대성원리로 확장시킵니다. 이 흥미진진한 이야기는 뒤에서 다루도록 하겠습니다.

뉴턴 있으라 1
미래는 결정되어 있다!

이제 뉴턴이 등장할 차례입니다. 갈릴레이의 관성의 법칙을 뉴턴은 다음과 같이 수정합니다.

"모든 물체는 외부에서 힘이 작용하지 않는 한 가속도는 0이다."

뉴턴의 제1법칙입니다. 뉴턴은 '힘'이라는 수량화할 수 있는 개념으로 외부의 영향을 표현합니다. 현대과학에서는 힘보다는 상호작용이라는 표현을 선호합니다. 물체의 운동은 외부와의 관계에 의해 발생한다고 할 수 있으니까요. 그리고 가속도는 속도의 변화를 의미합니다.

힘이 작용하면 어떻게 될까요? 당연히 가속도, 즉 속도의 변화가 생깁니다. 더 이상 빠르기가 일정한 직선운동을 하지 않습니다. 빠르기가 변하거나 운동 방향이 바뀌죠. 힘의 작용이 이런 변화를 만듭니다. 이 때문에 뉴턴의 물리학을 뉴턴 역학力學이라 부르기도 합니다. 힘이 작용하면 그 힘에 비례하는 만큼 가속도가 생깁니다. 이러한 현상을 수학적으로는 $F \propto a$로 나타냅니다. 여기서 F는 힘, a는 가속도, $\propto$ 기호는 비례함을 뜻합니다. 헷갈리지 말 것은 비례는 결코 두 값이 같다는 의미가 아니라는 겁니다. 이를테면 힘이 두 배가 되면 가속도 역시 두 배가 된다는 뜻이지 두 값이 같지는 않습니다.

이 정도로도 힘과 가속도의 관계를 파악할 수 있지만 이보다 더 엄밀히 수량화하려면 방정식을 만들어야 합니다. 그러려면 양변이 같도록 만드는 뭔가를 집어넣으면 되는데 그 뭔가가 비례상수 m입니다. 그리하여 다음과 같은 방정식이 탄생합니다.

$$F=ma$$

이 방정식은 세상과 우리의 미래를 환히 밝혀줍니다. 바로 뉴턴의 제2 법칙입니다. 그런데 m이 있네요. 무엇일까요?

이 수식에서 우리는 다음과 같은 사실을 알 수 있습니다. 같은 힘을 가했을 때 m이 큰 물체는 작은 가속도를, m이 작은 물체는 큰 가속도를 얻습니다. 이것은 m이 클수록 물체를 가속시키기가 더 어려워진다는 뜻이고, 다른 말로 표현하면 관성이 크다고 할 수 있습니다. 짐작이 가시나요? 우리는 이 양을 질량이라 하고 보통 킬로그램kg 단위로 나타내지요.

이 방정식을 이용하면 움직이는 물체의 운동을 정확하게 예측할 수 있습니다. 운동을 정확하게 예측한다는 것은 그 물체의 위치와 속도를 시간에 따른 함수로 정확히 표현할 수 있다는 뜻입니다. 연속적으로 변하는 시간의 흐름 속에서 단 한 시각도 빼놓지 않고 모든 과거와 모든 미래를 안다는 거죠. 그러려면 연속적 변화에 관한 정보를 방정식에 담아야 합니다. 이를 위해서 뉴턴은 미분과 적분이라는 불멸의 도구를 발명합니다. 가속도는 시간에 따라 속도가 얼마나 변하는지를 나타내는 양이고, 속도는 시간에 따라 위치가 얼마나 변하는지를 나타내는 양입니다. 예측이 더더욱 정확하려면 아주 짧은 시간 동안 일어난 변화량까지 알 수 있어야 하는데, 극단적으로는 그 구간이 0으로 근접할 때 순간적 변화량을 얻을 수 있습니다. 뉴턴은 그 순간가속도와 순간속도를 다음과 같이 나타냈습니다.

$$a = \lim_{\Delta t \to 0} \frac{\Delta v}{\Delta t} \equiv \frac{dv}{dt}$$

$$v = \lim_{\Delta t \to 0} \frac{\Delta x}{\Delta t} \equiv \frac{dx}{dt}$$

이때 Δv는 순간속도가 시간 Δt 동안 변화한 양을 말하고, Δx는 위치가 시간 Δt 동안 변화한 양을 말합니다. 순간가속도란 순간속도를 시간으로 미분한 결과이며, 순간속도란 거리(x)를 시간으로 미분한 결과입니다. Δt가 작을수록 그야말로 '순간'이 됩니다.

적분은 미분의 반대입니다. 즉 변화한 값을 모두 합하는 겁니다. 아르키메데스가 원의 넓이를 구한 방법을 기억하시죠? 무한히 쪼갠 피자 원판을 모두 더해 원의 넓이를 정확히 계산했지요. 따라서 순간가속도의 시간에 따른 변화를 모두 합하면 속도가 나오고, 순간속도의 변화를 모두 합하면 거리가 나옵니다. 다시 말해 순간가속도를 적분하면 속도가 나오고, 순간속도를 적분하면 거리가 나옵니다. 다음의 수식이 속도와 거리를 구하는 적분식입니다. 관련된 값을 모두 더할 때 사용하는 기호가 $\int$이지요.

$$v = \int a\,dt$$

$$x = \int v\,dt$$

이와 같은 정의를 가지고 어떻게 물체의 운동을 예측한다는 걸까요? 물체가 운동할 때 여러 힘이 영향을 미칩니다. 만유인력도 있고, 용수철에 매달린 물체가 받는 탄성력, 물체의 운동을 방해하는 마찰력, 바닥이 떠밀어 올리는 수직항력 등 여러 힘이 있죠. 이 힘을 어떻게 수학적으로 표현하는지도 잘 알려져 있습니다. 좀 전에 나온 $F=ma$ 식을 떠올려볼까요? 이 식에 따르면 힘을 알면 가속도를 알게 됩니다. 질량으로 나눠주기만 하면 되니까요. 그다음은 미적분이 해결해줍니다. 가속도를 한 번 적분하면 속도가, 한 번 더 적분하면 위치가 나옵니다. 단 적분을 할 때는 합하는 범위를 정해줘야 하는데, 보통은 현재를 출발점으로 하고 임의의 시각까지로 하면 됩니다. 따라서 현재의 위치와 속도에 관한 정보가 있어야 하겠죠. 실제 측정을 하면 얻을 수 있습니다. 이것을 보통 초기 조건이라 부릅니다.

정리해보겠습니다. 물체에 작용하는 힘이 무엇인지 정확히 파악한 후 초기 조건인 현재 물체의 위치와 속도를 측정하여 뉴턴의 운동방정식에 대입해 풀면 그 물체의 위치와 속도를 시간의 함수로 얻을 수 있습니다. 진짜로 맞는지 검증은 어떻게 할까요? 이렇게 얻은 함수에 특정 시각을 대입해 나온 결과와 실제 측정한 결과를 비교하면 되겠죠.

이처럼 뉴턴은 힘이라는 '마술적' 개념을 도입하고 미적분이라는 '요술 도구'를 만들어 미래를 결정지었습니다. 이 법칙에 따르면 힘과 초기 조건만 안다면 모든 것의 과거와 미래는 다 알 수 있습니다. 즉 다 정해져 있다는 의미죠. 모든 천체, 지구상 동식물들의 활동, 인간의 생각마저도 물질적 운동의 결과물이라면 원리적으로는 정해져 있다고 봐야 합니다. 그런데 과거야 그렇다 치더라도 미래가 정해져 있다는 것은 매우 당황스럽지 않나요? 이런 이유로 뉴턴 역학은 결정론적deterministic이라 불리며 우리의 자유의지와 대립되어 논란을 불러옵니다.

뉴턴 있으라 2
하늘과 땅은 똑같은 세상

뉴턴이 이룩한 또 하나의 거대한 과학혁명은 만유인력 법칙의 발견입니다. 보통 '발견'이라고 하지만 천체들이 서로 돌고 사과가 떨어지는 현상을 종합해 '창작'해낸 결과라고 해야 합니다. 왜냐하면 약 200여 년이 지나 아인슈타인이 똑같은 현상을 전혀 다른 모습으로 그려냈고, 이것이 더 보편적이라는 것이 입증되었기 때문이지요. 그런 점에서 과학자는 발견자라기보다 그림을 그리는 화가에 더 가까울 수도 있습니다.

태양과 지구 사이에 아무것도 연결된 게 없는데 뉴턴은 어떻게 잡아당기는 힘이 작용한다고 생각할 수 있었을까요? 뉴턴은 물리학자이지만 신비주의에 탐닉한 종교적 인간이기도 했습니다. 물리학보다 연금술 연구에 더 많은 시간을 쏟았다고 알려질 정도이지요. 보통은 학문에만 전념해도 좋은 결과를 낼까 말까 한데 천재는 역시 다른 걸까요? 학문이란 넓게 배우고 깊게 묻고 굳건히 실천하는 것이라 한다면 책상이나 실험실에서 대부분의 시간을 씨름하며 보내는 일은 학문을 하는 좋은 태도는 아닌 것 같습니다. 종합적 사고와 다양한 경험으로 세상을 더 멀리 볼 수 있을 때 위대한 결실이 맺어지는 것은 아닐까 생각해봅니다.

아무튼 뉴턴은 남들이 황당해하는 생각을 상상하는 것으로만 그치지 않고 구체적인 수학적 법칙으로 제시합니다. 이 역시 과학사에서 매우 멋진 수식으로 남아 있죠. 질량이 각각 m과 M인 두 물체가 서로 거리 r만큼 떨어져 있을 때 서로에게 작용하는 힘은 다음과 같습니다.

$$F_G = G\frac{mM}{r^2}$$

이때 G는 중력상수라는 비례상수로서 $6.673 \times 10^{-11} \mathrm{Nm}^2/\mathrm{kg}^2$이라는 매우 작은 값입니다. 따라서 만유인력은 가벼운 물체들 사이에서는 잘 느껴지지 않지만 지구나 태양처럼 매우 무거운 천체들 사이에서는 명확히 드러납니다. 우리가 지구에 발을 붙이고 있을 수 있는 이유도 지구가 우리를 끌어당기는 만유인력 때문이지요. 그런데 이 법칙의 어떤 부분이 그렇게 대단한 걸까요?

과거 그리스의 세계관을 다시 떠올려보겠습니다. 그들은 인간이 사는 지구와 하늘의 세계를 철저히 구분했습니다. 하늘만의 법칙이 따로 있고 땅의 법칙이 따로 있다고 생각했습니다. 그런데 만유인력 법칙은 이 세계관을 일거에 뒤집습니다. 만유인력 법칙은 우주의 모든 곳에서 성립하므로 달이 지구를 도는 이유나 사과가 아래로 떨어지는 이유도 만유인력에 의한 것입니다. 나아가 행성들이 태양을 공전하는 이유도 마찬가지입니다. 진정으로 하늘과 땅의 대통합이 아닐 수 없습니다. 과학 역사상 가장 스케일이 큰 통합이 아닐까요? 이 모든 내용은 1687년에 라틴어로 펴낸 기념비적 책 《자연철학의 수학적 원리》에 들어 있습니다. 인류 역사에서 가장 중요한 책 가운데 하나죠. 그래서 책 전체 제목이 아니라 그냥 《원리(프린키피아)》라 해도 뉴턴의 이 책을 가리킵니다. 마치 중세 말에 '철학자' 하면 아리스토텔레스를 가리켰던 것과 비슷하지요.

태양계의 모든 천체가 만유인력에 따라 태양 둘레를 돌고 있으니 뉴턴의 운동법칙에 이 힘을 집어넣고 계산하면 지구를 비롯한 모든 행성들의 위치와 속도를 정확히 예측할 수 있습니다. 그런데 매우 재미있는 사실이

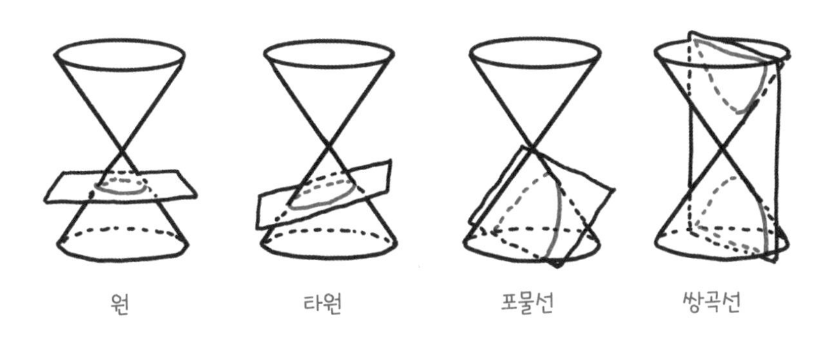

2-6 원뿔곡선

있습니다. 만유인력 법칙처럼 힘이 거리의 제곱에 반비례하는 경우(전기력도 마찬가지입니다) 물체가 그리는 궤도는 원뿔곡선■이라는 점입니다. 이 곡선들은 그림 2-6과 같이 원뿔을 다양한 방법으로 자를 때 원, 타원, 포물선, 쌍곡선의 형태로 생깁니다. 이 도형들은 모두 2차방정식으로 나타낼 수 있고요. 오랫동안 원 궤도와 타원 궤도를 놓고 씨름했던 케플러를 생각해보면 허무해지기도 하는 결과입니다. 만유인력이 작용하는 한 태양계의 행성은 원이나 타원뿐 아니라 포물선이나 쌍곡선처럼 열린 궤도를 가질 수도 있기 때문입니다. 만유인력 법칙을 통해 하늘에는 원 궤도만 존재한다는 믿음이 옳지 않음이 이론적으로도 확인되었네요. 뿐만 아니라 뉴턴의 운동방정식 $F=ma$에 F를 대입하여 매우 간단한 계산을 거치면 케플러가 평생에 걸쳐 얻은 세 가지 법칙을 모두 끌어낼 수 있습

■ 2차 곡선이라고도 하며 그리스 수학자 아폴로니우스가 연구했습니다.

니다. 이런 것이 이론의 힘이겠지요?

만유인력 이론으로 당시 많은 해석을 낳았던 혜성 역시 행성처럼 태양을 주기적으로 공전하는 천체임이 밝혀졌고, 핼리 혜성의 경우 그 주기가 76년임을 알아냈습니다. 말이 나왔으니 말이지 인류 역사에서 혜성은 여러 의미를 가진 천체입니다. 보이지 않다가 갑자기 나타나 이상한 궤도를 그리다가 다시 사라지는 혜성은 그림에도 등장했습니다. 중세 말기 이탈리아의 화가 조토 디 본도네가 그린 〈동방박사의 경배〉에 혜성이 그려져 있습니다. 예수 탄생을 그린 그림에 혜성을 집어넣은 것을 보면 길조를 뜻하는가 봅니다. 현재 생명의 기원을 탐색하는 연구에서 지구 생명 최초의 씨앗이 혜성을 통해 지구에 뿌려졌을 가능성을 조사하기 위해 많은 탐사선이 혜성으로 향합니다. 그중 1986년 핼리 혜성으로 날아간 탐사선이 있는데요, 그 이름이 조토Giotto입니다.

또 하나의 클래식, 고전역학

뉴턴의 역학을 고전역학이라고도 합니다. 고전古典이란 시간이 지나도 그 가치를 인정받는 지식이나 철학, 예술 작품 등을 가리키죠. 뉴턴의 역학은 이미 현대과학의 진리는 아닙니다. 20세기 들어 상대성이론과 양자역학에 의해 그 한계가 드러났습니다. 대신 고전역학이라 불리며 가치를 인정받고 있지요. 미시적이거나 빛의 속도에 가깝거나 중력이 대단히 클 때 같은 아주 극단적 상황이 아니면 여전히 매우 정확한 이론 체계이며, 뉴턴 역학 없이는 현대물리학 자체도 존재할 수 없습니다. 따라서 뉴턴의 역학은 그 한계에도 불구하고 고전 중의 고전으로 대접받고 있는 것이지요.

우리에게 커다란 영향을 미치는 고전이 물리학에만 있지는 않죠? 《논어》, 《맹자》, 《노자》, 《장자》 같은 책들, 셰익스피어나 단테 등의 작품은 최고의 고전으로서 여전히 읽힙니다. 모차르트, 베토벤, 차이코프스키 등의 고전음악 역시 수백 년이 지난 지금도 우리 심금을 울리지요. 그러나 꼭 오래되었다고 고전이 되는 것은 아닙니다. 제가 속한 지순협 대안대학에서는 2학년 첫 학기에 고전 강독을 합니다. 학생들은 머나먼 그리스 시대에 살았던 아리스토텔레스의 《시학》부터 우리와 함께 살았던 생물학자 스티븐 제이 굴드의 《다윈 이후》까지 망라해 배우고 있습니다. 대중음악은 또 어떤가요? 록음악에서 비틀스, 핑크 플로이드, 레드 제플린이나 재즈음악에서 루이 암스트롱, 존 콜트레인, 빌리 홀리데이 등의 작품은 고전으로 인정받을 만합니다. 학생 시절 저를 감동시킨 이 음악들은 지금 들어도 좋습니다.

돌이켜보면 예전에는 음반을 구하기가 퍽 어려웠습니다. 그래서 어쩌다 라디오에서 좋아하는 음악이 흘러나오면 녹음을 하거나 라디오 음악 프로그램에 신청 엽서를 보내기도 했지요. 그래서 더 좋았던 건지도 모르겠습니다. 지금은 인터넷에서 거의 모든 음악을 들을 수 있고 실황 영상까지 볼 수 있습니다. 편리한 세상에 좋은 음악을 쉽게 들을 수 있어서 좋기도 하지만 고전이 탄생하기는 점점 더 어렵지 않을까 걱정이 됩니다. 너무 고리타분한 생각일까요?

무슨 거창한 지식이나 이론, 예술 작품만 고전의 반열에 오를 수 있는 것은 아니라고 생각합니다. 제가 사는 농촌에서도 고전의 예를 만날 수 있습니다. 배운 것 없고 그저 아침부터 저녁까지 평생 땅을 일구며 살아

온 농부들입니다. 이제 몸은 병들고 허리도 펴지 못해 늘 병원 신세를 지는 어르신들, 그러나 꿋꿋이 우리 땅을 지켜온 분들입니다. 언제나 철을 놓치는 법 없이 자연의 흐름을 따르며, 농산물 값이 오르든 내리든 아랑곳없이 땅이 있는데 어찌 생명을 가꾸지 않을 수 있겠느냐며 땀 흘려 일하시지요. 지금 농촌이 붕괴되고 아무도 하기 싫어하는 농사일이지만 시간이 아무리 지나도 이들이 지켜낸 가치는 달라지지 않을 것입니다.

뉴턴의 운동법칙
세 번째

뉴턴의 법칙은 세 가지가 있습니다. 제1법칙인 관성의 법칙, 제2법칙인 힘과 가속도의 법칙은 앞에서 설명했지요. 이제 마지막 제3법칙인 작용-반작용의 법칙을 소개하겠습니다. 어떤 상황이든 힘을 가하는 존재가 있고 힘을 받는 존재가 있습니다. 그럼 누가 힘을 '가하고' 누가 힘을 '받는' 걸까요? 내가 관찰하려는 대상이 힘을 받는 물체이고 그 물체에 영향을 미치는 것이 힘을 가하는 물체입니다. 무슨 말이냐고요?

상상을 해보죠. 빨간 공과 파란 공이 충돌합니다. 두 공은 충돌하면서 서로에게 힘을 줍니다. 빨간 공은 파란 공에 힘을 주고 동시에 파란 공은 빨간 공에 힘을 줍니다. 충돌하고 난 후 두 공은 방향과 빠르기가 바뀌어 전혀 다른 방향으로 움직일 겁니다. 이때 힘을 작용과 반작용이라고 부릅니다. 제3법칙은 작용과 반작용 힘의 크기는 항상 같고 작용하는 방향은 반대라는 의미입니다. 빨간 공이 파란 공에 힘을 가할 때 동시에 파란 공도 빨간 공에 같은 크기의 힘을 반대 방향으로 가합니다. 이 법칙 역시 어디에나 적용되는 법칙입니다. 태양이 지구를 잡아당기는 힘과 지구가 태양을 잡아당기는 힘은 같습니다. 얼핏 생각하기에 태양이 더 무거우니까 지구를 더 큰 힘으로 잡아당길 것 같죠? 그렇지 않습니다. 또 무엇이 작용이고 무엇이 반작용인지에 대한 절대적 기준도 없습니다. 하나가 작용이면 나머지 하나는 그냥 반작용입니다.

제3법칙과 관련해 매우 흥미로운 점이 있습니다. 작용과 반작용은 힘을 가하고 받는 주체가 바뀔 때 성립하는 개념입니다. 다시 말해 한 물체에 크기가 같고 방향이 반대인 두 힘이 동시에 작용하는 상황은 작용-반작용이 아닙니다. 이것은 관찰자가 관찰하는 대상과 그 대상에 영향을 미치는 외부 환경을 설정하는 것과 관련이 있습니다. 관찰 대상은 관찰자가 그 운동을 예측하려고 하는 대상을 말합니다. 따라서 관찰자는 관찰 대상의 운동에만 관심이 있지 외부 환경이 하는 운동에는 관심이 없습니다. 조금 어렵나요? 두 공이 충돌하는 경우를 예로 다시 생각해보죠.

관찰자가 빨간 공만을 관찰 대상으로 삼는다면, 다시 말해 빨간 공만 관찰하여 운동을 예측하려고 한다면 빨간 공은 힘을 받는 존재가 되고, 파란 공은 외부 환경, 즉 빨간 공에 힘을 가하는 존재가 됩니다. 직선으로 운동하던 빨간 공은 충돌할 때 파란 공이 가한 힘에 의해 속도가 바뀝니다. 이때 빨간 공이 반작용으로 파란 공에 가한 힘은 생각할 필요가 없습니다. 반대로 파란 공만 관찰하여 운동을 예측하려고 할 때는 파란 공이 힘을 받는 존재, 빨간 공이 외부에서 힘을 가하는 존재가 됩니다. 충돌 시 빨간 공이 가한 힘에 의해 파란 공의 속도가 바뀌지요. 이번엔 파란 공이 빨간 공에 가한 반작용은 고려할 필요가 없습니다.

그런데 두 공 모두가 관찰 대상인 경우, 즉 두 공을 동시에 예측하고자

할 때는 둘이 주고받은 작용과 반작용을 동시에 고려해야 합니다. 관찰 대상의 내부에서 주고받는 힘이므로 내부력이라고 하며, 두 힘의 합은 제3법칙에 따라 0이 됩니다. 외부에서 이 두 공에 힘을 가하는 환경은 없습니다. 충돌 이후 두 공은 각자 주고받은 힘에 의해 충돌 전과 다른 운동을 하지만 외부에서 가한 힘이 없기 때문에 두 공의 중심 위치는 변하지 않습니다. 이 개념이 중요한 이유는 뉴턴 법칙을 확장시켜주기 때문입니다.

뉴턴 법칙의 확장, 운동량과 에너지

제3법칙은 뉴턴의 법칙을 확장시키는 데 매우 유용합니다. 사실 두 공이 충돌할 때 힘이 작용하는 것은 분명하지만 그 힘이 얼마인지는 알 수가 없습니다. 두 공이 마주치는 동안 같은 힘이 작용하는 것도 아닐 겁니다. 힘은 정말 중요한 개념입니다. 힘을 모르면 뉴턴의 운동법칙은 무용지물입니다. 힘을 모르면 우리는 충돌한 이후 두 공의 위치와 속도를 전혀 알 수가 없습니다. 그런데 인간은 매우 지혜롭게도, 두 공이 동시에 관찰 대상이라면 서로 주고받는 각각의 힘의 크기는 알 수 없어도 앞서 설명한 대로 뉴턴의 제3법칙에 의해 각각의 힘의 합이 0인 것은 알 수 있다는 발상을 해냅니다.

여기서 '충격량'이란 양을 하나 도입합니다. 충격량은 크기는 몰라도 분명히 존재하고 있는 힘과 충돌하는 시간의 곱으로 정의합니다. 식으로 표현하면 $I \equiv F \cdot t$입니다. 힘을 모르기 때문에 충격량은 정의만 있을 뿐 실제로 알 수 있는 값은 아닙니다. 여기에 또 하나의 양을 도입하는데, '운동량'이라고 합니다. 운동량은 질량과 속도의 곱으로 정의합니다. $p \equiv mv$로 표현하죠.

이제 간단한 산수를 해볼까요? $F=ma$이므로 $I=F \cdot t=ma \cdot t$라 할 수 있습니다. 여기서 가속도는 속도의 변화를 시간으로 나눈 값입니다. 즉 $a=\frac{v_{후}-v_{전}}{t}$이므로 다음과 같이 쓸 수 있습니다.

$$I=m\frac{v_{후}-v_{전}}{t} \cdot t=mv_{후}-mv_{전}=p_{후}-p_{전}$$

이때 $v_{전}$(또는 $v_{후}$)는 충돌 직전(또는 직후)의 속도이며 $p_{전}$(또는 $p_{후}$)는 충돌 직전(또는 직후)의 운동량입니다. 결과적으로 충격량 I는 '충돌 직후의 운동량 – 충돌 직전의 운동량', 다시 말해 충돌하는 도중에 변화된 운동량과 같음을 알 수 있습니다. 충돌하는 도중에 관한 정보를 담고 있는 충격량이 충돌 직전과 충돌 직후의 정보를 담고 있는 운동량의 변화량으로 바뀐 겁니다. 그런데 충돌하는 도중에 주고받은 힘의 합은 0입니다. 힘이 0이므로 I는 0이 되겠죠? 이 말은 운동량이 변화하지 않았다는 의미입니다. 이것을 운동량보존법칙이라고 합니다. 더 정확히 말하면 충돌하는 두 물체에서 충돌 전 두 물체의 운동량의 합과 충돌 후 두 물체의 운동량의 합은 항상 같습니다. 덕분에 우리는 충돌하기 전 두 물체의 운동량이나 속도를 정확히 알면 충돌하는 도중 힘이 얼마나 작용했는지 몰라도 충돌 후 속도를 정확히 예측할 수 있습니다. 현재의 위치와 속도 그리고 작용하는 힘을 정확히 알면 미래의 위치와 속도를 정확히 알 수 있다는 뉴턴 법칙과 유사한 역할을 하는 법칙입니다.

물리학에는 보존법칙이 많습니다. 어떤 사건이 발생하고 그 중간에 어떤 일이 발생했는지 정확히 알지는 못해도 사건을 전후하여 뭔가 보존되는 것이 있다면 그 조건으로부터 우리는 미래에 대해 많은 것을 알아낼 수 있습니다. 그렇게 때문에 매우 중요한 법칙입니다.

또 다른 보존법칙으로 에너지보존법칙이 유명합니다. 에너지는 지금 매우 흔하게 쓰이는 용어인데 처음부터 도입된 개념은 아니고 운동량과 더불어 뉴턴 법칙을 확장하기 위해 도입되었습니다. 편리함과 유용성, 확장성 면에서 매우 탁월합니다. 에너지는 '다른 물체의 운동을 변화시킬 수 있는 능력을 가진 양'이라고 보면 됩니다. 우리가 근육을 움직이는 것도 음식물을 소화시켜 얻은 에너지 덕분이며 자동차가 굴러가는 것도 기름을 태워 얻은 에너지 때문이지요.

에너지는 크게 두 종류로 구분합니다. 먼저 운동에너지입니다. 모든 운동하는 물체는 스스로 에너지를 가지고 있습니다. 이 에너지는 $K \equiv \frac{1}{2}mv^2$ 으로 정의합니다. 움직이는 물체에는 반드시 있지만 정지한 물체에는 없습니다. 또 다른 에너지는 잠재에너지potential energy(또는 위치에너지)라고 하며 상황에 따라 다르게 주어집니다. 중력이 작용하는 지구상에서는 중력과 높이의 곱으로 주어져 $U \equiv mg \cdot h$로 정의합니다. 여기서 g는 지구의 중력가속도를 가리킵니다. 그 값은 9.8m/s²이지요. 지구에서는 질량 m인 물체를 높이 h인 곳에서 들고 있으면 이 잠재에너지를 갖게 됩니다.

이제 이 물체를 떨어뜨려볼까요? 우선 떨어지기 직전에 운동에너지는 0입니다. 멈춰 있으니까요. 떨어지면 높이가 점점 낮아지지요? 즉 잠재에너지가 점점 작아집니다. 그러면 운동에너지는 어떻게 될까요? 속도가 점점 빨라지니 증가할 겁니다. 여기서 잠재에너지가 작아지는 정도와 운동에너지가 커지는 정도는 서로 같습니다. 맨 마지막에 물체가 바닥에 닿기 바로 직전에는 속도가 가장 빠르니 운동에너지가 최댓값을 갖습니다. 반면 높이는 0이므로 잠재에너지는 0이 되죠.

요컨대 처음부터 끝까지 잠재에너지는 감소하고 운동에너지는 증가하면서 그 둘의 합(물리학에서 이 둘의 합을 역학적에너지라 합니다)은 언제나 같습니다. 이것이 에너지보존법칙입니다. 이 법칙은 공기 저항처럼 운동에너지를 빼앗아가는 방해꾼이 있으면 성립하지 않습니다. 하지만 많은 경우에 활용할 수 있는 아주 유용한 법칙입니다. 충돌하는 공은 두 보존법칙을 이용해 예측할 수 있는 한 예입니다. 이처럼 두 보존법칙을 활용하면 뉴턴의 법칙으로 접근할 수 없는 경우에 대해서도 운동을 예측할 수 있습니다. 고전역학은 처음 뉴턴이 공식화한 뉴턴의 운동법칙과 더불어 이를 확장한 운동량보존법칙과 에너지보존법칙으로 적용 범위를 더욱 넓혀갈 수 있었습니다.

드라마틱한 성공과 골치 아픈 실패

뉴턴의 법칙 덕분에 앞으로 인간이 예측할 수 없는 것은 없어 보였습니다. 하지만 뉴턴 역학의 예측과 잘 맞지 않는 한 가지 예가 있었습니다. 바로 그즈음 새롭게 발견된 행성인 천왕성의 궤도였습니다. 우리가 맨눈으로 볼 수 있는 하늘의 행성은 수성, 금성, 화성, 목성, 토성뿐이고 망원경으로 새롭게 발견한 행성이 바로 천왕성입니다. 그런데 뉴턴의 만유인력 법칙으로 예측한 천왕성의 궤도가 실제 관측한 궤도와 약간이지만 차

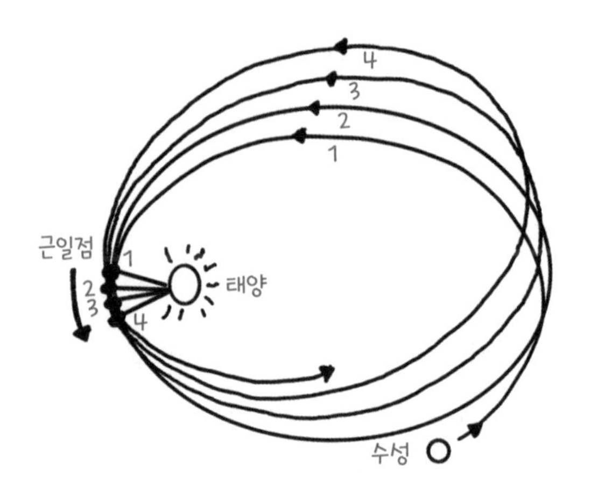

2-7 수성의 근일점 이동

이를 보였습니다.

뉴턴 역학, 특히 만유인력 법칙을 부정할 수 없었기에 과학자들은 하나의 가설을 생각합니다. 뉴턴 역학이 틀리지 않았다면 혹시 천왕성 바깥에 우리가 모르는 행성이 있어서 천왕성에 영향을 미칠 수도 있다는 것이지요. 1846년 프랑스의 천문학자 위르벵 르베리에가 이 가설을 전제로 정밀하게 계산하여 미지의 행성의 현재 위치를 정했습니다. 그리고 그날 밤 베를린천문대의 요한 고트프리트 갈레와 하인리히 다레스트의 관측으로 해왕성이 발견되었습니다. 이 발견은 고전역학의 역사에서 매우 드라마틱한 사건입니다. 미래에 대한 예측이 아니라 전혀 몰랐던 존재에 대한 예측이었으니까요.

그런데 19세기 말이 되자 이번에는 천왕성 궤도의 이상과 유사한 현상이 수성에서 발견됩니다. 수성은 태양과 가장 가까운 행성이지요. 수성의 궤도는 다른 행성과 좀 다른 점이 있습니다. 그림 2-7에서처럼 수성은 궤도면이 약간씩 변하는 세차운동을 하고 있습니다. 따라서 수성이 태양에 가장 가까이 다가가는 위치인 근일점이 조금씩 변하지요. 그 값은 매우 작지만 충분히 관측할 수 있으며 실제 값은 100년마다 574초(시간 단위가 아니라 각도 단위 입니다. 1도는 3,600초이지요.) 정도입니다. 그런데 뉴턴의 만유인력 법칙을 이용해 계산해보면 531초가 나옵니다. 즉 43초만큼 오차가 발생하지요. 100년에 43초면 매우 작은 오차니까 그냥 무시할 수 있지 않느냐고 할 수도 있지만 그동안 뉴턴 역학의 정확성으로 볼 때 이는 결코 작지 않은 오차입니다. 10퍼센트가 좀 안 되니 그리 작다고 볼 수는 없겠죠?

과학자들은 천왕성과 해왕성의 사례에 미루어 또 하나의 가설을 생각해봅니다. 태양과 수성 사이에 지금까지 알지 못했던 또 다른 천체가 있을 수 있다고 가정한 것이죠. 그 행성의 이름도 불칸Vulcan이라고 미리 지어놨다고 합니다. 로마신화에 나오는 불과 대장장이의 신 불카누스Vulcanus에서 따온 거라고 하지요. 하지만 이번엔 그 예측이 맞지 않습니다. 뉴턴의 만유인력 법칙에 반하는 사례가 등장한 겁니다.

이 문제는 그동안 물리학을 지배해온 뉴턴 역학이라는 패러다임을 깨는 새로운 과학혁명의 씨앗이 됩니다. 이 오차를 새로운 중력 이론으로 해결한 사람이 알베르트 아인슈타인입니다. 더 자세한 설명은 4장으로 미루어두기로 하지요.

남은 문제들

지금까지 뉴턴 역학이 형성되는 배경과 과정을 살펴봤습니다. 인류는 자연을 예측하고 이해하는 최초의 수학적 원리를 갖게 되었습니다. 그 원리는 매우 강력하며 우리의 세계관을 근본적으로 바꿔놓았습니다. 뉴턴 역학의 눈으로 본 세계는 매우 질서정연하며 합법칙적이었습니다. 세계는 한 치의 오차도 없이 톱니바퀴처럼 작동했습니다. 하지만 위대한 성공에도 불구하고 근본적 문제점을 남겨놓을 수밖에 없었지요. 그 시대의 능력으로는 답을 찾기가 어렵기도 했지만 과학자들은 어렵고 근본적인 문제에 매달리기보다 원리를 적용해 결과를 끌어내기에 바빴습니다. 그러면 뉴턴이 풀지 못한 근본 문제는 무엇일까요?

첫째 아무것도 없는 공간에서 무엇이 어떻게 만유인력이 작용하도록 하는 걸까요? 뉴턴도 자신의 저서에서 알 수 없다고 썼듯이 매우 어려운 문제처럼 보입니다. 이 문제와 관련해 훗날 아인슈타인의 일반상대성이론이 발표되면서 만유인력에 대한 그림이 전혀 달라집니다.

둘째 세계의 모든 것이 이미 결정되어 있는 것 같다는 겁니다. 프랑스의 수학자이자 과학자인 피에르 라플라스는 뉴턴을 신봉한 결정론자로 유명합니다. 그는 "우주의 모든 입자의 위치와 속도를 안다면 우주의 미래를 예측할 수 있다"라고 주장했습니다. 우주의 미래가 정해져 있다는 뜻이지요. 그가 《천체역학》을 썼을 때 나폴레옹 1세가 "라플라스 경, 사람들이 말하길 당신이 우주에 대해 방대한 책을 썼으면서도 창조주에 관한 이야기는 한 마디도 쓰지 않았다고 하오"라고 말하자 라플라스는 "폐하,

제게는 그런 가정이 필요하지 않습니다"라고 대답했다는군요. 그렇다면 우리의 자유의지는 존재하는 않는 걸까요? 우리는 정해진 운명대로 살아가는 것일까요? 이 역시 매우 어려운 문제로 양자역학의 확률론이나 카오스가 등장한 현대에도 풀지 못하고 있습니다.

셋째 뉴턴 역학은 복잡성을 갖는 대상에는 정확히 적용할 수가 없습니다. 그러니까 무슨 말이냐 하면, 예를 들어 지구의 공전을 생각해보죠. 실제로는 태양 말고도 달이나 금성, 목성, 토성 역시 지구에 만유인력을 미치지만 태양의 영향에 비하면 상대적으로 무시할 만한 크기입니다. 따라서 먼저 태양과 지구만을 남기고 다 없앤 다음 만유인력 법칙을 적용해 결과를 얻은 뒤 다른 행성들의 영향을 작은 효과로 집어넣음으로써 근사적 예측치를 얻게 됩니다. 이를 섭동법이라고 합니다. 태양처럼 독보적 존재가 있기에 가능한 방법이죠. 만약 또 다른 천체가 있어 지구에 태양과 비슷한 정도의 영향을 미친다면 처음부터 세 개의 천체를 함께 고려해야 하는데, 그렇게 해서 풀 수 있는 방법이 없습니다. 만유인력을 비롯해 모든 상호작용은 한 쌍의 물체의 관계만을 수학적으로 기술할 수 있으며, 세 물체가 동시에 힘을 주고받는 상황을 기술할 방법은 없습니다. 이처럼 단 한 쌍에 의한 상호작용으로 전체를 기술할 수 없는 상황을 '복잡하다'고 하며, 이들은 뉴턴 법칙의 적용범위 밖에 있습니다. 이 내용은 6장에서 더 자세히 소개하겠습니다.

그러나 이런 한계에도 불구하고 뉴턴 물리학은 세상을 새롭게 창조함과 동시에 뒤떨어져 있던 서양이 동양을 앞서며 세계의 패권을 쥐는 계기가 되었습니다. 풀리지 않은 문제들도 곧 해결되리라 낙관했고요.

영국의 시인이자 비평가인 알렉산더 포프는 뉴턴의 장례식에서 세계를 밝힌 뉴턴을 찬미하며 다음과 같은 조시를 바쳤습니다.

> 자연과 자연의 법칙은 어둠에 잠겨 있는데
> 신이 '뉴턴이 있으라!' 하시매
> 세상이 밝아졌다

커져가는 뉴턴 역학에 대한 반발

그러나 완성이란 있을 수 없지요. 19세기 말에 이룩한 인간 이성의 승리에 대한 기쁨은 잠시뿐이었습니다. 그동안 눈부신 발전을 이어오는 속에서도 과학은 자신에 대한 비판의 소리는 철저히 무시했습니다. 과정철학자 화이트헤드는 당대까지의 근대과학을 성찰하는 1925년 저서 《과학과 근대 세계》에서 다음과 같이 말했습니다. 참고로 1925년은 상대성이론이 입증되고 양자역학의 체계가 정립되어가던 시기입니다.

> 과학 사상은 자신의 전반적 성공에 힘입어 그 당시나 그 이후나 자신에 대한 비판의 소리를 무시했다. 과학의 세계는 줄곧 자신의 특정한 추상적 관념에 완전히 만족하고 있다. 그 관념들은 효과적으로 기능했고, 과학의 세계로서는 이것으로 충분했던 것이다.[15]

18~19세기에는 자연을 기계적이고 분석적인 방식으로만 이해하는 고전물리학을 비판하며 낭만주의자들이 등장합니다. 이러한 비판은 또한

산업혁명으로 급격해진 산업화에 대한 반격이라고 볼 수도 있습니다. 영국의 낭만주의 시인이자 화가인 윌리엄 블레이크는 1795년에 그린 〈뉴턴〉에서 컴퍼스로 도형을 그리며 세상의 원리를 설명하려는 뉴턴을 불안한 모습으로 묘사합니다. 자연을 나누고 분석하고 수식화하려는 뉴턴 물리학을 비판한 것이죠. 블레이크의 그림과 항간을 떠들썩하게 한 '블랙리스트 사건'이 교차되며 새삼 문화 예술의 역할이 무엇인지 생각해보게 됩니다. 시인이기도 한 블레이크는 시를 통해서도 통합적이고 전체적인 세계관을 이야기합니다. 〈순수의 전조〉라는 의미심장한 제목의 시인데 잘 알려진 일부만 소개하겠습니다.

> 한 알의 모래 속에서 세계를 보고
> 한 송이 들꽃에서 천국을 본다
> 그대 손바닥 안에 무한을 쥐고
> 순간 속에서 영원을 보라

"좁쌀 한 알에 우주가 담겨 있다"고 한 사상가 무위당 장일순■ 선생의 대선배라 할 수 있겠군요. 유명한 시인 윌리엄 워즈워스 역시 "우리는 분석하기 위해 죽인다"며 뉴턴 역학에서 비롯된 사고방식을 비판했습니다.[16]

비슷한 시기 미국 매사추세츠주 콩코드에 살았던 시인이자 자연주의자 한 사람도 떠오릅니다. 헨리 데이비드 소로입니다. 과학에도 조예가

■ 원주에서 활동한 지역사회 운동가이자 생명운동가, 사상가로서《나락 한 알 속의 우주》,《무위당 장일순의 노자 이야기》 등을 썼습니다.

있었던 그는 하버드대학교를 졸업하고 교사가 되었는데, 아이들을 체벌하기를 거부하고 교직을 그만둡니다. 28세에 월든 숲에서 통나무집을 짓고 살았고, 노예제도를 반대하며 인두세 납부를 거부하다가 투옥되기도 했지요. 근대 문명에 저항하며 대자연을 예찬한 소로는 숲의 생활을 기록한 《월든》[17]과 납세 거부를 계기로 《시민의 불복종》[18]이란 책을 썼습니다. 그가 쓴 책은 지금도 많은 사람들이 애독하고 있죠. 그의 자연주의와 저항운동은 훗날 톨스토이와 간디 그리고 우리나라의 대사상가 함석헌 선생에게 큰 영향을 미칩니다. 센 힘을 가지고 세계를 호령하는 불편한 나라 미국이 짧은 역사에도 최고 수준의 문화적 역량을 갖게 된 것은 소로 같은 훌륭한 사상가가 있었기 때문이라고 생각합니다. 문명의 전환기라 할 수 있는 지금 소로의 사상을 다시 음미해보기를 바랍니다.

지금까지 고전역학의 내용과 그 영향에 대해 알아봤습니다. 인류는 뉴턴에 의해 그 이전과는 전혀 다른 세계관을 갖게 되었습니다. 이제 다음 장에서는 고전역학의 틀 안에서 이루어진 또 하나의 대통합 혁명인 전자기학에 대해서 알아보겠습니다.

과학, 다시 시작되다

두 번째 과학혁명

뉴턴을 있게 한
위대한 거인들

돌아온 그리스인의 과학정신

코페르니쿠스
움직이는 건 하늘이 아니라 지구!

케플러
별과 행성의 운동에 관한 세 가지 법칙

데카르트
좌표계를 발명하여 수학의 축을 기하학에서 대수학으로…

0과 음수라는 동양의 커다란 선물

갈릴레이
모든 물체는 외부에서 영향을 주지 않는 한 등속운동을 계속한다

그동안 진리였던 아리스토텔레스의
운동론이 뒤집히다.

만유인력의 법칙
하늘과 땅의 운동은
다르지 않다는 거대한 통합

뉴턴의 운동법칙

제1법칙 관성의 법칙
제2법칙 가속도의 법칙
제3법칙 작용-반작용의 법칙

뉴턴 운동법칙의 확장
운동량보존법칙과
에너지보존법칙

뉴턴의 법칙으로
해왕성을 발견하다

하지만 계산이 안 맞는
수성 근일점의 변화는 어떻게 된 거지?

뉴턴 물리학
세상을 설명해줄
위대한 진리가 되다.

"뉴턴 물리학만 있으면
우주의 모든 것을 예측할 수 있다!"

뉴턴 물리학도
풀지 못한 문제들
등장!

다음 과학혁명으로
이어질 씨앗들

1장 그리스 자연철학

2장 고전 물리학의 시작

3장 전기와 자기, 빛의 정체를 밝히다

전자기학의 탄생

4장 현대물리학의 시작
5장 현대물리학의 또 한 축
6장 복잡계 과학의 또 다른 혁명
닫는 글
physics!

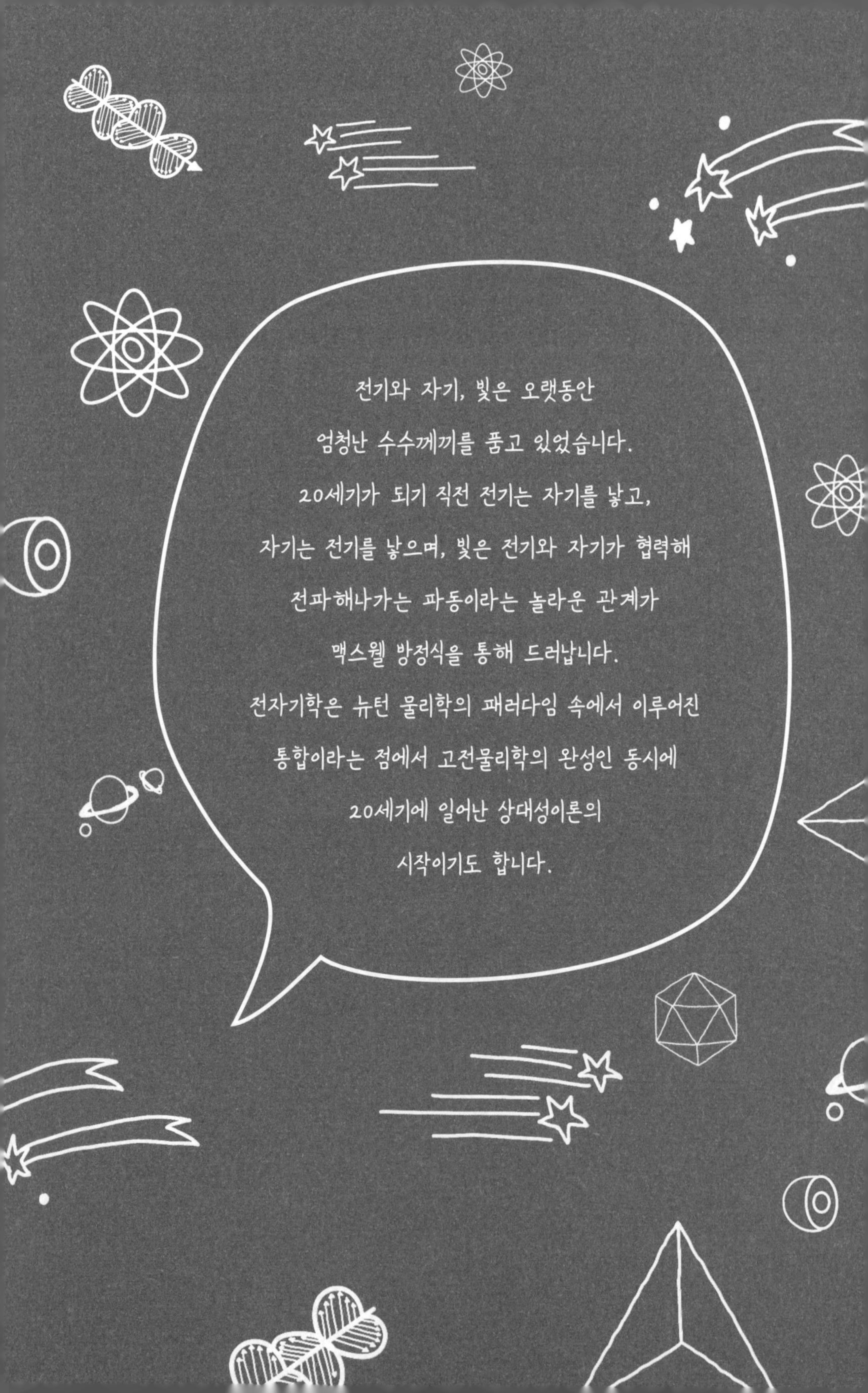
전기와 자기, 빛은 오랫동안
엄청난 수수께끼를 품고 있었습니다.
20세기가 되기 직전 전기는 자기를 낳고,
자기는 전기를 낳으며, 빛은 전기와 자기가 협력해
전파해나가는 파동이라는 놀라운 관계가
맥스웰 방정식을 통해 드러납니다.
전자기학은 뉴턴 물리학의 패러다임 속에서 이루어진
통합이라는 점에서 고전물리학의 완성인 동시에
20세기에 일어난 상대성이론의
시작이기도 합니다.

푸르른 초목이 뒤덮은 산과 들은 언제나 아름답고 싱그럽습니다. 농촌에 살다 보면 사계절에 따라 그 모습을 바꿔가며 살아남는 생명의 파노라마에 더욱 아름다움을 느끼게 되지요. 수많은 생명체가 생존을 위해 생명 활동을 벌이는 이 원동력은 어디에서 오는 걸까요? 만유인력은 행성이 태양 둘레를 돌고 사과가 나무에서 떨어지도록 합니다. 우리가 지구에 발을 딛고 살 수 있게 하는 힘이기도 하지요. 그러나 식물이 빛을 받아 광합성을 하고 그 식물을 우리가 먹고 소화시키는 과정에서 만유인력은 그리 중요하지 않습니다. 그러고 보니 만유인력으로 해명할 수 없는 일이 부지기수로 많군요. 이제 그 많은 일들을 해명할 또 다른 힘에 대해 알아봅니다.

전기와 자기는 매우 오래전부터 알려진 현상이긴 하지만 그 원인과 특성이 밝혀진 건 그리 오래되지 않았습니다. 전기현상과 자기현상이 하나의 이론으로 통합되는 과정은 과학혁명이 지니는 대표적 특성 가운데 하나를 보여줍니다. 전기력과 자기력은 전자기력이라는 하나의 힘으로 통합되었고 우리는 이 통합된 이론 체계를 전자기학이라 부릅니다. 전기와 자기에 관한 수수께끼 풀이는 여기에서 그치지 않습니다. 세상을 밝히는 빛이란 도대체 무엇인가 역시 풀어야 할 어려운 문제였습니다. 결론부터 말하면 빛은 전기와 자기가 협력해 공간을 통해 전파해나가는 전자기 파동입니다.

앞서 말한 대로 만유인력이 하늘과 땅을 통합한 과학혁명이었다면 전자기력은 전기와 자기, 빛을 하나로 묶는 대통합의 혁명이라 할 수 있습니다. 사실 전자기학은 뉴턴의 고전물리학을 끌어내리는 새로운 세계관을 창출해낸 것은 아닙니다. 여전히 고전물리학의 패러다임 속에서 통합이 이루어졌지요. 그런 점에서 전자기학은 고전물리학의 완성인 동시에 20세기에 있을 더 큰 과학혁명의 씨앗이기도 합니다. 그럼 빛에 관한 이야기부터 시작해볼까요?

빛은 입자인가? 파동인가?

빛이 없는 암흑의 세상을 경험해본 적이 있는지요? 도시에서는 깊은 밤이 되어도 하늘만 까말 뿐 거리는 빛으로 넘쳐나지요. 시골은 해가 지면 몇 십 채 안 되는 집 안에서 흘러나오는 불빛 말고는 하늘의 달빛과 별빛만 볼 수 있었습니다. 모두들 잠든 시간에는 그야말로 깜깜한 세상이지요. 그런데 최근에는 범죄를 막는다며 CCTV와 가로등을 설치하면서 어쩐지 아쉽게도 전과 같은 암흑은 사라졌습니다. 그뿐 아니라 식물의 밤낮 없는 성장을 위해 밤새 불을 밝혀놓은 비닐하우스도 곳곳에 있지요. 식물도 분명 낮과 밤의 반복에 적응한 생명일 텐데 돈이 최대 가치인 자본주의 사회가 생명에게도 가혹한 변화를 가져다주는 것 같습니다.

아무튼 빛은 매우 특별한 존재입니다. 물리학자들도 빛에 관한 탐구를 계속해왔습니다. 빛의 속도를 재기 위해 갈릴레이는 멀리 떨어진 두 산에 각각 사람을 올려 보내 한쪽이 횃불을 들면 다른 사람이 그것을 보자마자 횃불을 들어 시간 차이를 재려 했습니다. 하지만 빛이 너무나 빨라 측정에는 실패했다고 합니다. 지금 들으면 우스꽝스러운 일이지만 빛이 얼마나 빠른지 재려 한 최초의 시도였습니다. 그 뒤 속도를 재는 방법을 고안해내 19세기에는 지금 우리가 알고 있는 광속인 초속 30만 킬로미터에 근접한 결과를 얻을 수 있었습니다.

빛의 속도는 그렇다 치고 도대체 빛은 무엇인가 하는 궁금증은 계속 남아 있었습니다. 물리학에는 두 가지 운동 형태가 있습니다. 하나는 입자particle(알갱이)의 운동입니다. 입자의 특성을 정리해볼까요. 첫째 명확한 위치를 갖고 있습니다. 따라서 입자는 공간 안 어딘가 한 군데밖에는 있을 수 없습니다. A 지점에 있으면 B 지점에는 없는 겁니다. 둘째 셀 수 있습니다. 여러 개의 입자가 있을 때 각 입자마다 번호를 매길 수 있겠지요? 결국 입자의 운동을 결정해주는 양들은 뉴턴 법칙에서 주어지는 질량과 위치, 속도, 가속도 등입니다.

또 다른 운동 형태는 파동wave입니다. 줄 한쪽 끝을 고정시키고 반대편에서 줄을 팽팽하게 당긴 후 위아래로 흔들면 줄을 따라 파동이 전파됩니다. 이것은 입자의 운동과 완전히 다릅니다. 파동은 줄을 따라 퍼져서 이동하기 때문에 파동의 위치를 정할 수 없습니다. 줄의 모든 곳에 파동이

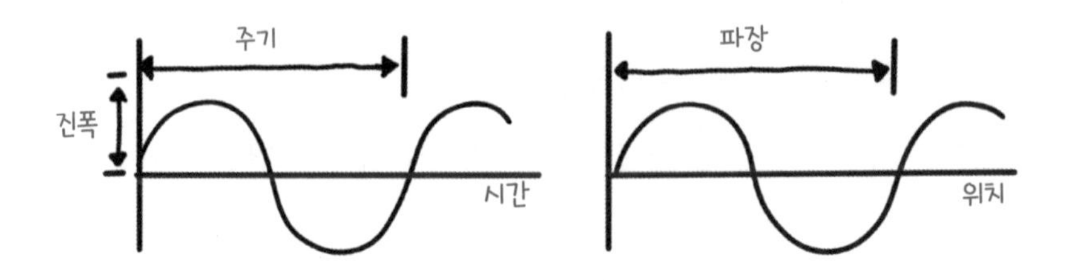

3-1 파동의 주기, 파장, 진폭

있으니까요. 그러니 입자처럼 하나, 둘 셀 수 있는 존재가 아닙니다. 입자와 달리 올라가고 내려가는 진동이 만들어내는 무늬(패턴)가 연속적으로 줄을 따라 전파되는 겁니다. 이때 파동을 전파시키는 줄을 매질媒質이라고 합니다. 파동의 다른 예로 음파가 있습니다. 공기 분자들의 진동으로 전파되는 파동입니다. 또 물결파도 있지요. 물 분자들이 진동하면서 거대한 파도를 만들어냅니다.

파동의 성질을 결정하는 중요한 물리량으로 파장, 주기, 진동수(또는 주파수), 진폭 등이 있습니다. 그림 3-1에서 주어진 대로 주기란 1회 진동하는 데 걸리는 시간을 의미합니다. 그리고 진동수는 1초에 몇 번 진동하느냐를 가리키며, 주기와 진동수는 역수 관계에 있습니다. 어떤 파동의 주기가 0.5초($\frac{1}{2}$초)라면 진동수는 1초당 2회가 되는 것이죠. 그리고 파장은 한 번의 주기가 갖는 길이를 의미합니다. 속력은 1초 동안에 이동한 거리를 말하니까 파동의 속력은 1초 동안 진동한 횟수와 파장을 곱한 값, 즉 파장과 진동수의 곱이라고 할 수 있습니다. 좀 복잡한가요? 복잡하면 그냥 넘어가도 되지만, 한번 꼼꼼히 생각해보기 바랍니다. 마지막으로 진폭은 파동의 진동폭을 말합니다.

입자와 파동, 이 둘은 공통점도 있습니다. 둘 다 에너지를 전달할 수 있습니다. 입자는 충돌을 통해 다른 입자를 움직이게 할 수 있습니다. 입자가 에너지를 가지고 있다는 증거이지요. 파동 역시 입자처럼 순간적이지는 않지만 지속적으로 다른 대상을 변화시킬 수 있습니다. 거대한 파도가 둑을 무너뜨릴 수 있지요?

그러나 파동과 입자는 성질이 완전히 다르기 때문에 어떤 대상도 입자라면 파동일 수 없고, 파동이라면 입자일 수 없습니다. 반드시 둘 중 하나여야지요.■

빛은 입자일까요, 파동일까요? 판단하기가 매우 어렵습니다. 일단 너무 빠르기도 하고, 정체를 확인할 수 있는 결정적 실험을 구상하기가 쉽지 않습니다. 뉴턴은 운동법칙과 만유인력 법칙을 찾아낸 것 말고도 빛에 관해 매우 깊이 연구했습니다. 빛이 어떻게 안구를 자극하는지 알아보려고 핀으로 자기 눈동자를 찔러보기도 했다네요. 뉴턴은 프리즘을 이용해 태양빛이 여러 색깔의 빛으로 이루어져 있다는 사실도 알아냅니다. 1704년에는 빛에 관한 자신의 연구를 종합해 《광학》이라는 책도 출간하고요. 뉴턴은 빛을 무엇이라고 생각했을까요? 입자라고 생각했습니다. 우리가 전등을 켜면 순식간에 매우 빠른 빛 입자들이 나오고 그것이 사물에 부딪히고 반사되어 우리 눈에 들어온다는 것이 뉴턴의 생각이었습니다.

■ 이 전제는 20세기 양자역학이 등장하면서 더 이상 적용할 수 없게 됩니다(5장 참조).

그런데 뉴턴의 생각과 전혀 반대되는 생각도 있었습니다. 뉴턴에 앞서 1690년 네덜란드의 물리학자 크리스티안 하위헌스는 《빛에 관한 논술》을 발표하면서 빛이 파동이라고 주장합니다. 그는 파동이 진행하는 원리인 '하위헌스의 원리'를 발표했고 빛의 여러 현상을 파동으로 설명해냅니다. 재미있게도 뉴턴은 입자라는 가정으로, 하위헌스는 파동이라는 가정으로 빛에 관한 다양한 사실을 동시에 설명할 수 있었습니다. 두 성질은 완전히 반대되고 서로 양립할 수 없지만, 빛이 나타내는 현상을 동시에 설명하는 근거가 된 것이지요. 당시는 당연히 뉴턴의 권위가 하늘을 찌를 때입니다. 따라서 빛이 입자라는 생각이 대세였습니다. 아직 파동에 관한 이론이 완전히 확립되기 전이기도 했고요. 당연히 과학이 권위만으로 결정되는 것은 아닙니다. 입자설을 이용한 뉴턴의 설명도 매우 타당했습니다.

이중틈새에 의한 간섭실험이 증명한 '빛은 파동이다!'

빛에 대한 뉴턴의 가설은 100년 만에 최후를 맞이합니다. 하위헌스의 파동론이 옳다는 사실이 밝혀진 겁니다. 1801년 영국의 의사이자 물리학자인 토머스 영은 두 개의 틈새에 빛을 통과시켜 스크린에 나타난 무늬를 가지고 빛이 입자가 아닌 파동임을 증명합니다. 뉴턴이 틀린 거죠. 아무리 위대한 사람이라도 틀릴 수 있습니다. 이를 극복하면서 앞으로 나아간다는 점이 과학이 가진 미덕이기도 합니다.

파동은 다른 파동과 만나면 서로 간섭干涉, interference이란 걸 일으킵니다. 반면에 입자가 다른 입자를 만나면 그것은 '충돌'이 되지요. 당구공 두 개

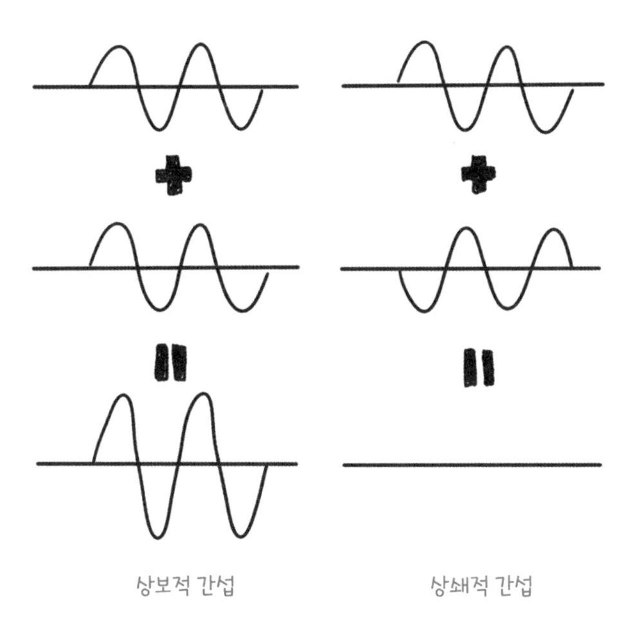

3-2 간섭현상

가 부딪히는 상황을 생각하면 됩니다. 이렇듯 입자와 파동은 전혀 다른 결과를 보여줍니다. 간섭은 그림 3-2와 같이 파동이 서로 어떻게 만나느냐에 따라 결과가 달라집니다. 상보적 간섭은 두 파동의 마루와 마루가 만날 때in-phase 발생하며, 상쇄적 간섭은 마루와 골이 만날 때out-of-phase 발생합니다. 진폭이 같은 두 파동이 만난다면 상보적 간섭일 때는 진폭이 두 배로 커지지만, 상쇄적 간섭일 때는 아예 파동이 소멸해버립니다. 빛으로 바꿔 말하면 상보적 간섭일 경우 빛은 두 배로 밝아지고, 상쇄적 간섭일 경우 어둠이 됩니다.

토머스 영은 실험에서 어떻게 빛이 파동이라고 확신할 수 있었을까요?

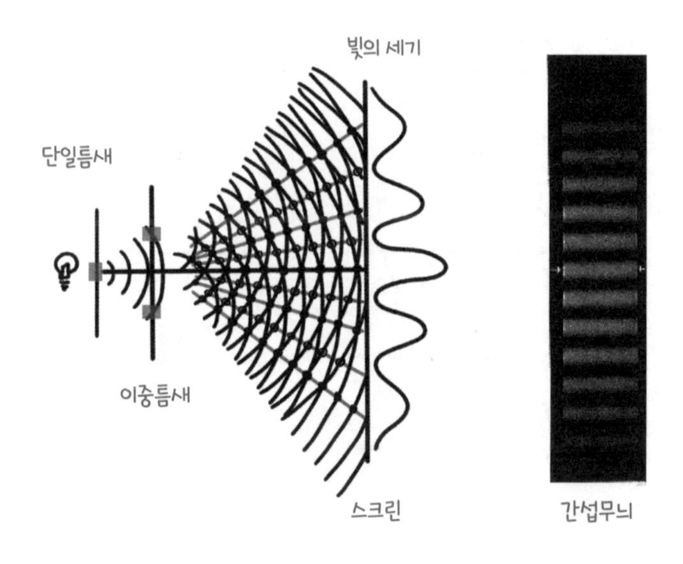

3-3 토머스 영의 이중틈새에 의한 간섭실험

그림 3-3이 영의 실험을 보여줍니다. 이 실험에서 빛은 입자라면 나타낼 수 없는 결과를 보여줍니다. 먼저 작은 틈새에 빛을 비추면 직선으로 움직이는 입자라면 도달할 수 없는 곳까지 빛이 퍼져나갑니다. 이것을 회절(또는 에돌이)이라고 합니다. 그림처럼 빛을 하나의 틈새에 통과시켜 퍼지게 한 다음 곧이어 이중으로 된 틈새로 통과시킵니다. 양 틈새에서 나온 빛은 모든 방향으로 퍼져나가면서 서로 만납니다. 빛이 파동이라면 두 틈새를 통과한 빛이 서로 간섭을 일으킬 겁니다. 그림에서 속이 찬 원으로 표시한 지점은 두 파동의 마루가 만나는 곳이며, 그 사이사이에 속이 빈 원은 각 파동의 마루와 골이 어긋나서 만나는 곳입니다. 따라서 속이 찬 원을 쭉 따라가서 스크린과 만나는 곳은 상보적 간섭 영역이므로 밝고,

속이 빈 원을 따라가서 만나는 곳은 상쇄적 간섭 영역이므로 어둡습니다. 결국 스크린 위에는 밝고 어두운 곳이 반복해 나타나는 간섭무늬가 생깁니다. 두 틈새에 빛을 비추었을 뿐인데 스크린에는 간섭무늬가 나타난다는 것, 바로 이것이 빛이 파동이라는 결정적 증거입니다. 빛이 입자라면 간섭무늬는 절대로 나올 수 없습니다. 드디어 빛의 정체가 밝혀진 것이죠. 바로 파동입니다.

그런데 아직 완전히 의문이 풀린 건 아닙니다. 파동은 파동인데 도대체 무슨 파동이냐는 겁니다. 음파나 물결파와 달리 무엇이 진동하면서 전파되는 파동인지에 대해서는 아직 알 수가 없습니다. 이 의문에 대한 답은 약 60년 후에야 밝혀집니다. 그 답은 전기와 자기와 관련이 있습니다. 하지만 마지막 순간까지도 빛과 전기, 자기가 연관되어 있다는 사실을 전혀 예상하지 못해 마치 드라마 같은 반전이 펼쳐집니다.

전기력과 자기력

이제 전기와 자기에 대해 이야기해보죠. 1장에서 얘기한 자연철학자 탈레스를 기억하시죠? 종합적 지식인이자 세밀한 관찰자였죠. 그는 송진이 굳어 만들어진 호박琥珀, amber이라는 보석을 문지르다 먼지가 달라붙는 것을 발견했습니다. 최초로 전기현상을 발견한 겁니다. 전기는 영어로 electricity인데 호박의 그리스어 일렉트론ἤλεκτρον에서 유래했습니다. 탈레스는 훌륭한 관찰자답게 이것을 기록해두었지만, 이 힘의 근원에 대해서는 전혀 알 길이 없었습니다.

비슷한 시기에 그리스인들은 마그네시아Magnesia 지역에서 나오는 광물이 쇠붙이를 잡아당기는 현상도 알고 있었습니다. 자석을 뜻하는 영어 magnet이 여기에서 유래했습니다. 하지만 이 역시 왜 그런지는 알 수 없었고 실용적으로 사용하지도 않았습니다. 그런데 중국에서는 자석을 이용해 최초로 나침반을 만들었습니다. 항상 남쪽을 가리킨다고 해서 지남철指南鐵이라 불렀습니다. 나침반은 화약, 종이와 더불어 중국이 자랑하는 인류 최초의 발명품 목록에 들어 있습니다.

매우 신비로운 현상으로 남아 있던 전기와 자기에 관한 탐구가 본격적으로 시작된 것은 16세기 이후 유럽에서입니다. 수학적 이론이 등장하기 이전의 자세한 과정은 앞서 언급한 야마모토 요시타카의 《과학의 탄생》[19]에 소개되어 있습니다. 뉴턴의 만유인력 법칙이 나온 지 100년 후인 1785년 프랑스의 공학자 샤를 쿨롱은 최초로 세밀한 측정을 통해 전기현상에 관한 수학적 법칙을 찾아냅니다. 전기력은 만유인력과 전혀 다른 자연의 힘인데도 만유인력 법칙과 매우 유사한 모양을 보여줍니다.

$$F=k\frac{Q_1 Q_2}{r^2}$$

거리 r만큼 떨어져 있는 두 전하 Q_1과 Q_2 사이에 작용하는 힘이 거리의 제곱에 반비례하는 성질이 만유인력과 동일합니다. 이쯤에서 만유인력 법칙을 다시 상기해볼까요?

$$F=G\frac{mM}{r^2}$$

두 식이 매우 비슷하죠? 단지 질량 대신 전하량이라는 새로운 양으로 바뀌었을 뿐입니다. 전기를 띤 어떤 존재를 전하電荷, charge라고 하면, 전하량은 전하가 갖는 전기량이라 보면 됩니다. 만유인력이 작용할 때 질량과 동일한 역할을 하는 양이지요. 하지만 두 힘은 엄연히 다른 힘입니다. 질량은 우리에게 친숙한 kg이라는 단위를 사용하지만 전하량은 C(쿨롱)을 사용합니다. 또 비례상수 k는 $9\times10^{9}\mathrm{Nm^2/C^2}$이라서 만유인력에 비해 정말 큽니다(만유인력 상수 $G=6.673\times10^{-11}\mathrm{Nm^2/kg^2}$).

전기력이 만유인력과 완전히 다른 힘이라는 증거는 또 있습니다. 만유인력은 항상 잡아당기는 힘인 반면 전기력은 미는 힘과 당기는 힘이 모두 존재합니다. 늘 그런 건 아니지만 보통 털가죽끼리 문지르면 서로 밀어내고 털가죽과 고무를 문지르면 서로 당기는 현상이 나타나지요. 물리학자들은 이처럼 서로 밀고 당기는 힘이 전하의 성질에 따라 다르다고 보고 양(+)의 전하, 음(−)의 전하로 분류했습니다. 그리고 서로 같은 부호의 전하끼리는 밀어내고 서로 다른 부호의 전하끼리는 잡아당긴다고 가정했습니다.

자석도 비슷한 양상을 보입니다. 서로 밀기도 하고 당기기도 합니다. 전기에서 양과 음이라고 하듯이 자기에서는 N극과 S극이라 부르죠. N과 S는 지구도 거대한 자석이라는 점에서 북north과 남south의 철자에서 가져온 겁니다. 같은 극끼리는 밀고 다른 극끼리는 당긴다는 사실이 전기력의 현상과 똑같습니다. 하지만 한쪽은 물체를 문질렀더니 밀고 당기는 힘이 생기고(전기), 또 다른 쪽은 원래부터 밀고 당기는 힘이 있으니(자기) 당시에는 두 종류의 힘이 어떤 연관이 있는지 전혀 알 수 없었습니다.

그런데 잠깐 생겼다 사라지는 정전기가 아니라 지속적으로 전류를 흐르게 하는 볼타전지가 발명되면서 새로운 사실이 드러납니다. 앞으로 있을 엄청난 통합의 혁명을 예고하는 신호탄이 터진 것이죠. 덴마크의 과학자 한스 외르스테드는 전지에 철사를 연결해 전류를 흘리면서 곁에 둔 나침반을 관찰하다가 평상시에는 지구의 남과 북을 가리키던 바늘이 돌아가는 것을 발견했습니다. 전지의 극을 바꾸어 전류를 반대로 흘렸더니 이번에는 바늘도 반대로 회전했습니다. 전지에서 철사를 떼니 나침반은 다시 원래대로 남과 북을 가리켰습니다. 놀랍죠? 우연한 발견이었지만 과학자들은 큰 관심을 가집니다. 전기와 자기의 관련성을 최초로 보여주는 실험이었으니까요. 곧이어 앙드레 마리 앙페르가 '전선에 전류를 흐르게 하면 자석이 된다'는 외르스테드의 실험을 멋지게 수학적 방정식으로 나타냈고 이 법칙은 그의 이름을 따서 '앙페르의 법칙'이라 불립니다.

패러데이가 발명한 전기장과 자기장

전기와 자기에 대한 연구가 점점 무르익어갈 무렵 또 한 명의 거인이 등장합니다. 마이클 패러데이는 정식 교육을 받지 못했지만 위대한 물리학자이자 화학자로 기억되고 있습니다. 이제 2장 말미에서 언급한 뉴턴이 남긴 또 다른 과제를 이야기할 때가 되었습니다. 만유인력이 빈 공간을 가로질러 어떤 식으로 작용하는가에 대한 의문이었죠. 뉴턴은 힘의 원인은 알 수 없지만 두 물체 사이에 '즉각적'으로 작용한다고 생각했습니다.

한편 패러데이는 다르게 생각했습니다. 그리고 이 생각을 전기력과 자기력에 적용시킵니다. 힘은 두 전하 또는 두 개의 자석 사이에서 즉각적

으로 작용하는 것이 아니라는 겁니다. 두 전하 사이에 작용하는 전기력을 생각해보죠. 패러데이는 일단 전하 하나가 존재하면 전기'장'이 생긴다고 생각했습니다. 그 장 속에 다른 전하를 가져다 놓으면 그때 힘이 작용합니다. 다시 말해 전하와 전하 사이에 직접 힘이 작용하는 것이 아니라 전기장을 통해 힘을 주고받는다는 거지요. 그러나 우리는 힘은 관찰할 수 있어도 전기장 자체만을 볼 수는 없습니다. 즉 장場, field이란 개념은 직접 경험하거나 관찰해 알아낸 개념이 아니라 패러데이가 고안해낸 추상적이고 관념적인 발명품이라 할 수 있습니다. 놀라운 점은 현대과학으로 오면서 장을 더 근본적인 개념으로 사용하고 있다는 것입니다. 점점 추상화되어가는 과학의 흐름을 나타낸다고 할 수 있습니다.

눈에 보이지도 않는데 전하가 만들어내는 전기장을 어떻게 나타낼 수 있을까요? 화살표로 나타낼 수 있습니다. 수학을 전혀 배우지 않은 패러데이의 멋진 발상이죠. 그림 3-4는 양전하와 음전하가 주변에 만들어내는

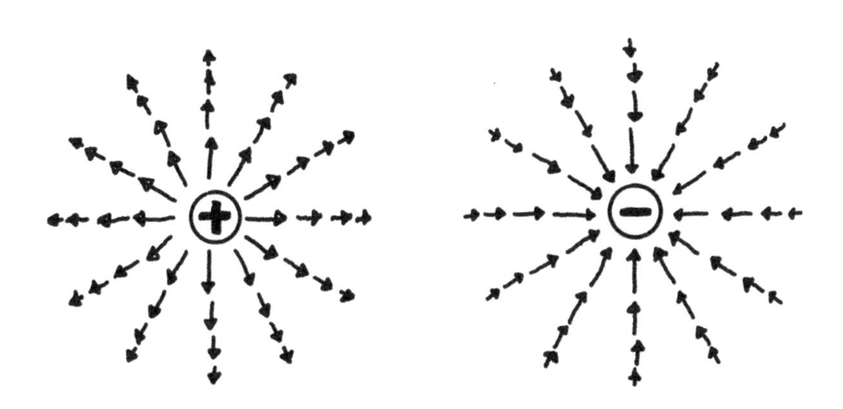

3-4 양전하(왼쪽)와 음전하(오른쪽) 주위에 생기는 전기장

전기장을 도식적으로 그린 겁니다. 양전하 주위에는 바깥으로 뻗어나가는 형태로 전기장이 형성되고, 음전하 주위에는 안쪽으로 모이는 방향으로 전기장이 형성됩니다. 이 전기장 속에 또 다른 양전하를 가져다 놓는다고 생각하면 이해가 쉽습니다. 왼쪽 양전하가 만들어낸 장에 놓으면 미는 힘 때문에 바깥으로 밀려나고, 오른쪽 음전하가 만들어낸 장에 놓으면 잡아당기는 힘 때문에 안쪽으로 끌려들어가겠죠? 화살표 방향과 똑같이 움직입니다. 만약 이곳에 양전하 대신 음전하를 놓으면 화살표와 반대로 움직입니다. 양전하를 기준으로 화살표의 방향을 정한 것이니까요.

자기장도 비슷합니다. 하나의 자석이 주위에 자기장을 만들고 이곳에 다른 자석을 가져오면 자기력이 작용합니다. 전기력에서처럼 자기장을 나타내는 화살표는 N극에서 나와 S극으로 들어가는 방향으로 정해집니

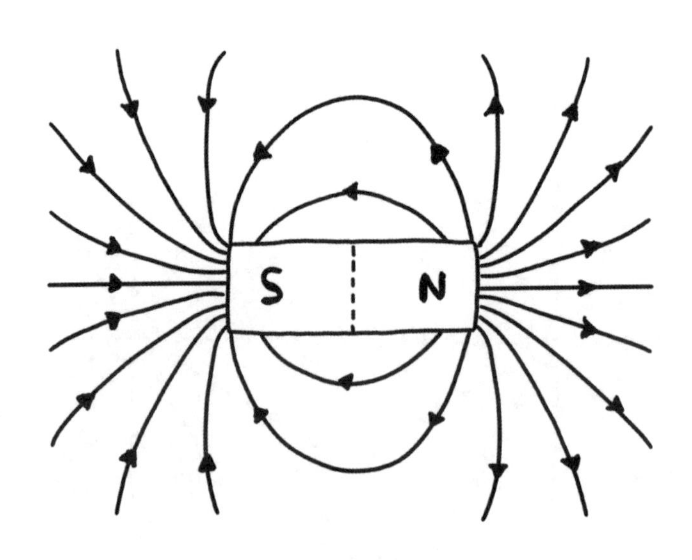

3-5 자석 주위에 생기는 자기장

다. 그런데 자석은 전하와 다른 특징을 하나 가지고 있습니다. 전하는 양전하와 음전하가 독립적으로 존재할 수 있지만 자석은 항상 N극과 S극이 함께 있습니다. 자석을 쪼개도 다시 양극으로 나누어지지요. 그림 3-5는 자석 주위에 생기는 자기장을 나타낸 것입니다. 이 자석 주변에 나침반을 놓으면 화살표 방향을 따라 바늘이 움직입니다.

그럼 패러데이의 장 개념을 이용해 앙페르의 법칙을 다시 말해볼까요?

"전선을 따라 전류가 흐르면 주위에 자기장이 생긴다."

그런데 전류는 무엇일까요? 전하의 움직임입니다. 전하는 전기장을 만들어내는 원천이지요. 전하가 움직이면 그에 따라 주변의 전기장도 변합니다. 그러므로 앙페르의 법칙을 이렇게도 말할 수 있습니다.

"전기장이 변하면 자기장이 생긴다."

전하가 가만히 있으면 전기장만 생기지 자기장은 생기지 않습니다. 반드시 움직여서 전류로 흘러야만 나침반을 움직일 수 있습니다.

전기는 자기를 만들고,
자기는 전기를 만들고…

패러데이는 '당연하지만 현명한' 질문을 던지며 답을 찾습니다. 그 답은 우리 인류 사회를 크게 바꾸는 서막이 되었습니다. 어떤 질문일까요? 앙페르의 법칙에 따르면 전류(변하는 전기장)가 자기장을 만듭니다. 그러면 반대로 변하는 자기장이 전류를 만들 수도 있지 않겠느냐고 질문할 수 있겠죠? 자연의 대칭성을 염두에 둔 질문입니다. 변하는 자기장이라 해도 어려운 건 아닙니다. 자석을 움직이면 되니까요.

패러데이는 곧바로 실험에 착수합니다. 먼저 전선을 동그랗게 만들고 전지 대신 전류가 흐르는지 흐르지 않는지를 감지하는 장치(검류계)를 연결합니다. 전지가 없으니 당연히 전류는 흐를 수 없습니다. 이제 막대로 된 자석을 들고 전선 쪽으로 가져가봅니다. 어떻게 됐을까요? 놀랍게도 검류계의 바늘이 움직였습니다. 자석을 멈추었더니 전류가 흐르지 않았습니다. 이번에는 다시 반대 방향으로 자석을 이동시켰습니다. 이제는 아까와는 반대 방향으로 전류가 흐름을 확인할 수 있었습니다. 움직이는 자석이 전지도 없는 전선에 전류가 흐르도록 한 것입니다. 이 현상을 '패러데이의 유도법칙'이라고 합니다.

이 발견은 인간이 전기를 대규모로 생산할 수 있는 발전기의 기원이 됩니다. '전기 혁명'이죠. 당시 관료들은 이 실험 장치를 보고 이런 게 어디 쓸데가 있느냐고 물었다고 합니다. 패러데이는 "훗날 당신들이 이것에 세금을 매길 때가 올 겁니다"라고 답했다는군요. 그의 말대로 됐죠? 매달 전기요금을 꼬박꼬박 내고 있으니까요.

우리는 현재 태양광발전 말고는 모두 패러데이 법칙을 이용해 전기를 생산합니다. 자기장을 고정시켜놓고 그 안에서 터빈을 돌려 전기를 생산하는데, 이 터빈을 어떻게 돌리는지에 따라 화력발전, 핵발전, 수력발전, 풍력발전 등으로 불립니다. 태양광발전은 태양전지를 이용하기 때문에 패러데이 법칙과는 그 원리가 다릅니다.

지금은 인류 역사에서 최초로 마음껏 에너지를 생산하고 사용하는 시대입니다. 그래서인지 에너지 과소비 시대이기도 하죠. 현재 인류가 사용하는 거의 대부분의 에너지가 전기에너지입니다. 그런데 전기를 만드는 데 필요한 에너지원이 곧 고갈을 앞두고 있고 대기오염과 지구온난화

의 원인이 되는 화력발전이나 방사능 유출 사고와 폐기물 관리 모두에서 위험천만한 핵발전에 집중되어 있습니다. 특히 우리나라의 상황은 매우 심각합니다. 좁은 국토에 핵발전소의 밀집도가 세계에서 제일 높습니다. 2013년에 있었던 일본 후쿠시마 핵발전소 사고를 볼 때 우리나라 역시 언제 터질지 모를 거대한 폭탄을 안고 산다고 할 수 있습니다. 게다가 일명 '원전 마피아'라고 하는 핵에너지를 관리하고 운영하는 주체가 정치계, 학계와 연결되어 조폭 집단처럼 이익을 나눠 가지며 운영 과정도 공개하지 않습니다. 가장 위험한 시설이 극소수 집단에 의해 비밀리에 운영된다는 사실이 우리를 더욱 두렵게 합니다.

화력발전 역시 위험하기는 마찬가지입니다. 화석연료의 고갈을 눈앞에 두고 있기도 하지만 최근 들어 아주 심각한 문제를 일으키는 미세먼지의 주요 원인이기도 하므로 최대한 빨리 폐기되어야 합니다. 전기 없는 세상을 상상하기도 힘들지만 그 대가로 주어지는 위험도 결코 만만한 것은 아니므로 서둘러 해법을 찾아야 할 것입니다.

맥스웰,
전자기학을 완성하다

패러데이의 유도법칙은 전기를 끊임없이 생산할 수 있는 기틀을 마련하기도 했지만, 이론적인 면에서도 전기와 자기를 통합하는 데 마지막 점을 찍었습니다. 전류는 자기장을 생성하고(앙페르의 법칙), 움직이는 자석은 전류를 생성하니까요. 전기와 자기는 서로가 서로를 만드는 매우 기묘한 관계라고 볼 수 있습니다. 또는 "전기장이 변하면 자기장이 생기고,

반대로 자기장이 변하면 전기장이 생긴다"라고 할 수도 있습니다.

수학자이자 물리학자인 제임스 클러크 맥스웰은 1861년 이제까지 나온 전기와 자기에 관한 모든 법칙을 종합하여 네 개의 방정식으로 정리합니다. 그것을 맥스웰 방정식이라고 부릅니다. 너무나 아름답고 간결한 수학이라 물리학도들이 가장 사랑하는 방정식으로 유명합니다. 방정식 네 개를 모두 프린트한 티셔츠를 자랑스레 입고 다니는 학생들이 많습니다. 네 개 방정식은 다음과 같습니다. 여기서는 그 의미를 자세히 이해할 필요는 없습니다. 그냥 구경만 하죠.

$$\oint E \cdot dA = \frac{Q}{\varepsilon_0}$$

$$\oint B \cdot dA = 0$$

$$\oint E \cdot ds = -\frac{d\Phi_m}{dt}$$

$$\oint B \cdot ds = \mu_0 I + \mu_0 \varepsilon_0 \frac{d\Phi_e}{dt}$$

첫 번째 식은 전하 Q가 있는 곳에는 전기장 E가 만들어진다는 뜻입니다. 두 번째 식은 자기장 B의 경우 N극과 S극이 항상 함께한다는 뜻이고요. 세 번째 식은 자기장이 변하면 전기장 E가 생긴다는 말입니다. 패러데이 법칙을 의미하죠. 마지막 네 번째 식은 반대로 전류가 흐르면(또는 전기장이 변하면) 자기장 B가 생긴다는 의미입니다. 이 네 개의 식만 있으면 전기와 자기에 관련된 수많은 현상을 모두 이해할 수 있습니다. 이로써 맥스웰은 전기와 자기를 통합하여 전자기학electromagnetism이라고 부르는 학문을 완성한 과학자가 되었습니다. 물론 쿨롱, 앙페르, 패러데이 등 앞선 거인들의 창의적 역할이 있었기에 가능한 일이었죠.

이렇게 해서 물리학의 역사에서 두 번째 거대한 통합이 이루어졌습니다. 뉴턴의 만유인력 법칙에 의해 하늘과 땅이 통합되었고, 이제 전기와 자기의 통합이 이루어졌습니다. 전자기 통합은 뉴턴의 통합보다 더욱 '긴밀한' 통합이라고 할 수 있습니다. 그도 그럴 것이 전기와 자기는 단지 하나의 법칙으로 설명되는 것을 넘어 서로가 서로를 만들어내는 존재이기 때문입니다. 전자기력은 또한 우주를 현재의 모습으로 있게 하는 기본적인 두 힘 중 하나입니다. 물론 다른 하나는 만유인력이고요.

이뿐 아니라 전자기력은 우리 삶과 너무나 밀접합니다. 우리가 사용하는 모든 전자기기는 전자기력을 이용하니까요. 인공적으로 만든 기기만 그럴까요? 아닙니다. DNA의 이중나선 구조, 세포의 신호 전달, 광합성과 호흡 등 생명체의 모든 활동 역시 전자기력을 통해 이루어집니다. 지구의 자기력은 태양으로부터 오는 각종 입자들을 막아주는 보호막입니다. 책상 위에 책을 놓을 때 책이 책상을 뚫고 아래로 떨어지는, 매우 비상식적인 일이 벌어지지 않는 것도 전기력 덕분입니다. 책 바닥에 있는 원자 속 전자와 책상 표면에 있는 원자 속 전자 사이에 전기력이 작용하여 서로 밀어내기 때문입니다.

그런데 아직 갈 길은 멉니다. 맥스웰 방정식으로 전자기 현상은 설명할 수 있게 되었어도 전자기력의 원천이라고 할 원자에 대해서는 확실한 게 없었습니다. 심지어 원자가 진짜로 있는지에 대해서도 회의적이었으니까요. 원자의 존재를 입증하고 그 구조를 밝히고 원자를 이해하는 새로운 물리학, 양자역학이 등장한 것은 20세기 초의 일입니다. 이 이야기는 잠시 뒤로 미루어두죠.

빛의 정체를 밝히다

맥스웰은 전자기학 방정식을 완성한 후 전기장과 자기장이 공간을 통해 파동의 형태로 전파될 수 있음을 예측했습니다. 그 원리도 간단합니다. 양전기를 띤 전하 A와 음전기를 띤 전하 B가 진동운동을 하고 있습니다. 전기장은 양전하에서 음전하로 향하기 때문에 두 전하가 서로 진동하면 전기장의 방향이 계속 변합니다. 그리고 앙페르의 법칙에 따라 전기장 변화에 의한 자기장이 만들어지겠죠. 이렇게 만들어진 자기장 역시 계속해서 방향이 변할 겁니다. 전하 A와 전하 B의 진동운동에 따른 전자기장의 변화는 파동처럼 전파되어 전하 C로, 전하 D로 순차적으로 전달됩니다. 이것이 바로 전자기파electromagnetic wave입니다. 전자기장의 변화는 다른 전하로 순차적으로 전달되기 때문에 멀리 떨어진 다른 전하에 전달되는 데 시간이 걸립니다.

더욱 놀라운 것은 여기서부터입니다. 맥스웰은 자신의 방정식을 이용해 전자기파의 속력을 매우 정확히 계산해냈습니다. 계산을 해보니 그 값은 아무것도 없는 진공 상태일 때 전기장과 자기장의 값과 관계 있는 순수한 상수들로 표현되었습니다. 그 결과는 바로 $c=\frac{1}{\sqrt{\varepsilon_0\mu_0}}$ 입니다. 앞서 소개한 맥스웰 방정식에도 ε_0(입실론), μ_0(뮤)가 들어 있었죠? 이 상수들의 정확한 값은 이미 잘 알려져 있으니 그 값을 식에 대입해봤습니다. 그랬더니 전자기파의 속력 c는 초속 299,792.458킬로미터라는 결과가 나왔습니다. 그리고 정말 놀랍게도 그때까지 많은 과학자들이 열심히 측정해 밝혀낸 빛의 속력과 정확히 일치했습니다.

빛과는 전혀 무관해 보이는 전자기파의 속력이 빛의 속력과 정확히 일치한다는 것은 무슨 뜻일까요? 그저 우연의 일치일까요? 우리가 그 이름을 주파수 단위로 쓰고 있는 물리학자 하인리히 루돌프 헤르츠는 1888년경 전자기파를 직접 발생시켜 여러 파동적 현상을 보여주었고, 전자기파가 빛과 정확히 같은 성질을 가지고 있음을 입증했습니다. 1891년 어느 과학자는 헤르츠를 높이 평가하며 이렇게 말했다고 전해집니다.

"3년 전까지 전자기파는 어디에도 없었다. 그러나 잠시 후 그것은 어디에나 있었다."

빛이 바로 전자기파였으니까요. 뉴턴이 이룬 천상과 지상의 통합에 이어 전기와 자기 그리고 광학의 대통합이 달성되는 순간이었습니다.

인간은
볼 수 없는 빛

이제 전자기파인 빛의 종류에 대해 알아볼까요? 앞서 설명한 대로 파동의 속력은 파장과 진동수(주파수)의 곱으로 주어집니다. 빛의 속력은 초속 약 30만 킬로미터로 언제나 같기 때문에 파장이 긴 빛은 진동수가 작아지고 파장이 짧은 빛은 진동수가 커집니다. 자연에는 다양한 파장과 진동수를 가진 많은 종류의 빛이 존재합니다. 대표적인 빛이 우리가 눈으로 볼 수 있는 가시광선이지요. 이 가시광선보다 파장이 긴(진동수가 작은) 빛도 있고, 파장이 짧은(진동수가 큰) 빛도 있습니다.

그림 3-6에 모든 빛(전자기파)을 파장과 진동수에 따라 분류하고 그 용도까지 정리해놓았습니다. 이처럼 파장이나 진동수에 따라 빛을 분류해

놓은 것을 스펙트럼spectrum이라고 합니다. 스펙트럼을 보면 가시광선이 속한 영역이 매우 좁은 것을 알 수 있습니다. 대략 파장이 10^{-7}미터(1,000만 분의 1미터)에서 10^{-6}미터(100만 분의 1미터) 정도입니다. 그런데 전체 빛의 파장은 10^{-12}미터(1조 분의 1미터)에서 1,000미터(1킬로미터)에 이르기까지 방대한 영역에 걸쳐 존재합니다.

그림 맨 밑에는 온도계가 그려져 있네요. 사실 모든 물체는 차갑든 뜨겁든 빛을 냅니다. 우리는 별만 빛을 낸다고 생각하죠? 그렇지 않습니다. 물체의 온도에 따라 진동수가 다른 빛을 낼 뿐입니다. 물체는 뜨거울수록 큰 진동수의 빛을 냅니다. 태양은 표면 온도가 섭씨 6,000도 정도 됩니다.

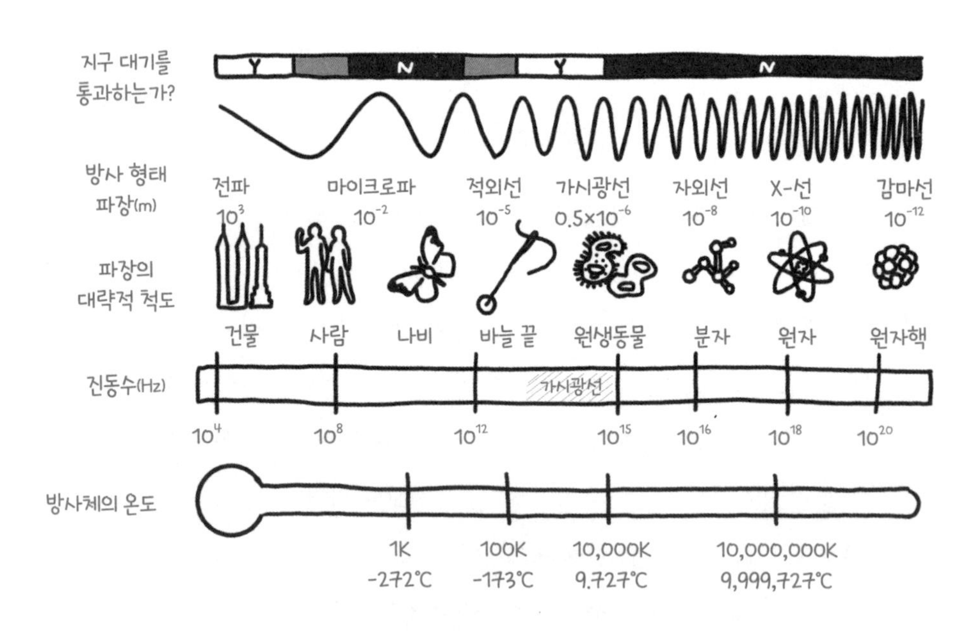

3-6 다양한 빛의 스펙트럼

이 정도 온도라면 대부분은 가시광선과 적외선 그리고 약간의 자외선을 방출합니다. 이에 비해 섭씨 36도 정도인 우리 몸이나 평균 기온이 섭씨 15도 정도인 지구는 가시광선을 낼 수 없습니다. 그래도 적외선은 방출합니다. 그러니 우리 눈에는 스스로 빛을 내지 않는 것처럼 보이는 것이죠. 아무리 차가운 물체라도 빛을 냅니다. 이처럼 물체에서 나오는 전자기파를 '열복사'라고 합니다. 그러니까 결국 복사라 부르는 현상은 바로 전자기파 방출을 뜻하는 것이죠.

지금까지 자연의 많은 모습이 드러났습니다. 이때가 20세기를 맞이하기 바로 직전입니다. 적어도 물리학 분야에서는 더 이상 탐구할 내용이 별로 없어 보였습니다. 지동설, 뉴턴의 운동법칙과 만유인력 법칙을 기초로 행성의 운동과 지상의 모든 운동을 이해할 수 있었고, 맥스웰의 전자기학과 광학의 통합으로 수많은 자연현상을 예측할 수 있었습니다. 뉴턴에서 시작한 고전역학의 혁명이 맥스웰의 전자기학에 이르러 완성된 듯했습니다. 코페르니쿠스가 지동설을 주장한 1543년을 시작점으로 본다면 약 300년에 걸친 쉼 없는 노력 끝에 결실을 맺은 것이었지요.

새로운 물리학의 징조

19세기 말 물리학은 더 이상 이룰 게 없어 보였습니다. 물론 모든 궁금증이 풀린 것은 아니죠. 몇 가지 골치 아픈 문제는 남아 있었습니다. 그러나 이마저도 곧 풀려 자연에 관한 궁금증은 모두 사라질 것이라 기대했습니다. 하지만 상황은 정반대로 흘러갔습니다. 곧 풀릴 것이라 기대했던 문제들이 그때까지 주류 물리학인 고전역학을 붕괴시키고 새로운 물리학의 시대를 여는 폭탄으로 작용한 겁니다. 물리학은 곧바로 지난 300년 동안 쌓아올린 금자탑이 무너지며 새로운 혁명을 맞이할 운명에 처합니다. 완성의 기쁨을 누릴 시간은 잠시뿐이었습니다. 인류가 탐구한 적이 없는 미지의 세계는 고전역학을 넘어서는 사고를 요구했기 때문입니다. 그렇다고 새로운 과학혁명이 19세기까지의 고전역학을 완전히 폐기시킨 것은 아닙니다. 고전역학은 적용할 수 있는 범위가 매우 넓기 때문이지요. 그런데 남겨진 골치 아픈 문제란 무엇일까요?

모두 빛과 관련된 문제입니다.

첫째 맥스웰의 전자기파 이론에 모호한 점이 있었습니다. 전자기파의 속력이 초속 30만 킬로미터라고 했는데, 보통 속력이란 뭔가 정지해 있는 기준에 대한 상대적인 값을 말합니다. 이를테면 사람이 시속 20킬로미터로 뛴다고 하면 정지한 땅을 기준으로 했을 때의 속력이 되는 거죠. 그런데 이 우주에 절대적으로 정지해 있다고 할 수 있는 것이 과연 있을까요? 다시 말해 '빛의 속력'이라고 하기는 하는데 도대체 우주의 무엇에 대한 속력을 말하는 걸까요? 이와 더불어 전자기 파동을 운반하는 매질이 무엇인지도 분명하지 않았습니다. 전자기파는 매질에 대한 언급이 전혀 없습니다. 아무것도 없는 진공 속에서 전자기파는 어떻게 전파해나가는 걸까요? 이 문제들은 현대물리학의 기둥 중 하나인 상대성이론의 도화선이 됩니다. 특허국 서기로 일하던 젊은 청년 아인슈타인의 몫이 되죠.

둘째 물체로부터 나오는 빛의 스펙트럼이 기존의 파동 이론과 잘 맞지 않았습니다. 물리학자들은 파동임이 분명한 빛에 잘 정리된 파동 이론을 적용시켜봤습니다. 그런데 기존의 파동 이론으로는 실험 결과를 설명할 수 없었습니다. 더욱이 파동 이론이 맞지 않는 건 또 있었습니다. 태양전지의 원리인 광전효과, 즉 금속에 빛을 쏘여 전기를 발생시키는 실험에서도 빛이 파동이라고 가정하면 실험 결과와 맞지 않았습니다. 확고했던 빛의 파동성에 균열을 암시하는 이 문제들은 20세기 벽두에 양자역학의 탄생을 이끕니다. 고전역학 안에 조용히 숨어 있던 돌연변이였죠.

우리의 19세기를 돌아보며

돌이켜보면 19세기 말은 우리나라에 너무나 힘겨운 변화의 시기였습니다. 성리학을 토대로 500년을 이어온 조선 왕조는 후기로 오면서 그 모순이 심하게 드러납니다. 결국 열강의 틈바구니 속에서 버텨내지 못하고 나라를 내주는 상황에까지 몰렸습니다.

서양에서 전자기와 빛의 통합 이론이 나왔던 시기에 우리 민족은 어려움 속에서 전통 사상인 유불선을 통합한 새로운 정신 혁명을 출발시킵니다. 최제우 선생이 창도한 동학東學입니다. 동학은 '사람이 곧 하늘'이라는 이념으로 당시 핍박받던 민중들에 깊이 파고들어갔고, 제2대 교주인 최시형 선생의 각고의 노력으로 전국적 조직을 갖추고 새로운 세상을 위해 싸웠습니다. 하지만 조선 조정이 외세를 끌어들여 항쟁에 참여한 백성들을 진압하며 나라는 더욱 파국으로 치닫습니다. 그리고 동학농민운동은 미완의 혁명으로 기억됩니다. 사실 동학농민운동은 단지 왕조만 교체하려는 혁명이 아닙니다. 새로운 정신 혁명입니다.

동학의 제3대 교주가 손병희 선생입니다. 동학을 천도교로 개명하고 독립운동에도 앞장섰던 3·1운동 당시 민족 대표 33인 중 한 분입니다. 손병희 선생의 사위가 바로 '어린이'라는 말을 처음 쓰고 어린이날을 제정한 소파 방정환 선생이고요. 소파의 어린이에 대한 사랑은 동학에 그 뿌리를 두고 있습니다. 동학은 사회적 약자인 여성과 어린이까지 모두 하늘이라고 하는 평등 사상이요, 뭇 생명을 사랑하는 생명 사상입니다. 그런 의미에서 동학혁명은 미완으로 끝난 게 아니라 새로운 세계관을 제시한 현재 진행형의 혁명이라 생각합니다. 생태계가 파괴되고 인간이 소외되는 이 시대에 우리를 깨워줄 위대한 사상입니다. 그런데 동학 사상은 갈수록 잊혀지는 것 같습니다. 여러분에게 고전 중의 고전이라 할 수 있는 동학의 경전인 《동경대전東經大全》을 권합니다.

어릴 때 동학에 입도하여 활동하면서 최제우와 최시형의 가르침을 실천한 표영삼 선생이 80세에 쓴 《동학 1, 2》[20]도 일독을 권합니다. 선생은 '최후의 동학인', '걸어다니는 동학'이라 불렸지요. 평소 모든 가족에게 존대하고 돌아가시기 전까지 30년을 아내에게 식사 공양을 했다고 합니다. 3권까지 쓰려 했는데 안타깝게도 2008년에 83세를 일기로 세상을 떠나셨죠. 2권 마지막에 나온 "3권에서 계속"이란 문구가 지금도 눈앞에 아른거립니다.

19세기 말 물리학 이야기를 하다가 옆길로 빠졌군요. 아무튼 코페르니쿠스의 《천구의 회전에 관하여》부터 뉴턴의 《프린키피아》까지 근대 과학혁명은 145년이 걸렸습니다. 우리 민주 시민이 촛불혁명으로 정권을 교체한 것이 동학농민운동 이후 123년 만의 일입니다. 중간에 3·1운동, 4·19혁명, 5·18 민주화운동, 6월 민주항쟁이 이어졌습니다. 우리의 시민혁명 과정을 근대 과학혁명 과정에 견주어보니 코페르니쿠스가 동학농민운동이라면 우리는 지금 겨우 케플러까지 온 것이 아닐까 싶습니다. 앞으로 우리에게는 데카르트 같은 사상가도 필요하고 갈릴레이 같은 실험가도 필요하지 않을까 생각합니다.

이것으로 고전역학에 대한 이야기를 모두 마치고 현대물리학으로 넘어가도록 하겠습니다.

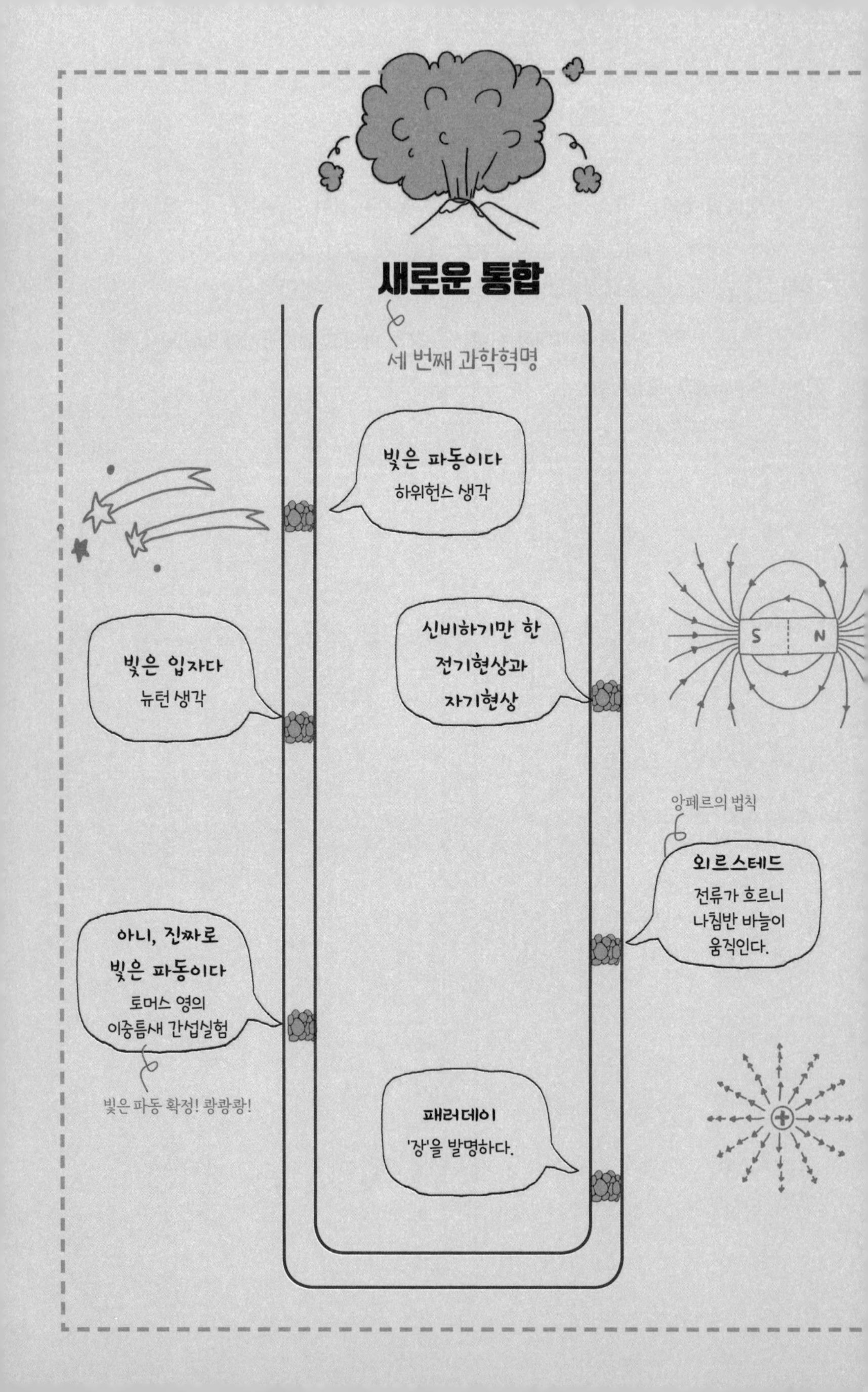

새로운 통합
세 번째 과학혁명
빛은 파동이다
하위헌스 생각
빛은 입자다
뉴턴 생각
신비하기만 한
전기현상과
자기현상
S
N
앙페르의 법칙
외르스테드
전류가 흐르니
나침반 바늘이
움직인다.
아니, 진짜로
빛은 파동이다
토머스 영의
이중틈새 간섭실험
빛은 파동 확정! 쾅쾅쾅!
패러데이
'장'을 발명하다.

패러데이의 유도법칙

전기장이 변할 때 자기장이 만들어지니,
자기장이 변하면 전기장이
만들어지지 않을까?

전기 발전의 원리

맥스웰 방정식

전기와 자기에 관한 모든 법칙을
종합해 방정식 네 개 로 정리

빛이 바로 전자기파다!

전기와 자기가 통합되다.

맥스웰

전자기파의 속도와
빛의 속도가 같음을 발견

**전기와 자기
그리고 빛의 통합!**

**골치 아픈 문제와
다음 과학혁명으로 이어질
씨앗들**

전자기 파동의 매질은 무엇인가?

빛의 속력은 기준이 무엇인가?

빛의 파동성으로 설명할 수 없는
돌연변이의 출현

여는 글
science!

1장 그리스 자연철학

2장 고전 물리학의 시작

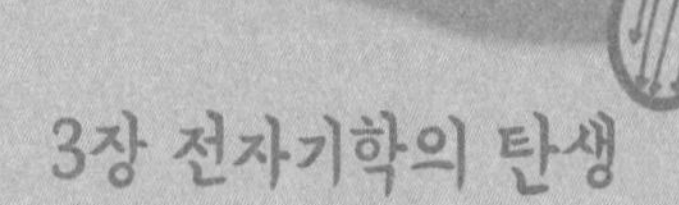
3장 전자기학의 탄생

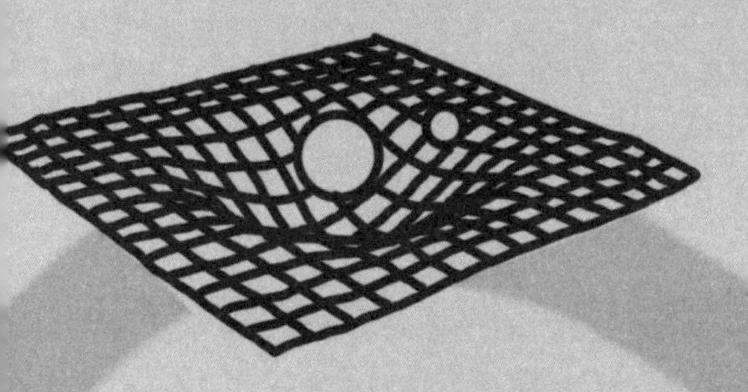

4장 상대성이론이 세상을 뒤집어놓다

현대물리학의 시작

5장 현대물리학의 또 한 축

6장 복잡계 과학의 또 다른 혁명

닫는 글 physics!

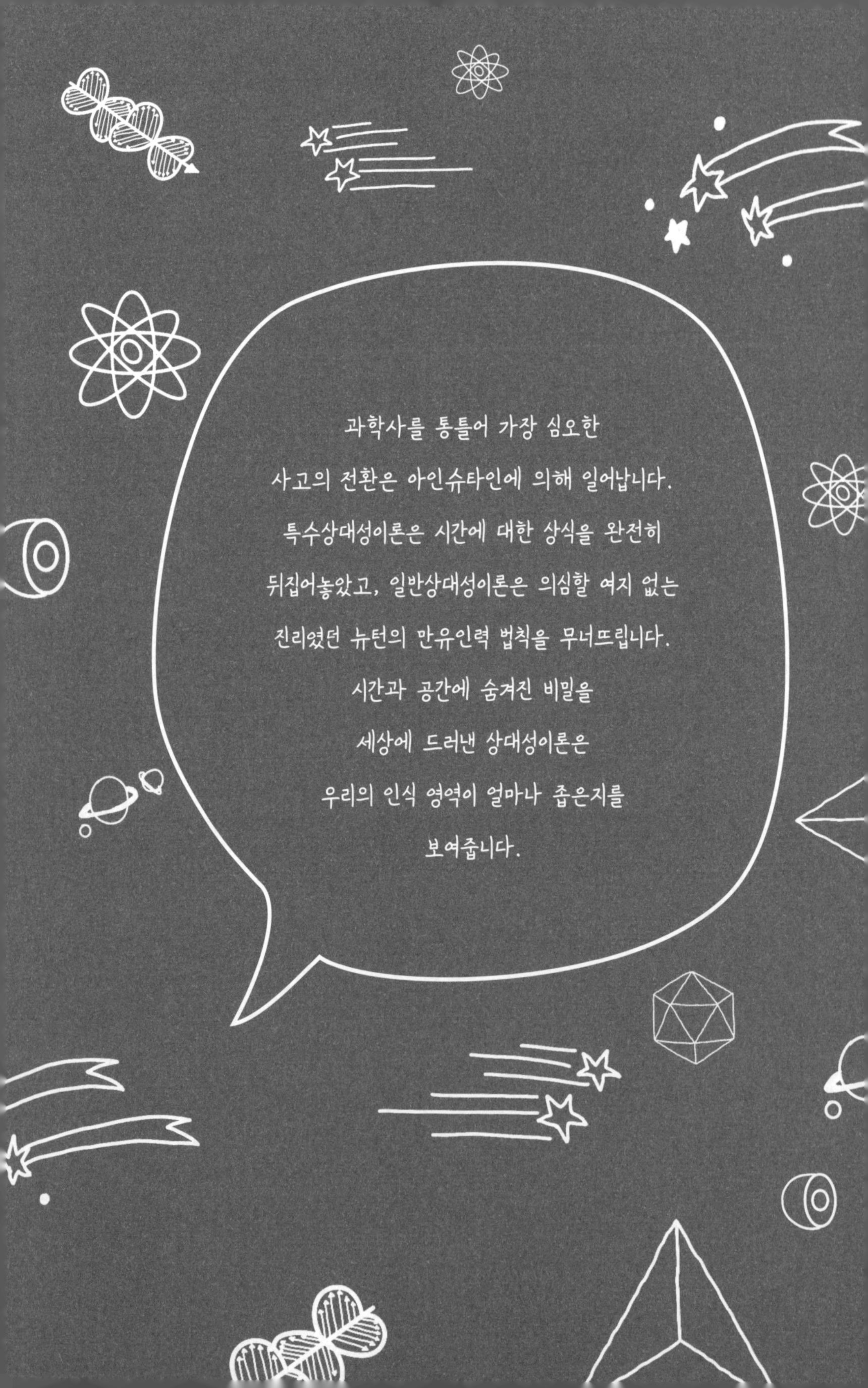
과학사를 통틀어 가장 심오한
사고의 전환은 아인슈타인에 의해 일어납니다.
특수상대성이론은 시간에 대한 상식을 완전히
뒤집어놓았고, 일반상대성이론은 의심할 여지 없는
진리였던 뉴턴의 만유인력 법칙을 무너뜨립니다.
시간과 공간에 숨겨진 비밀을
세상에 드러낸 상대성이론은
우리의 인식 영역이 얼마나 좁은지를
보여줍니다.

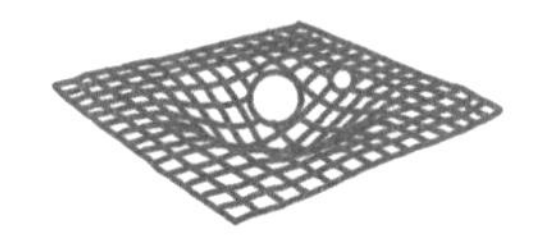

과학혁명의 여정을 따라가다 보니 어느덧 20세기의 입구에 들어섰네요. 19세기인 1899년과 20세기인 1900년은 사실 특별히 차이 날 것도 없는 연이은 두 해입니다. 우리와 관련이 없던 서구 기독교 문화에서 만든 숫자일 뿐이지요. 그렇지만 20세기의 문턱을 넘어서는 몇 년은 분명 과학의 역사에서는 또 하나의 '축의 시대'입니다. 모든 영역에서 새로운 지평이 열린 특별한 시기였죠.

1900년 정신분석학자인 지그문트 프로이트의《꿈의 해석》이 출간되어 심리학 영역에 새로운 장이 열립니다. 공교롭게도 같은 해에 생물학에서는 세 명의 생물학자가 제각기 다른 곳에서 멘델의 유전법칙을 재발견함으로써 새로운 전기를 마련하는 계기가 되지요. 1900년 이후의 광대한 사고의 역사를 백과사전처럼 정리한《생각의 역사 2 : 20세기의 지성사》서론에서 저자 피터 왓슨은 "과학은 우리가 생각하는 대상뿐 아니라 우리가 생각하는 방식도 바꿔놓았다"[21] 라고 하면서 프랑스 인류학자 클로드

레비스트로스의 저서 《가까이 그리고 멀리서》를 인용합니다.

> 오늘날의 세상에 철학이 들어설 자리가 있는가? 물론. 그러나 과학적 지식과 성취에 입각한 철학이어야 한다. (중략) 철학자들은 과학과 담을 쌓고 지낼 수 없다. 과학은 삶과 우주에 관한 우리의 비전을 엄청나게 확장시키고 변화시켰을 뿐 아니라 지성이 작동하는 규칙에 혁명을 불러일으켰다.[22]

왓슨이 말하는 과학은 물리학을 비롯해 생물학, 심리학, 지질학, 고고학 등에서의 매우 근원적인 발견을 일컫습니다. 특히 물리학에서는 어느 영역에서보다 더 큰 변화의 물결이 몰아닥쳤습니다. 이전에는 상상할 수 없었던, 완전히 새로운 눈으로 세계를 봐야 했으니까요. 하나는 뉴턴의 만유인력 법칙이 완전한 보편법칙이 아니라는 것이었고, 또 하나는 원자의 세계가 뉴턴 물리학의 언어로는 도저히 이해할 수 없는 신비의 세계라는 것이었습니다. 만유인력 법칙이 들어맞지 않는 세계는 태양과 같이 거대한 중력을 갖는 규모의 세계이며, 원자의 세계는 그 크기가 100억 분의 1미터 정도로 어떤 방법으로도 직접 볼 수 없는 미시세계입니다.

앞 장에서 빛은 전자기 파동으로 그 성격이 완전히 규명되었다고 했죠? 하지만 오래지 않아 모순된 사실이 등장합니다. 이로 인해 고전역학의 뼈대 전체가 흔들리고 결국 새로운 물리학에 왕좌를 물려줍니다. 이제부터 새로운 물리학을 소개하려고 합니다. 먼저 상대성이론에 대해 살펴보죠.

상대성이론은 아인슈타인이 수학자들의 도움으로 이룩한 이론으로 특수상대성이론과 일반상대성이론으로 나뉩니다. 1905년에 발표한 특수상대성이론은 중력과는 상관이 없습니다. 상대적으로 일정한 속도로 움직이는 두 관찰자에게 세상이 어떻게 보이는지에 관한 이론이며, 여기서는 각각 분리되어 있던 시간과 공간이 시공간으로 통합되고 질량과 에너지 역시 하나로 통합되는 대전환이 일어납니다. 그 10년 뒤에 발표한 일반상대성이론은 뉴턴의 만유인력 법칙을 밀어내고 새로운 중력 이론으로 자리 잡습니다. 이것은 일정하지 않은(가속도가 있는) 속도로 운동하는 두 관찰자에 대한 이론입니다. 일반상대성이론에 따르면 만유인력은 주어진 시공간에서 물체들 사이에 힘이 작용하기 때문에 생기는 것이 아니라 질량을 가진 물체가 자기 주위의 시공간을 구부러뜨리면서 주위에 있는 다른 물체의 운동 경로를 변화시키기 때문에 생깁니다. 다시 말해 지구는 태양이 잡아당겨서 공전하는 것이 아니라 태양이 만들어낸 구부러진 시공간을 따라가기 때문에 태양 주위를 공전한다는 것이죠. 또 하나의 과학의 대혁명입니다. 그럼 시간과 공간의 통합, 질량과 에너지의 통합, 시공간의 구부러짐이라는 신비의 세계로 들어가볼까요.

이것은
빨간 장미야

상대성이론은 매우 어려운 이론입니다. 동시대에 아인슈타인과 더불어 세계적 스타였던 코미디언 찰리 채플린이 자신의 영화 〈시티라이트〉를 상영하는 데 아인슈타인을 초청했다고 합니다. 영화가 끝나고 아인슈타인이 채플린에게 "당신은 위대합니다. 아무 말도 하지 않았는데 모두가 당신을 이해하잖아요"라고 말하자 채플린이 이렇게 대답했다고 하네요. "당신이 더 위대합니다. 아무도 당신의 이론을 이해하지 못하는데 모두가 당신을 존경하잖아요."

채플린뿐 아니라 누구에게나 상대성이론은 매우 어렵습니다. 본론으로 들어가기에 앞서 간단한 비유로 상대성이론의 의미를 헤아려볼까 합니다. 물론 완벽한 예는 아니지만 상대성이론이 무엇인지 감을 잡는 데는 도움이 되지 않을까 합니다.

영희와 찰리 두 사람이 있습니다. 그들은 언어가 서로 다릅니다. 영희는 한국어를 쓰고 찰리는 영어를 씁니다. 이 두 사람이 빨간 장미를 보고 있습니다. 두 사람은 똑같은 인간입니다. 같은 방법으로 색깔을 인식하고 말을 합니다. 그러나 영희는 "이것은 빨간 장미야"라고 말할 것이고 찰리는 "This is a red rose"라고 말할 것입니다. 모두 같은 뜻이죠. 언어야 어떻든 장미는 절대적으로 빨갛게 보일 테니까요. 하지만 표현 방법은 서로 다릅니다. 누구 말이 맞을까요? 모두의 말이 맞습니다. 다르게 표현되어도 두 말 사이에는 정확한 번역 규칙이 있습니다. 이 규칙에 의해 한국어를 영어로, 영어를 한국어로 번역할 수 있습니다.

상대성이론이란 이런 조건에서 두 사람 사이의 번역 규칙을 찾는 것이라 할 수 있습니다. 동일한 사건(빨간 장미)에 대해 서로 다른 상태에 있는(서로 다른 언어를 쓰는) 관찰자가 어떤 관계에 있는지(두 언어가 어떤 규칙으로 관계되는지)를 말해주는 것이죠. 이러면 감이 좀 잡힐까요? 너무 어렵다는 선입견을 버리고 차근차근 따라와보시기 바랍니다.

갈릴레이의 상대성원리

1632년 갈릴레이는 아인슈타인의 상대성이론의 전신이라 할 수 있는 원리를 《두 개의 우주 체계에 대한 대화》에서 밝혀놓습니다. 빨간 장미의 비유를 토대로 갈릴레이가 말한 상대성원리를 정리해보겠습니다. 잔잔한 호수에 배 한 척이 시속 10킬로미터의 일정한(변하지 않는) 속도로 움직이고 있습니다. 배 안에는 영수가 타고 있습니다. 배는 모든 창문에 커튼을 쳐서 밖을 전혀 볼 수 없습니다. 만약 밖을 볼 수 있다면 자신의 움직임을 알게 되겠지요. 물도 너무나 잔잔해서 움직이는 데 전혀 요동이 없습니다. 그리고 호숫가 모래밭에는 영희가 서 있습니다. 이 두 사람에게는 완전히 같은 일이 일어납니다. 두 사람 모두 자신의 위치에서 공을 던져 올리면 정확히 처음 위치로 되돌아옵니다. 공이 떠 있는 동안 배가 움직인다고 해서 처음보다 뒤에 떨어지지 않습니다. 두 사람에게 보이는 자연현상은 똑같습니다. 이 현상을 과학적 용어로 '모든 관성계는 물리적으로 동일하다'라고 표현합니다. 이것이 갈릴레이가 주장한 상대성원리의 기본 전제입니다.

관성계란 일정한 속도로 움직이는 관찰자를 말합니다. 영수도 영희도 모두 관성계라 할 수 있으며 이들은 서로 상대적으로 운동하고 있습니다. 즉 영희를 기준으로 보면 영수가 움직이는 것이고, 영수를 기준으로 보면 영희가 움직이는 것이죠. 누가 진짜로 서 있고 또 누가 진짜로 움직이는지 결정할 기준이 없습니다. 갈릴레이는 지동설을 주장하면서 곤혹스런 비판에 고민했습니다. 지구가 그렇게 빨리 움직인다면 왜 던져 올린 공이 뒤쪽으로 떨어지지 않느냐는 비판이었지요. 하지만 이제 관성계를 통해 그 비판도 깔끔히 해결할 수 있었습니다. 모든 관성계는 물리적으로 동일하므로 같은 일이 일어납니다. 정지한 지구나 (거의) 일정한 속도로 움직이는 지구에서나 일어나는 일은 같기 때문에 던져 올린 공이 뒤로 떨어지는 일은 없습니다.

그런데 호수 위로 물새가 시속 40킬로미터로 날아가며 영수의 배 옆으로 스쳐 지나갔고, 영수와 영희가 동시에 그 새의 속도를 측정합니다. 앞에서 말한 빨간 장미가 여기서는 새의 속도라고 할 수 있습니다. 똑같이 측정하지만 둘의 결과는 다릅니다. 영희가 측정한 결과는 시속 40킬로미터이지만 영수가 측정한 결과는 자신의 속도 시속 10킬로미터를 뺀 시속 30킬로미터입니다. 서로 상대적으로 운동하는 영수와 영희가 동일한 새의 속도를 측정한 결과가 다르며, 이 두 결과 사이에는 규칙이 있습니다. 영수와 영희의 상대속도인 시속 10킬로미터만큼 차이가 있어야 합니다. 여기까지는 어렵지 않죠? 이 상황은 너무나 상식적이고 일상적이라 상대성원리가 어렵다는 말이 무색할 정도네요.

앞서 설명했듯이 물리학에서는 한 관찰자가 보는 세계를 데카르트가 도입한 좌표계로 나타냅니다. 관찰자의 위치는 원점, 즉 O의 위치에 있습니다. 두 관찰자가 있다면 서로 다른 두 좌표계를 설정할 수 있습니다. 두 관찰자가 2차원 평면에만 속해 있다고 하면 동서를 가로지르는 x축, 남북을 가로지르는 y축을 그을 수 있고 어떤 지점을 나타내려면 관찰자의 위치인 원점에서 x축으로 얼마만큼, y축으로 얼마만큼 가야 하는지 알아내면 됩니다. 앞에서처럼 영희(O)의 좌표계(S)는 멈춰 있으며 영수(O')의 좌표계(S')는 x축 방향으로 일정한 속도 v로 이동한다고 해보죠. y축 방

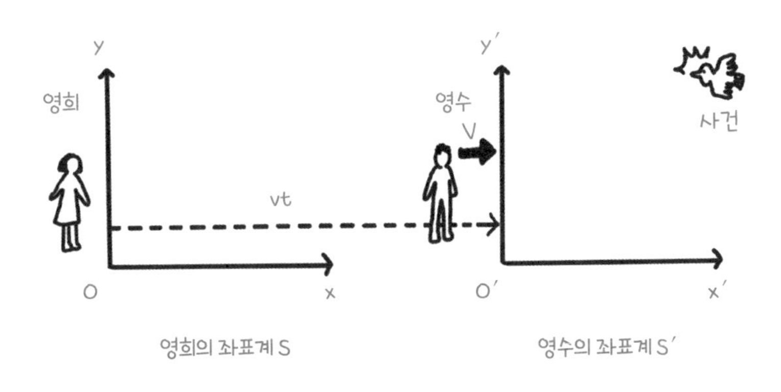

4-1 서 있는 영희와 움직이는 영수의 운동

향으로는 움직이지 않는다고 가정합니다. 그럼 두 좌표계를 동시에 그림 4-1과 같이 그릴 수 있겠네요.

이때 어느 지점에서 어떤 사건event이 발생했다고 해보죠. 영수와 영희는 그 지점까지 거리를 측정하려고 합니다. 영희는 사건 지점에 대해 상대적으로 정지해 있고, 영수는 속도 v로 움직인다고 할 수 있죠? 따라서 영희가 측정한 위치는 고정된 값일 것이고, 영수가 측정한 위치는 시간에 따라 측정값이 달라지겠죠. 움직이면서 더 가까이 가니까요. 지금 잰 것과 1초 후에 잰 결과는 다를 겁니다. 더 작은 값이 나오겠죠. 처음에는 영희와 영수가 같은 위치에 있었다고 가정합니다. 그리고 영희가 측정한 값은 X입니다. 영수가 영희와 같은 위치에서 측정할 때는 측정값이 X로 영희와 같은 결과가 나오겠지만 시간이 흐를수록 영수의 측정값은 줄어듭니다. 영수가 v의 속도로 이동하므로 t초 후의 거리는 속도×시간, 즉 원래 값에서 vt만큼씩 줄어들죠. 영수가 측정한 결과를 X'이라고 하면 영수와 영희의 결과는 다음과 같이 정리해볼 수 있습니다.

$$X' = X - vt$$

사건이 1초 간격으로 연달아 발생했다고 해볼까요? 그리고 두 사람이 그 시간 간격을 잰다고 하면 어떻게 될까요? 모두 1초라는 결과를 얻게 됩니다. 시간이 다를 수가 없습니다. 일반적으로 영수가 잰 시간을 t, 영희가 잰 시간을 t'이라고 하면 다음과 같습니다.

$$t' = t$$

지금까지 이야기를 통틀어 갈릴레이의 상대성원리라고 합니다. 상식적인 상대성이론이라고 해도 괜찮을까요?

빛은 어떻게 전파되는 걸까?

3장 말미에서 이야기한 대로 맥스웰의 전자기학과 빛의 통합은 신비롭고 아름다운 과학혁명이었지만 빛의 매질에 관한 숙제를 남겨놓습니다. 상식적으로 파동은 어떤 매질을 통해 전파되어야 하는데, 빛은 매질 없이 진공에서도 전기장과 자기장의 값이 바뀌며 전파되는 신비로운 파동이었던 것이죠. 이 어려운 문제를 풀기 위해 사람들은 고대 그리스의 유물인 '에테르'를 부활시킵니다. 고대 그리스인들은 지구에는 물, 불, 흙, 공기

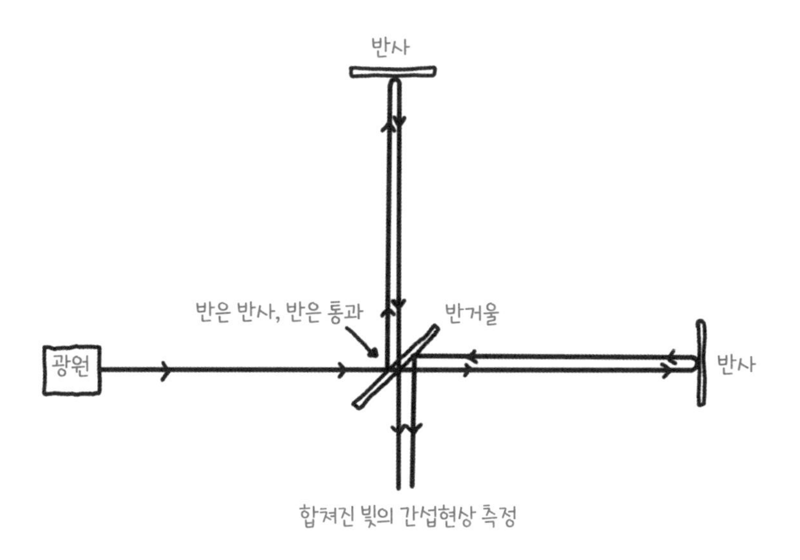

4-2 마이컬슨 간섭계

의 4원소가 있고 지구 바깥 대우주는 에테르라는 전혀 다른 원소로 채워져 있다고 생각했습니다. 에테르를 소환한 사람들은 빛이 진공을 뚫고 전파될 수 있는 것은 우주 공간을 가득 채우고 있는 에테르가 진동하기 때문이라고 주장했습니다. 덕분에 이제 에테르가 진짜로 존재하는지 증명해야 하는 과제가 생겼네요. 그런데 눈에 보이지도 않는 에테르가 있는지 없는지 어떻게 확인할 수 있을까요?

미국의 물리학자 앨버트 마이컬슨은 매우 정밀한 측정 장치를 고안해 냅니다. '마이컬슨 간섭계interferometer'라는 것이죠. 간섭은 파동이 갖는 고유한 특성이라고 했죠? 간섭이란 두 파동이 만날 때 서로 합쳐져서 파동이 더 세지거나 아니면 소멸해버리는 특성을 말합니다. 토머스 영은 이중틈새에 빛을 보내 그 뒤쪽에 있는 스크린에 밝고 어두운 간섭무늬가 생기는 것을 확인하여 빛이 파동임을 입증했습니다. 마이컬슨의 간섭계 역시 간섭현상을 이용해 매우 정교하게 변화를 잴 수 있는 장치입니다.

그림 4-2를 보면 마이컬슨 간섭계가 어떤 장치인지 알 수 있습니다. 왼쪽에서 빛을 쏘면 반은 반사시키고 반은 통과시키는 거울(반거울)을 설치합니다. 이 반거울에 의해 둘로 나눠진 빛은 위쪽과 오른쪽에 있는 거울에 각각 반사되어 다시 반거울로 향합니다. 이렇게 반거울을 지난 두 빛은 합쳐지고 아래쪽에 있는 스크린에 간섭을 일으켜 무늬를 만듭니다. 두 개의 거울 중 어느 하나를 매우 미세하게 움직이면 빛이 지나가는 거리가 조금 변하게 되고 따라서 마지막 간섭무늬도 변합니다. 거울이 아주 조금만 움직여도 간섭무늬의 변화를 알 수가 있죠. 가시광선의 경우 파장이 100만 분의 1미터 정도이므로 거울이 이만큼만 움직여도 무늬가 변함을 알 수 있습니다. 매우 정밀한 장치이죠.

마이컬슨은 공동 연구자인 에드워드 몰리와 함께 에테르의 존재를 검증하기로 마음먹습니다. 실험은 간단합니다. 실험실이 있는 지구는 태양 주위를 공전하면서 실제로 있을 것이라 기대되는 에테르 속을 움직입니다. 반대로 지구가 멈춰 있고 에테르가 지구를 지나 흘러간다고 해도 마찬가지죠? 마이컬슨 간섭계에서 반거울로 갈라진 두 빛을 생각해볼까요? 광선 1은 에테르가 흐르는 방향으로 갔다가 오고 광선 2는 그에 수직 방향으로 갔다가 오게 됩니다. 그리고 이 두 광선은 이동 경로의 차이가 있으니 간섭무늬를 만듭니다. 이 간섭계를 시계 방향으로 90도 회전시킨다고 가정해볼까요? 이제는 광선 1이 에테르 방향에 수직으로 갔다 오고 광선 2는 에테르 방향으로 갔다 오게 되죠. 따라서 각 광선의 속도가 바뀝니다.

간섭무늬가 달라지겠죠? 두 사람은 이 회전에 따라 발생하는 간섭무늬의 변화를 정확히 계산한 후 실제로 무늬에서 변화가 발생하기를 기대했습니다. 하지만 간섭무늬는 조금도 변함이 없이 두 경우 모두 똑같았습니다.

이 결과는 무엇을 의미할까요? 에테르를 강물에 비유한다면 배가 강물을 따라갈 때와 강물에 수직 방향으로 갈 때 속도가 변해야 하는데 그렇지 않다는 것입니다. 결국 그런 일이 벌어질 강물이 없다는 것, 즉 에테르가 없다는 결론을 내릴 수밖에 없었습니다. 이 실험은 그 후에도 정밀도를 더욱 높여 진행됐지만 결과는 항상 같았습니다. 빛은 매질이 없이 전파하는 파동이었습니다. 매질이 없다니…, 그러면 빛의 속도에 관해서는 어떻게 말할 수 있을까요?

빛의 속력은 언제나 같고, 시간과 공간 모두 상대적이다

이제 아인슈타인이 등장할 차례입니다. 아인슈타인은 1903년부터 스위스 베른의 특허국 서기로 일하고 있었습니다. 소년 시절 강압적인 교육제도에 적응하지 못했지만 수학과 물리학은 대단히 잘했고 칸트의 《순수이성비판》 같은 사상서를 읽으며 의심 많은 과학자로 성장한 그는 맥스웰을 존경했고 전자기학의 완성에 대해 경이로워했습니다. 특히 맥스웰 방정식을 통해 얻어진 전자기파에 주목했습니다. 전자기파의 속도가 초속 30만 킬로미터라는데 왜 속도의 기준은 명확하지 않을까? 내가 빛의 속력으로 달리면서 빛을 보면 어떻게 보일까? 정지한 빛이 있을 수 있을까? 등의 의문을 품고 있었습니다.

1905년 아인슈타인은 아무도 생각하지 못한 가정을 합니다. 사실 마이컬슨과 몰리의 실험에서 이미 알아낼 수 있는 결론이지만 당시의 상식과 동떨어져 아무도 생각할 수 없었지요. 빛의 속력■은 누구에게나 같다는 가정입니다. 앞에서 영수와 영희가 배를 지나쳐 날아간 물새의 속력을 쟀을 때 결과가 달랐죠? 영희는 시속 40킬로미터, 영수는 시속 30킬로미터로 측정했습니다. 영희와 영수의 운동 상태가 서로 다르기 때문에 그 속력의 차이만큼 측정 결과도 다릅니다. 갈릴레이의 상대성원리 때문이지요. 이 이론에 따르면 빛 역시 누가 측정하느냐에 따라 속력이 다르겠죠? 그런데 아인슈타인의 가정은 이와 다르게 배를 타고 호수를 달리고 있는 영수나 호숫가에 그냥 서 있는 영희 모두 빛의 속력을 초속 30만 킬로미터로 측정합니다.

갈릴레이의 상대성원리에 빛의 속력은 누구에게나 일정하다는 가정을 더하면 아인슈타인의 특수상대성이론이 됩니다. 특수상대성이론의 가정을 정리해보면 다음과 같습니다.

◆ **모든 관성계는 물리적으로 동일하다. ➡ 갈릴레이의 가정과 같습니다.**

◆ **빛의 속력은 누구에게나 동일하다. ➡ 새로운 가정입니다.**

상대성이론이니까 누구에게나 다르다고 할 것 같은데, 반대로 모두에

■ 속도와 속력은 다릅니다. 속력은 순수한 빠르기를 의미하며 속도는 여기에 방향을 더한 개념입니다. 두 물체의 빠르기가 같더라도 운동하는 방향이 다르면 속력은 같지만 속도는 다릅니다. 앞으로 방향과 상관없이 단순한 빠르기만 고려할 경우에는 속력을 사용하기로 합니다.

게 동일하다는 전제로 시작하네요. 사실 상대성이론이란 명칭은 나중에 붙인 것이고, 처음 발표한 논문 제목도 〈운동하는 물체의 전기역학에 관하여〉였습니다. 아인슈타인의 특수상대성이론은 갈릴레이의 상대성원리와 가정이 다르다 보니 결과도 달라집니다. 대표적인 예를 하나 들어볼까요? '동시성의 붕괴'라 부르는 현상입니다.

뒷장에 기차 그림이 두 개 있습니다. 정지한 그림으로 설명하려니 좀 까다롭지만 느긋이 상상하면서 따라와보세요. 가장 중요하게 기억할 전제 조건이 바로 빛의 속력은 누구에게나 똑같다는 사실입니다. 그 때문에 매우 비상식적이라 생각되는 일이 일어납니다. 그림 4-3은 정지해 있는 기차고 그림 4-4는 기차가 오른쪽으로 이동하는 그림입니다. 시간에 따라 기차의 위치가 변하는 모습을 그렸습니다. 이제 두 관찰자 영수와 영희를 데려옵니다. 영수는 기차에 타고 영희는 기차 밖에 있습니다.

먼저 서 있는 기차 안에서 영수가 실험을 합니다. 기차 정중앙에서 양쪽으로 두 광선을 발사하는 겁니다. 정중앙에서 했기 때문에 영수가 보기에 빛이 동시에 기차 양끝에 도달합니다. 광선이 끝에 도착하는 순간 깃발이 올라가는 장치를 했고, 당연히 영수는 동시에 두 깃발이 올라가는 모습을 관찰합니다. 영희도 기차 밖에서 기차의 중앙 지점에 서 있습니다. 기차가 정지해 있으므로 영수와 똑같이 두 깃발이 동시에 올라가는 것을 보게 됩니다. 여기까지는 문제가 없죠?

이제 기차가 움직일 때 같은 실험을 합니다. 영수는 변함없이 두 깃발이 동시에 올라오는 것을 보겠죠. 기차가 움직여도 그 기차에 타고 있기 때문에 정지한 상태와 변한 것이 없습니다. 그러나 밖에 있는 영희는 다릅니다. 오른쪽으로 가는 광선은 기차 앞쪽이 자꾸 멀어지므로 먼 거리를

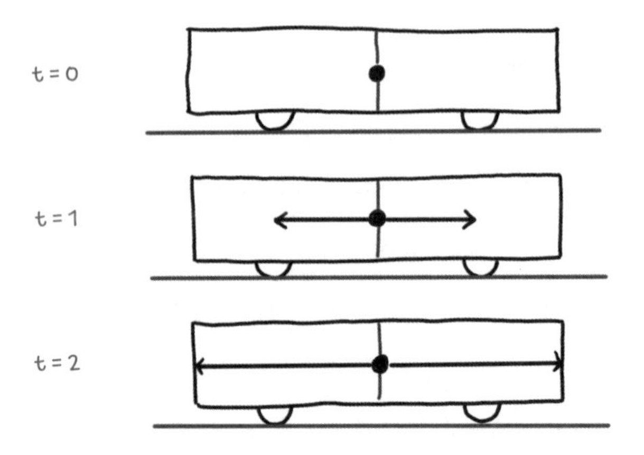

4-3 동시성의 붕괴를 보여주는 기차의 움직임 정지한 기차

이동하게 되지만 왼쪽으로 가는 광선은 기차 뒤쪽이 다가오므로 더 가까운 거리만 이동하면 됩니다. 상식적이라면 영희가 볼 때 두 광선이 동시에 양끝에 닿으려면 오른쪽으로 가는 빛의 속력이 왼쪽으로 가는 빛의 속력보다 빨라야 합니다. 그런데 전제가 뭐죠? 빛의 속력은 누구에게나 같다는 것이죠? 영수에게나 영희에게나 빛의 속력은 동일합니다. 오른쪽으로 가는 광선이나 왼쪽으로 가는 광선 모두 영희에게 초속 30만 킬로미터로 이동합니다. 그럼 어떻게 될까요? 오른쪽으로 가는 광선은 같은 속력으로 먼 거리를 가니까 시간이 더 오래 걸리고, 왼쪽으로 가는 광선은 가까운 거리를 가니까 시간이 더 짧게 걸립니다. 왼쪽 광선이 먼저 기차의 뒤쪽 끝에 닿고 오른쪽 광선이 나중에 앞쪽 끝에 닿습니다. 영희는 두 깃발이 동시에 올라오는 모습을 볼 수 없지요. 뒤쪽 깃발이 먼저 올라오고 앞쪽 깃발이 나중에 올라옵니다. 영수에게는 동시에 일어나는 사건이 영

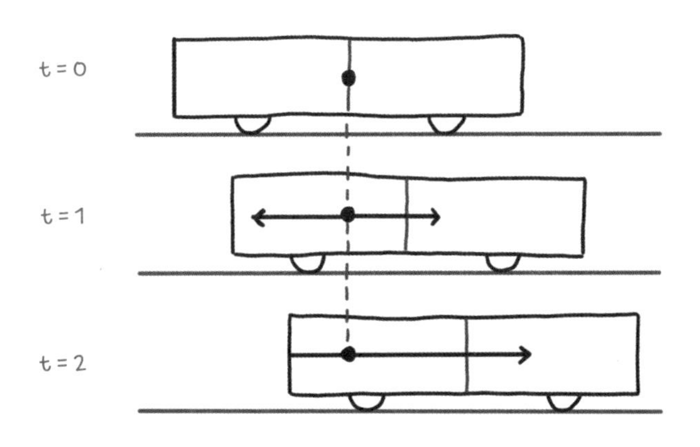

4-4 동시성의 붕괴를 보여주는 기차의 움직임 움직이는 기차

희에게는 동시에 일어나지 않는 겁니다.

영희와 영수 중 누가 맞을까요? 당연히 둘 다 맞습니다. 전통적인 시간의 개념이 무너진 것이죠. 갈릴레오의 상대성원리에서는 두 관찰자에게 시간이 동일합니다. 이렇게 절대적이었던 시간이 이제 그렇지 않게 되었습니다. 이를 동시성의 붕괴라고 합니다.

한 가지 예를 더 들어볼까요. 이번에는 정지한 관찰자의 시간이 더 천천히 간다는 '시간지연time dilation' 현상입니다. 시간이 상대적이라는 분명한 증거이지요. 매우 빠르게 이동하는 우주선이 있습니다. 영수는 그 안에 있고 영희는 바깥에 서서 빠르게 이동하는 우주선을 관찰하고 있습니다. 둘은 특별한 실험을 하려고 합니다. 우주선 바닥에서 빛을 쏘아 위에 매달린 거울에 반사시킨 후 다시 바닥으로 돌아오도록 하고 그 시간을 재는 실험입니다. 영수는 우주선 안에서, 영희는 바깥에서 시간을 재기로 합

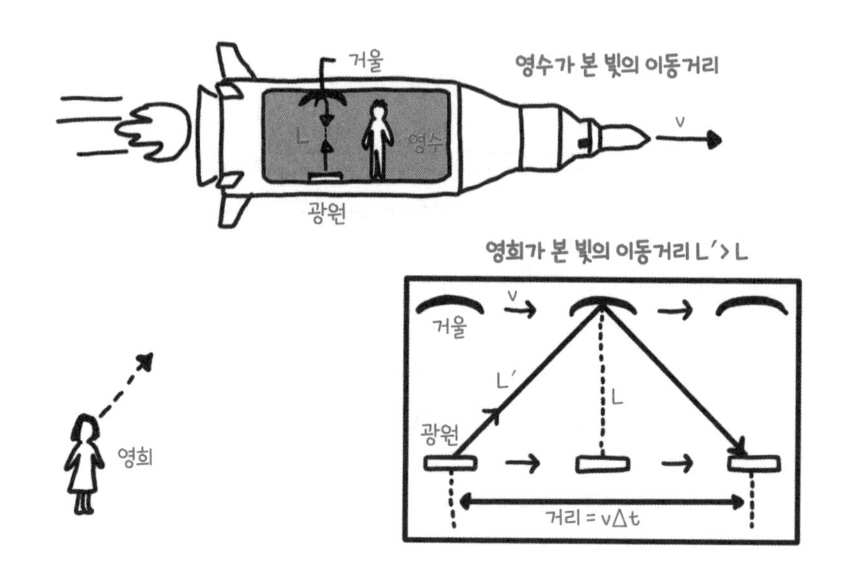

4-5 시간지연 측정장치와 함께 움직이는 영수의 시간이 더 천천히 간다.

니다. 결과는 어떻게 될까요?

우주선 안에 있는 영수에게 광선은 수직으로 올라갔다가 내려오는 걸로 보이지만, 밖에 있는 영희에게는 그렇게 보이지 않습니다. 우주선이 움직이고 있으므로 마치 산 모양으로 먼 거리를 이동하는 것으로 보일 겁니다. 평범하게 생각해보면 광선의 운동이 어떻게 보이든 영희가 잰 시간은 영수가 잰 시간과 같아야겠지요. 그러나 빛의 속력은 누구에게나 같다고 전제하면 다릅니다. 빛이 바닥을 출발해 다시 바닥에 도착하는 데 걸리는 시간을 영희와 영수는 다르게 측정합니다. 영희가 본 광선이 더 긴 거리를 이동하기 때문에 시간이 더 걸립니다. 같은 현상인데도 영수보다 영희에게 더 시간이 많이 지났으므로 영수의 시간이 더 천천히 간 셈이죠. 물론 두 사람 모두 맞고요. 이것이 시간지연 현상입니다.

이렇게 해서 이전까지 절대적 개념으로 생각되었던 시간이 상대적 개념으로 바뀝니다. 시간은 누구에게나 똑같이 흐른다는 갈릴레이의 상대성원리에 변화를 주는 것이 불가피해집니다. 대신 빛의 속력이 절대적인 것으로 바뀝니다. 물리학에서는 이처럼 변화하지 않고 늘 일정한 값을 갖는 양을 '보편상수'라고 부르지요. 앞에서 나왔던 만유인력 상수나 다음 장에 나올 플랑크상수 등도 보편상수에 속합니다.

비슷한 방식으로 길이를 측정해볼 수도 있습니다. 움직이는 우주선의 길이를 잴 때 안에 탄 영수와 밖에 정지해 있는 영희의 결과가 달라집니다. 이번에는 영희가 잰 길이가 영수가 잰 길이보다 더 짧습니다. 이것을 '길이수축'이라고 합니다. 이처럼 길이와 시간은 관찰자의 운동 상태에 따라 달라집니다. 관찰자에 관계없이 동일한 것은 물리법칙과 빛의 속력뿐이지요.

갈릴레이와 무엇이 다른가?

그러면 갈릴레이의 이론에서 무엇이 달라져야 할까요? 앞서(156쪽) 소개한 두 수식은 두 사람이 잰 거리와 시간이 어떻게 다른가를 보여주는 결과입니다. 바로 앞에서 '빨간 장미' 비유를 들었더랬죠. 사물에 대해 언어마다 표현이 다르지만 언어 사이에 번역 규칙이 있어 같은 사물임을 알 수 있다고요. 이 경우는 아예 번역 규칙이 달라졌다고 할 수 있습니다. 한 언어를 다른 언어로 번역할 때 일상적이고 표면적인 번역은 쉽습니다. 주어진 규칙대로만 성실히 하면 되니까 의미가 왜곡되거나 사라지는 일은 없을 겁니다. 그러나 좀 더 심층적이고 깊이 있는 글을 번역할 때에는 일상적 번역 규칙에 따르는 것만으로는 의미 전달이 충분하지 않습니다. 깊이에 걸맞은 번역 규칙이 필요하지요. 갈릴레이의 이론을 일상적 번역 규칙이라고 한다면 특수상대성이론은 깊이 있는 번역 규칙이라고 할 수 있습니다.

구체적으로 두 사람의 측정 결과가 어떻게 연관되는지 결과만 보겠습니다. 영희가 측정한 위치와 시간을 X, t라 하고 영수가 측정한 위치와 시간을 X', t'이라 할 때 두 관계는 다음과 같습니다.

$$X' = \frac{X - vt}{\sqrt{1 - \left(\frac{v}{c}\right)^2}} \qquad t' = \frac{t - \frac{Xv}{c^2}}{\sqrt{1 - \left(\frac{v}{c}\right)^2}}$$

좀 복잡하죠? 이 관계를 로렌츠 변환Lorentz transformation이라고 합니다. 이 수식은 많은 것을 말해줍니다. 비교를 위해 앞서 소개한 갈릴레이 변환식을 다시 써보겠습니다.

$$X' = X - vt \qquad t' = t$$

더 복잡해진 것 말고 갈릴레이의 변환과 또 어떤 차이가 있을까요? 수식에 빛의 속력 c가 들어 있습니다. 만일 여기서 c가 초속 30만 킬로미터가 아니라 훨씬 더 커서 아예 무한대(∞)라고 하면 어떻게 될까요? X', t' 모두 분모는 그냥 1이 되어버립니다. $\frac{v}{c} = \frac{v}{\infty} = 0$ 이니까요. 따라서 분모가 없다고 생각하면 되겠죠? 분자의 경우를 볼까요? X'은 바뀔 게 없습니다. 여전히 $X-vt$지요. 그러나 t'의 경우 광속이 무한대일 때(c→∞) t만 남겠죠? 결국 갈릴레이 변환식과 똑같아집니다.

이 사실을 다르게 표현하면 이렇습니다. 갈릴레이 변환식은 빛의 속력이 무한하다고 가정했을 때 나오는 결과입니다. 특수상대성이론은 유한한 빛의 속력을 포함하는 일반적 결과이고요. 갈릴레이 시대에는 실제 경험할 수 있는 속력이 빛의 속력에 비해 너무나도 느리기 때문에 빛의 속력을 무한하다고 볼 수밖에 없었을 겁니다. 그리고 시간이 흘러 아인슈타인은 그 사고의 벽을 뛰어넘었던 것이고요.

이번엔 관찰자의 상대속도 v가 점점 커져서 빛의 속력 c에 근접하면 어떻게 될지 생각해볼까요. X', t' 모두 $\frac{v}{c}$가 점점 1에 가까워지니까 분모가 점점 0에 가까워지는군요. 그러면 전체 값은 무한대로 커집니다. t'이 무한대라는 것은 무엇을 뜻할까요? 시간이 흐르지 않는다는 뜻입니다. 그런데 혹시 상대속도 v가 빛의 속도 c를 넘어서면 어떻게 될지 궁금하지는 않은가요? 이 경우 $\frac{v}{c}>1$가 되어 분모가 음수의 루트 값이 됩니다. 이를 허수라고 하죠. 허수란 제곱해서 음수값을 갖는 수를 말합니다. 수학에서는 허수를 사용할 수 있지만 물리학에서 시간과 공간은 허수가 될 수 없습니다. 무한대도 마찬가지입니다. 수학에서는 의미가 있지만 실재하는 물리적 공간에서는 도달할 수 없는 개념입니다. 결국 어떤 속력도 빛의 속력과 같거나 넘어설 수 없음을 알 수 있습니다. 최대한으로 빨라봐야 빛의 속력에 근접할 따름이죠.

3차원 공간에서
4차원 시공간으로

또 하나 생각해볼 게 있습니다. 상대성이론은 빛과 관련해서만 성립하는 특수한 이론일까요? 그렇지 않습니다. 우주선 안의 영수가 했던 실험에서 빛이 출발할 때 '똑' 그리고 도착할 때 '딱' 소리를 내도록 했다고 해보죠. 두 사람은 광선을 보지 않고 '똑'과 '딱' 사이의 시간만을 측정합니다. 이 경우 역시 두 사람의 결과는 달라집니다. 하나의 '똑', '딱' 현상이 두 사람에게 달리 느껴지는 겁니다. 특수상대성이론에 따르면 빛과는 관계없이 상대적으로 일정한 속도로 움직이는 두 관찰자에게 시간은 다르게 흐릅니다. 다시 말해 빛에 한정된 것이 아니라 시간과 공간에 관한 일반적 이론입니다. 로렌츠 변환식을 다시 한 번 써보겠습니다.

$$X'=\frac{X-vt}{\sqrt{1-\left(\frac{v}{c}\right)^2}} \qquad t'=\frac{t-\frac{Xv}{c^2}}{\sqrt{1-\left(\frac{v}{c}\right)^2}}$$

수식을 보면 영수의 공간(X')은 영희의 시간(t)과 공간(X) 모두에 연관되어 있고, 영수의 시간(t') 역시 영희의 시간(t)과 공간(X) 모두에 연관되어 있습니다. 이처럼 시간과 공간은 서로 변환이 가능한 동등한 존재입니다. 예전에는 이 세계에 대해 공간은 3차원, 과거에서 미래로 흐르는 시간은 1차원적 개념으로 생각했습니다. 시간과 공간을 함께 이야기할 때 3+1차원이라고 하기도 하는데 앞의 3은 공간을, 뒤의 1은 시간을 말하지요. 이 말은 공간과 시간은 서로 다르다는 것을 함축합니다. 그러나 특수상대성이론에 따르면 시간과 공간은 동등합니다. 그래서 4차원 시공간 spacetime이라 부르죠. 수학자 헤르만 민코프스키가 수학적으로 확립했기 때문에 민코프스키 공간이라고도 합니다. 여기서는 공간과 시간을 똑같이 취급합니다. 우리 일상 세계는 빛에 비해 너무나 느리게 흘러가기 때문에 그 사실을 확인하기가 불가능할 뿐입니다.

우리의 속력이 빨라질수록 시간지연과 길이수축 효과는 더욱 커집니다. 로렌츠 변환식을 이용해 구해보면 알 수 있습니다. $v=0.1c$ 그러니까 속력이 광속의 10분의 1일 때(초속 3만 킬로미터) 시간 차이는 0.5퍼센트 정도밖에 안 됩니다. 광속의 절반은 되도록 달려야 그 차이가 약 15퍼센트가 되고, 빛의 속력에 99퍼센트로 근접해 달리면 정지한 시간의 7배 정도 차이가 납니다. 그러니 지금 대략 초속 10킬로미터인 가장 빠른 우주선을 타고 날아도 시간지연 효과는 거의 없다고 봐야죠. 빛의 속력에 가까운 빠른 세계에서나 두드러지게 나타납니다. 따라서 우리가 사는 보통의 세상은 갈릴레이 이론만으로도 충분한 경우가 대부분입니다. 우리가 여전히 갈릴레이-뉴턴의 고전물리학을 더 많이 사용하는 이유가 여기에 있습니다.

사실 아인슈타인 이전의 물리학에서 시간은 그리 중요한 개념이 아니었습니다. 갈릴레이의 상대성원리에서도 드러나듯 시간이란 누구에게나 똑같이 흘러가며 되돌릴 수도 없이 그냥 주어지는 것이니까요. 시간을 공간과 동등하다고 생각할 여지가 없었습니다. 그런데 우리 동아시아에는 공간과 더불어 시간도 중요시하는 전통이 오래전부터 있습니다. 우주는 한자로 宇宙라고 씁니다. 그 풀이는 중국의 고전《회남자》에 다음과 같이 나와 있습니다.

사방과 상하를 일컬어 우라고 하고,

과거와 현재를 일컬어 주라고 한다.[23]

우宇는 공간을, 주宙는 시간을 말합니다. 영어로 우주는 universe입니다. 유일한 세계라는 뜻이겠지요. 시간에 대한 의미는 담고 있지 않습니다. 사철이 뚜렷한 농경 문화를 가진 동아시아 전통과 온난한 지중해 연안의 그리스 전통의 차이가 아닐까 생각합니다. '철부지'라는 말이 있죠? 철이란 곧 시간을 의미합니다. 철을 모르는 사람, 즉 철에 맞지 않게 행동하는 사람을 가리키지요. 농사에서 시간은 매우 중요합니다. 이때의 시간은 시, 분, 초로 늘 일정하게 주어지는 기계적인 것이 아닙니다. 작물은 시간과의 상호 연관 속에서 자랍니다. 철에 따라 피고 지니까요. 작물을 심고 관리하고 추수할 때를 놓치면 농사를 망칩니다. 그 정확한 때는 시계가 가리키는 시간이 아니라 작물의 상태와 기후에 따라 달라지므로 늘 작물을 잘 관찰해야 때를 놓치지 않습니다.

세상에서 가장 유명한 공식

앞에서 뉴턴의 운동법칙과 더불어 보존법칙에 대해 이야기했죠? 질량과 속도의 곱인 운동량은 외부에서 다른 힘이 작용하지 않는 한 보존된다고요. 두 당구공의 충돌 전 총운동량은 충돌 후에도 변하지 않습니다. 운동에너지와 잠재에너지의 합(역학적에너지라고 부릅니다)도 마찬가지입니다. 여기서 보존이란 시간이 지나도 그 양이 변하지 않음을 의미합니다.

앞에서처럼 한 사람은 정지해 있고 또 다른 사람은 일정한 속도로 운동하는 두 관찰자가 있습니다. 이들 모두에게 당구공의 운동량과 에너지는 보존될까요? 분명히 측정 속도가 다르니까 운동량, 에너지도 달라질 텐데요. 당구공의 질량을 m이라고 해보죠. 갈릴레이의 이론에서처럼 두 관찰자에게 시간이 똑같이 흐를 경우 운동량 $p=mv$, 운동에너지 $K=\frac{1}{2}mv^2$으로 정의하면 두 사람 모두에게 보존법칙은 만족합니다. 그러나 특수상대성이론에 의해 두 관찰자의 시간이 다르게 가면 위의 두 정의만으로는 보존법칙이 성립하지 않습니다. 정의를 바꾸어야 합니다. 운동량은 다음과 같이 바뀝니다.

$$p=\frac{mv}{\sqrt{1-\left(\frac{v}{c}\right)^2}}$$

이 결과는 무엇을 의미할까요? 당구공이 빛의 속력으로 운동하면 분모가 0이 되어 당구공의 운동량은 무한대가 됩니다. 이 말은 결국 어떤 물체든지 빛의 속력으로 운동할 수 없다는 뜻입니다.

에너지의 경우 원래의 운동에너지에다가 또 다른 에너지를 하나 더해야 보존법칙을 만족합니다. 그 에너지는 다음과 같습니다.

$$E=mc^2$$

많이 본 수식이죠? 이 에너지는 질량과만 관계있습니다. 빛의 속력은 정해져 있는 보편상수니까요. 이 식의 의미는 질량이 m인 물체는 mc^2만큼의 에너지를 가지고 있다는 뜻입니다. 이 물체가 질량을 가진 형태로 존재할 때는 에너지가 갇혀 있어서 드러나지 않지만 어떤 이유에서 형태가 사라지면 그만큼의 에너지로 드러납니다. 이 수식의 궁극적 의미는 무엇일까요? 질량과 에너지는 완전히 같다는 말입니다. 물질과 에너지의 통합이라 할 수 있습니다. 특수상대성이론에서 시간과 공간을 통합한 데 이은 두 번째 통합입니다.

바로 이 원리에 따라 핵에너지가 등장합니다. 우라늄 같은 무거운 원소의 핵을 깨뜨리면 깨지기 전보다 질량이 줄어들죠. 질량의 일부가 사라진 겁니다. 그 사라진 만큼의 양을 질량결손이라 하고, 그만큼의 결손이 에너지로 바뀝니다. 아주 작은 결손이 생겨도 빛의 속력의 제곱을 곱해야 하기 때문에 바뀐 에너지는 매우 큰 값이 됩니다. 핵무기가 인류 역사상 어느 무기보다 파괴력 있는 이유이기도 합니다.

일반상대성이론을 만들어낸 가장 즐거운 상상

특수상대성이론을 마무리한 뒤 아인슈타인의 물음은 뉴턴의 만유인력 법칙으로 향했습니다. 만유인력은 힘이므로 가속도가 포함되는데 특수상대성이론은 일정한 속력, 다시 말해 속력이 변하지 않고 일정하게(가속도가 0인 경우) 상대운동을 하는 두 관찰자의 경우에만 적용됩니다. 하지만 세상에 속력이 일정한 운동만 있던가요? 따라서 이를 일반화할 필요가 있었습니다. 즉 서로 일정하지 않은 속도로 상대운동(가속운동)하는 두 관찰자의 경우로 확장하고자 한 겁니다. 이것은 매우 어려운 작업이었습니다. 이에 비하면 특수상대성이론은 어린애 장난에 불과했죠. 하지만 아인슈타인은 천재답게 기발한 사고실험으로 그 단초를 마련합니다.

그 즐거운 상상을 시작해볼까요? 우리는 모두 무게를 가지고 있습니다. 무게란 지구가 우리를 당기는 힘과 같죠. 그 힘은 우리가 저울 위에 올라설 때 눈금으로 나타납니다. 그것이 바로 나의 무게입니다. 이제 엘리베이터를 탔다고 상상해볼까요. 엘리베이터 바닥에 고정된 저울이 있어서 한번 올라가봅니다. 정지한 엘리베이터가 위로 움직이기 시작하면 저울은 어떻게 변할까요? 정지해 있을 때는 원래 내 무게를 가리킵니다. 그러다 엘리베이터가 움직이면 속도가 증가하므로(가속도) 저울의 눈금은 원래 내 무게보다 큰 값을 가리킵니다. 무게는 중력 곧 힘을 가리키고 힘은 곧 가속도이기 때문입니다. $F=ma$라는 수식을 기억하시죠? 다들 엘리베이터가 출발할 때 몸이 무거워진다는 느낌을 받은 적이 있을 겁니다.

출발한 뒤 어느 정도 시간이 지나면 엘리베이터는 일정한 속력으로 운동하므로 특수상대성이론이 적용되겠죠. 가속도가 0인 상태이므로 정지한 경우와 완전히 똑같습니다. 저울은 원래의 무게를 가리킵니다. 이제 엘리베이터가 도착 층에 다가갑니다. 속력이 줄어들면서 저울의 바늘은 출발할 때와 반대로 원래 무게보다 작은 값을 가리킵니다. 내 몸이 가벼워지는 거죠. 엘리베이터가 내려갈 때는 이 과정이 정반대로 나타납니다. 그런데 만약 엘리베이터의 줄이 끊어져 그냥 떨어진다면 어떻게 될까요? 저울의 눈금은 0을 가리킵니다. 줄거나 느는 정도가 아니라 아예 무게가 없어지는 거죠. 즉 무중력상태가 되는 겁니다.

이제 중력이 없는 우주 공간에 엘리베이터가 있다고 가정해보죠. 나는 그 안에서 저울로 몸무게를 재고 있습니다. 이곳은 중력이 없으니 무게도 없습니다. 어느 쪽에서도 잡아당기지 않으니 저울의 눈금은 0을 가리킵니다. 사실 위아래가 없는 상황이죠. 무게가 없으니까 지구에서 아래로 떨어지는 상황과 완전히 똑같습니다. 그럼 지구에서 정지해 있을 때처럼 내 몸무게를 회복하려면 어떻게 해야 할까요? 엘리베이터에 엔진을 달아 머리 쪽 방향으로 가속시키면 됩니다. 얼마만큼 가속해야 할까요?

지구상에서 물체를 떨어뜨리면 가속도가 생깁니다. 중력가속도라고 부르죠. 그 크기는 9.8m/s²입니다. 이 가속도만큼 가속되는 엘리베이터 안에서 몸무게를 재야 저울은 정확히 지구에서와 똑같은 내 무게를 가리킵니다. 엘리베이터에 가속이 생기면서 중력이 생기는 겁니다. 힘이 곧 가속도이죠? 가속되는 엘리베이터는 지구의 상황과 모든 것이 똑같습니다. 물체도 떨어집니다. 물론 엘리베이터의 바닥이 올라오는 것이지만. 몸을 일으킬 때도 지구에서처럼 힘을 주어야 합니다.

중력이 있는 지구 위에 정지해 있는 것과 무중력 공간에서 9.8m/s²의 가속도로 가속운동하는 엘리베이터 안에 있는 것은 모든 것이 동일합니다. 이를 등가원리equivalence principle라고 합니다. 중력의 효과는 본래적으로 가속도의 효과와 같으며, 특수상대성이론의 전제, 즉 정지한 관찰자와 일정한 속력으로 움직이는 관찰자는 구분할 수 없다는 전제를 일반화한 것이지요. 아인슈타인은 이 원리를 구상하면서 인생에서 가장 행복한 상상이라고 했습니다. 특수상대성이론을 넘어 일반상대성이론으로 가는 돌파구를 찾았기 때문이지요.

그러면 이제 무중력 공간의 가속하는 엘리베이터 안에서 일어나는 모든 현상이 지구에서도 똑같이 일어나야 합니다. 빛의 경우를 생각해보죠. 중력이 없는 공간에서 직진하는 빛은 엘리베이터 안에서 어떻게 운동할까요? 그림 4-6에서처럼 엘리베이터 옆에서 레이저를 비춥니다. 엘리베

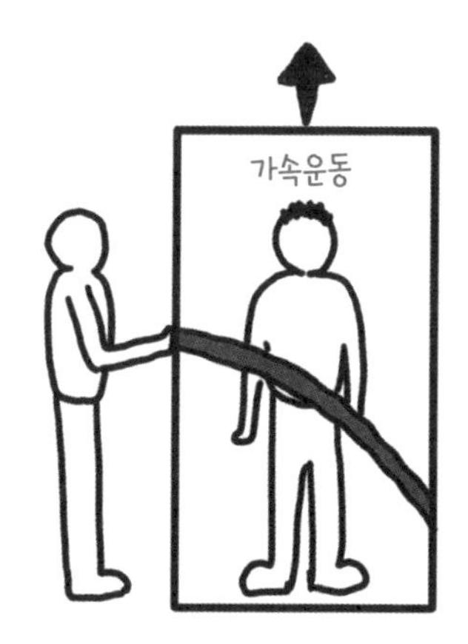

4-6 엘리베이터 안에서 관찰할 수 있는 빛의 경로

이터가 정지해 있으면 빛은 그대로 직진합니다. 그런데 엘리베이터가 가속하고 있으면 오른쪽 그림처럼 안에 있는 관찰자가 볼 때 가속되는 방향의 반대쪽(발쪽)으로 빛이 휘어집니다. 가속도가 클수록 더 많이 휘겠죠? 등가원리에 의해 지구에서도 똑같은 일이 일어나야 합니다. 지구를 스쳐 직진하는 빛을 지구에서 보면 지구 쪽으로 휘어져야 합니다. 물론 지구는 중력이 크지 않아 휘어지는 정도가 매우 작을 겁니다. 태양처럼 중력이 훨씬 센 천체에서는 그 효과가 커지겠죠. 빛은 중력에 의해 휘어집니다. 그리고 빛이 아닌 모든 물체에도 똑같이 적용됩니다.

여기서 이런 의문이 들 수 있습니다. 빛이 질량을 가지고 있다면 뉴턴의 만유인력이 작용하기 때문에 휘어진다고 볼 수도 있지 않을까? 만유인력은 질량을 가진 두 물체 사이에 작용하는 힘이니까요. 그러나 빛은 질량을 갖고 있지 않습니다. 특수상대성이론에 따르면 질량이 있는 물체는 절대로 빛의 속력으로 달릴 수 없습니다. 빛의 속력에 가까이 갈 수는 있지만요. 정확히 질량이 0인 것만 정확히 빛의 속력으로 이동합니다. 그러면 어떻게 질량이 0인 빛이 휘어지는 걸까요? 만유인력으로 설명할 수 없는 빛의 운동은 아인슈타인에게도 매우 어려운 문제였습니다.

시공간은
평평하지 않다

빛은 한 지점에서 다른 지점으로 갈 때 최단 경로를 택합니다. 물론 파동처럼 퍼져나갈 때도 있지만 레이저처럼 집속된 빛은 반드시 가장 짧은 거리를 택합니다. 즉 직진합니다. 그런데 좀 이상하죠? 늘 직진한다는 빛이 왜 휘어지는 것으로 보일까요?

아인슈타인은 수학자인 친구 마르셀 그로스만으로부터 새로운 기하학에 대한 정보를 듣게 됩니다. 우리가 어릴 때부터 배워온 기하학은 유클리드기하학으로 공간이 평평하다는 가정 아래 세워진 이론입니다. 유클리드기하학에서 평평한 종이에 찍힌 두 점 사이의 최단 거리는 직선입니다. 빛도 이 직선을 따라 이동합니다. 삼각형을 그리고 세 각을 재보면 그 합은 180도가 됩니다. 원을 그리고 원둘레와 지름의 비를 구하면 π(3.14)가 나옵니다. 이 모두가 공간이 평평할 때 만족합니다.

그러나 수학자들은 이미 19세기부터 평평하지 않은 공간에 관한 새로운 기하학을 생각했습니다. 불현듯 자연현상과는 상관없이 무한한 자유와 상상력을 동원할 수 있는 학문이 수학이라는 생각이 드는군요. 아인슈타인의 활약이 절정에 오른 1918년, 정신병원에서 외롭게 사망한 한 천재

두 점 사이의 최단거리는
직선이 아니라 측지선이다.

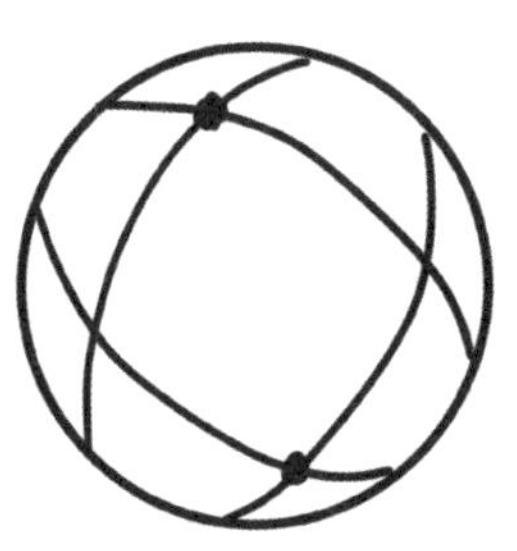
평행선은
존재할 수 없다.

삼각형의 내각의 합은
180도보다 크다.

4-7 구면기하학의 여러 가지 특성

수학자의 말이 생각납니다. 게오르크 칸토어는 자신의 무한집합 이론을 비판하는 다른 수학자들에게 "수학의 본질은 자유에 있다"고 일갈합니다.

아무튼 수학에서는 전통적인 평평한 공간과는 성질이 다른 두 공간에 대한 기하학이 이미 정립되어 있었습니다. 이들을 통틀어 비유클리드기하학이라고 합니다. 굉장히 이상하고 상상을 초월한 공간일 것 같지만 사실 매우 친숙한 곳입니다. 그중 하나가 구면기하학입니다. 평면이 아니라 지구 표면과 같은 구면에서의 기하학입니다(나머지 하나는 말안장과 같은 곳에서의 쌍곡기하학이죠.). 그림 4-7에서처럼 구면상에서는 최단 거리가 직선이 아니죠? 구부러진 선입니다. 측지선Geodesic이라고도 합니다. 따라서 평행선을 그릴 수도 없습니다. 측지선은 결국 만나게 되니까요. 구면 위에 삼각형을 그리면 내각의 합이 항상 180도보다 큽니다. 적도에서 생기는 두 각도만 해도 180도니까 북극에서 생기는 각도만큼 더 큰 값이 됩니다. 구면 위에 원을 그리면 평면보다 지름이 더 길어지므로 원둘레와 지름의 비는 π보다 작아지고요. 새로운 기하학을 접한 아인슈타인은 질량이 없는 빛이 휘어지는 현상을 설명할 실마리를 잡습니다. 만유인력이 평평했던 시공간을 휘어지게 하는 것은 아닌가 생각한 거죠.

중력이란
시공간의 구부러짐

아인슈타인은 10년에 걸친 노력 끝에 1915년 최종 결론을 발표합니다. 바로 일반상대성이론이지요. 이것은 서로 상대적으로 가속운동하는 두 관찰자 사이에 적용되는 이론입니다. 이때 가속되는 관찰자에게 보이는, 빛의 궤도가 휘어지는 현상은 중력을 받고 있는 관찰자에게도 동일하게 나타나야 하며(등가원리), 이는 중력이 (질량을 가진 물체 주변의) 시공간을 구부러지게 함을 의미합니다. 최종 결과를 아인슈타인의 장방정식이라고 부르며 그 모양은 다음과 같습니다. 좀 무시무시해 보이나요?

$$G_{\alpha\beta}=\frac{8\pi G}{c^4}T_{\alpha\beta}$$

여기서 α와 β는 1, 2, 3, 4 중 하나입니다. 이 숫자가 무엇인지 짐작이 가나요? 4차원 시공간을 나타내는 첨자입니다. 아주 간단하죠? 물론 담긴 의미는 다양하지만 수식은 매우 간결합니다. 그래서 아름다운 이론이라고들 칭송합니다. 먼저 왼쪽 변의 $G_{\alpha\beta}$는 아인슈타인 텐서라는 것으로 시공간이 구부러진 정도를 나타냅니다. 오른쪽 변에 있는 G는 만유인력 법칙에 등장하는 보편상수인 만유인력 상수입니다. c는 빛의 속력이고요.

마지막 $T_{\alpha\beta}$는 에너지-스트레스 텐서라는 것으로 물체의 질량과 에너지에 관계된 양을 표현합니다. 이 방정식이 뜻하는 것은 질량(에너지)이 시공간의 구부러짐을 결정한다는 것입니다. 물론 거꾸로 시공간의 구부러짐이 물체의 질량(에너지)을 결정하기도 하고요. 또한 뉴턴의 만유인력 법칙과도 뚜렷한 연관성을 보여줍니다. 중력이 약하다고 가정하고 아인슈타인 장방정식에 적절하게 수정을 가하면 뉴턴의 만유인력 법칙과 정확히 일치합니다. 즉 관련성이 있는 정도가 아니라 뉴턴의 만유인력 법칙은 아인슈타인 방정식의 특별한 경우에 해당하는 셈이죠.

일반상대성이론에 따르면 우리가 지구상에서 흔히 볼 수 있는 현상인 공이 포물선 운동을 하는 것이나 사과가 나무에서 떨어지는 것 그리고 달이 지구 주위를 공전하는 것 등은 공과 사과와 달이 지구가 구부린 시공간을 따라 이동하는 것입니다. 지구가 태양 주위를 공전하는 것도 마찬가지입니다. 태양이 만든 구부러진 시공간을 지구는 그냥 따라가는 것이라 할 수 있습니다. 질량이 없는 빛도 마찬가지입니다. 중력이 없는 공간에서는 직진하지만 태양과 같은 거대한 천체를 지날 때는 천체가 구부린 시공간을 따라 이동하게 됩니다. 자신은 직진한다고 하지만 공간 자체가 구부러져 있으니 휘어져 이동하는 것이죠.

일식이 보여준 드라마틱한 중력

일반상대성이론에 따르면 태양 옆을 지나는 별빛은 태양이 구부러뜨린 시공간을 지나며 휘어집니다. 그런데 이론이 완성되려면 진짜 그런지 검증이 필요하겠죠? 아인슈타인은 별빛이 얼마나 휘어질지 그 각도까지 정확히 계산할 수 있었지만 실험으로 검증하는 것이 쉬운 문제는 아니었습니다. 태양이 너무 밝아 태양 뒤로 멀리 떨어진 별에서 오는 빛을 실제 볼 수가 없었거든요. 그러나 방법이 없는 것은 아니지요. 개기일식을 기다리면 됩니다. 달의 그림자가 태양을 완전히 가리면 태양 옆을 지나는 광선을 볼 수 있게 됩니다.

영국의 천문학자 아서 에딩턴 경이 그 기다림의 주인공입니다. 그는 1919년 5월 29일 일식 때 가려진 태양 뒤에서 오는 별빛을 촬영했습니다. 그리고 실제로도 그 별빛이 원래 위치에서 약간 이동해 있음을 확인했습니다. 아인슈타인의 예상과 정확히 일치한 것이죠. 오랫동안 중력 이론의 왕좌를 지키던 뉴턴의 만유인력 법칙은 일반상대성이론에 그 자리를 내주고 맙니다. 인류의 오랜 상식이 또 한 번 무너진 것이죠. 《타임》을 비롯한 유수의 언론들이 이 결과를 대서특필했습니다. 절대적 존재였던 뉴턴이 무너졌다는 소식을 말입니다.

일반상대성이론을 검증한 계기는 또 있습니다. 2장 말미에서 소개했던, 과학자들을 골치 아프게 만든 수성의 세차운동을 기억하시나요? 수성의 궤도는 세차운동 때문에 태양에 가장 가까이 근접하는 위치인 근일점이 조금씩 변한다고 했죠? 그 차이가 태양을 기준으로 잰 각도로 표시하면 100년에 574초입니다. 그런데 뉴턴의 만유인력 법칙으로 계산하면 그 값에 43초가 모자란 결과가 나왔습니다. 매우 작은 오차라고 생각할 수도 있지만 명확한 질서를 보여주는 천체의 세계에서는 결코 작은 차이가 아닙니다. 일반상대성이론은 이 차이 역시 명쾌하게 해결합니다.

그런데 여기서 더 생각해볼 부분이 있습니다. 천왕성 역시 만유인력 법칙으로 계산할 때 궤도가 잘 맞지 않았습니다. 하지만 수성과는 다르게 만유인력 법칙을 포기하지 않은 덕분에 해왕성의 발견으로 이어질 수 있었죠. 차이는 어디서 온 것일까요? 수성은 태양에 매우 가깝기 때문입니다. 뉴턴의 만유인력 법칙은 중력이 크지 않은 곳에서는 매우 잘 맞는 이론입니다. 천왕성은 태양에서 멀리 떨어져 있어 태양 중력의 영향이 약하기 때문에 만유인력 법칙으로 궤도운동을 잘 설명할 수 있습니다. 물론 상대성이론을 적용해도 잘 맞지만 더 간단한 만유인력 법칙을 두고 구태여 복잡한 일반상대성이론을 적용할 필요는 없겠죠. 두 이론이 차이가 없으니까요. 반면에 수성의 경우는 다릅니다. 태양과 매우 가까워 태양 중력의 영향이 강합니다. 이런 경우에는 만유인력 법칙이 맞지 않습니다. 이 사실을 수성의 근일점 변화를 통해 확인하게 된 거죠. 결국 일반상대성이론은 상대적으로 중력이 매우 강한 곳에서 꼭 필요한 이론입니다. 그렇지 않은 곳에서는 만유인력 법칙만으로도 충분합니다.

지금까지 일반상대성이론의 성립과 검증 과정에 대해 살펴봤습니다. 특수상대성이론에서 이루어진 시간-공간, 질량-에너지의 통합에 이어서 일반상대성이론에서는 시공간과 질량-에너지가 결국 하나의 방정식(장방정식)으로 통합됩니다. 우주의 시간과 공간은 철학자 칸트의 표현에 따르면 모든 경험에 앞서 선험적으로 존재하며 우리가 세계를 인식하는 감성적 틀을 제공합니다. 칸트는 철저한 뉴턴주의자였지요. 물질이 존재하기 이전에 시공간이 주어져 있다고 보았습니다. 그러나 일반상대성이론에서는 시공간조차도 질량과 에너지에 따라 달라집니다. 우주는 시공간과 질량 그리고 에너지의 역동적인 상호작용으로 어우러진 세계입니다. 무대로서 시공간이 아니라 배우들과 함께 변화하는 시공간인 겁니다.

쪼그라드는 우주는 용납할 수 없다!

새로운 중력 이론을 전체 우주로 확장하면 어떻게 될까요. 무거운 천체 주변의 시공간은 구부러지는데 우주 전체의 모습은 어떨지 궁금합니다. 방정식을 얻었으니 이제 열심히 풀어서 그 답이 말하는 의미를 살펴볼까요.

아인슈타인은 안정된 우주를 기대했습니다. 우주에 존재하는 모든 천체들이 시공간과 조화를 이루어 팽창하지도 수축하지도 않는 우주를 말입니다. 아직 우주팽창설이 등장하기 전이라 우주는 언제나 변함없는 정적인 세계였습니다. 그런데 아인슈타인에게 고민이 생깁니다. 장방정식을 들여다보면 천체들끼리 서로 잡아당기기만 하니 우주 전체가 쪼그라들어 사라져버릴 것만 같았습니다. 아인슈타인은 이 참사를 막기 위해 서로 잡아당기며 우주가 쪼그라드는 것을 막고 시공간을 밀어내는 효과를 주는 상수(Λ, 람다라고 읽습니다)를 하나 방정식에 추가합니다.

$$G_{\alpha\beta} + \Lambda g_{\alpha\beta} = \frac{8\pi G}{c^4} T_{\alpha\beta}$$

방정식에서 Λ를 우주상수cosmological constant라고 하고, $g_{\alpha\beta}$는 시공간의 여러 방향의 관계를 행렬로 나타낸 것입니다. 우주상수는 결정적 증거가 있는 항이 아닙니다. 아인슈타인이 임의로 추가해 넣은 항이죠. 우주가 정적이어야 한다는 그의 고정관념이 초래한, 어찌 보면 막무가내의 행동이었습니다. 이로써 아인슈타인 방정식은 매우 정교하고 엄밀한 이론에서 임의성을 지닌 이론으로 지위가 떨어지고 맙니다. 아인슈타인은 물리학 역사에서 그 누구도 엄두를 내지 못한 위대한 과학혁명을 두 차례나 이루어냈지만 자신의 방정식에 담긴 우주에 관한 신비로운 이야기를 발견하지 못한 채 자신의 고정관념대로 방정식을 바꿔버립니다.

한편에서는 새로운 세대의 참신한 도전이 창시자 아인슈타인을 넘어서 새로운 세계를 열어젖힙니다. 그들은 러시아의 전투기 조종사로 제1차 세계대전에 참전한 알렉산드르 프리드만이나 교황청 과학원장까지 오른 성직자이자 과학자인 조르주 르메트르 같은 특이한 과학자들이었습니다. 프리드만과 르메트르는 각기 아인슈타인의 장방정식을 집요하게 공략하면서 우주의 미래가 다양한 가능성을 가지고 있음을 발견합니다. 우주는 아인슈타인의 고정관념처럼 정지해 있는 것이 아니라 수축하거나 팽창할 수 있다는 사실을요. 사실 우주상수의 도입은 그리 필요하지 않았던 겁니다. 처음에 아인슈타인은 이 새로운 생각을 받아들이지 않고 "당신의 계산은 옳지만 당신의 물리학은 형편없소"라며 혹평했다고 합니다.[24] 권위를 쥐고 있던 아인슈타인의 이러한 평가 때문에 르메트르의 이론은 묻혀버립니다.

우주는
팽창한다

르메트르가 한창 아인슈타인의 장방정식에 몰두하고 있을 무렵 천문학에서는 현재 우주가 팽창하고 있다는 증거들이 조심스럽게 나오고 있었습니다. 에드윈 허블이라는 과학자에 대해 들어보셨지요? 우주를 훨씬 크게 확장한 천문학자입니다. 허블은 우주에는 우리 은하만 있는 것이 아님을 밝혀냅니다. 이전까지는 우리 은하 내의 성운(별구름)으로 생각했던 안드로메다가 우리와 약 100만 광년 이상 떨어져 있음을 알아냅니다.

허블은 도플러 효과Doppler effect라는 현상을 이용해 많은 은하들이 우리에게서 멀어지고 있으며 멀리 있을수록 멀어지는 속도가 빨라진다는 획기적인 사실도 알아냅니다. 상상도 못한 일이었지요. 밤하늘에 반짝이는 은하들이 우리에게서 점점 멀어지고 있다니요. 그렇게 보이나요? 그냥 그 자리에서 빛나는 것처럼 보이지 않나요? 허블은 많은 은하들을 측정해 그 거리와 멀어지는 속력의 관계를 찾아냅니다. 결론은 먼 은하일수록 그 멀어지는 속력이 크다는 겁니다. 이를 토대로 르메트르는 우주는 최초에 매우 작은 크기에서부터 시작해 지금까지 팽창하고 있다고 주장하기에 이릅니다. 결국 아인슈타인은 허블의 관찰이 튼튼히 뒷받침해준 르메트르의 혁명적 사고를 받아들일 수밖에 없었습니다. 이에 따라 르메트르의 명성도 높아지죠.

우주가 팽창한다는 사실이 밝혀진 뒤 아인슈타인은 자신이 도입한 우주상수에 대해 "일생에서 가장 후회스러운 일"이라 평가하며 우주상수를 포기합니다. 또 친구에게 이런 말도 했다고 하네요. "내가 중력 이론에 저지른 짓은 나를 정신병원에 가둘 이유로 충분한 듯하네."[25]

상대성이론은 아인슈타인에 의해 장방정식이라는 형식으로 완결된 것처럼 보였지만 방정식이 담고 있는 의미는 그 이상이었습니다. 르메트르 같은 과학자들은 고정관념에 사로잡힌 아인슈타인의 한계를 넘어 과감히 상상하고 사고함으로써 후속 혁명을 일궈냅니다. 보수적 기성세대에 맞서 젊은 개혁파 세대가 이루어낸 승리라고 해야 할까요? 그 싸움에서는 누구도 피를 흘리지 않았습니다. 아인슈타인은 기꺼이 르메트르의 생각을 수용했습니다. 반면에 아인슈타인은 또 다른 영역에서 훨씬 더 급진적인 생각을 펼쳤던 양자물리학자들은 받아들이지 못했습니다. 이 이야기는 다음 장에서 살펴보겠습니다.

결국 우주는 태초의 작고 엄청나게 뜨거운 점이 대폭발을 일으킴으로써 시작했다는 빅뱅big bang 이론이 등장했고, 물리학자 조지 가모프는 그 증거로 우주의 모든 곳에 마이크로파가 퍼져 있을 것이라 예측합니다. 이것은 현재 우주의 온도가 약 섭씨 영하 270도라는 뜻입니다. 뜨거운 우주가 점점 식어 처음의 전자기 파동이 지금쯤이면 마이크로파로 변했을 것이라는 얘기죠. 앞에서 전자기파인 빛은 주파수에 따라 다양한 종류가 있다고 이야기했지요?(그림 3-6 참조) 온도를 가진 물체라면 그 온도에 따라 다양한 빛을 방출합니다. 태양 정도의 뜨거운 물체라면 주파수가 큰 가시광선을 주로 내고 온도가 섭씨 36도인 우리 몸이나 평균 기온이 섭씨 15도인 지구 같은 물체는 적외선을 주로 방출합니다. 마이크로파는 우리 몸보다 훨씬 차가운 물체에서 나오는 빛입니다. 이 광선은 '배경복사'라고 부르는데 빅뱅 당시에 존재했던 빛이 팽창하고 식어가는 우주에 퍼져 '식은 빛'으로 남아 있는 겁니다. 배경복사는 빅뱅 이론의 결정적 증거가 될 수 있습니다. 1965년 아노 펜지어스와 로버트 윌슨은 에코 위성에서 반사된 전파를 측정하다가 예상치 않게 잡음과 같은 전파를 발견합니다. 그런데 이 전파는 어떤 특정한 곳이 아니라 하늘의 모든 방향에서 오고 있었습니다. 둘은 이 전파를 정밀하게 분석하여 이 잡음이 바로 빅뱅의 증거, 배경복사임을 확인합니다.

흥미롭게도 최근 매우 정밀하게 관측한 자료에 따르면 허블이 관측한 결과와 달리 우주는 가속팽창하고 있습니다. 서로 중력으로 잡아당겨도 모자랄 판에 팽창이라뇨. 이는 우주가 가속팽창하도록 하는 미지의 에너지가 있다는 뜻입니다. 이를 암흑에너지라고 부릅니다. '암흑'이란 아직 그 정체를 알지 못하는 에너지라는 뜻에서 붙인 이름입니다. 많은 사람들이 혹시 아인슈타인이 자신의 방정식에 넣었다가 실수라면서 다시 없앤 우주상수 Λ가 암흑에너지는 아닐까 생각하고 있습니다.

죽음의 별
블랙홀

이번에는 아인슈타인의 방정식을 우주 전체가 아닌 별에 적용해 풀어볼까요? 별의 탄생과 진화, 죽음까지 세밀하게 알 수 있습니다. 일반상대성이론이 발표되자마자 카를 슈바르츠실트라는 과학자는 아인슈타인의 방정식을 풀면서 충분히 무거운 별 바로 근처에서 일어나는 놀라운 상황을 발견합니다. 계산 결과 이런 곳에서는 시공간이 너무 심하게 왜곡되어 빛도 빠져나가지 못하는 경계가 있을 수 있었습니다. 지금 우리는 그 무거운 천체를 블랙홀black hole이라고 부릅니다. 이 말은 그로부터 50년 후인 1967년 물리학자 존 휠러가 처음 사용했습니다. 그런데 아인슈타인은 역시나 슈바르츠실트가 제시한 블랙홀의 가능성을 격렬히 반대했습니다.

블랙홀의 존재가 지금은 기정사실화되어 있지요. 블랙홀은 태양보다 수십 배 무거운 별이 일생을 마치고 죽을 때 별 내부의 땔감(수소, 헬륨)을 모두 소진하고 자체 중력에 의해 쪼그라든 것을 말합니다. 쪼그라들기 직전에는 중심이 붕괴되면서 폭발하는 단계를 거치는데, 이를 초신성超新星, supernova이라고 하죠. 초신성은 너무나 밝아서 역사적으로 우리나라를 포함해 수많은 곳에서 관측된 기록이 있고, 최근에는 한 해 동안에도 수백 회에 걸쳐 관측된다고 합니다.

폭발한 별은 남은 물질이 쪼그라들며 더 이상 타지 않는 별의 시체가 됩니다. 그런데 그 크기는 작은 데 비해 질량은 너무나 크기 때문에 모든 물질을 빨아들입니다.■ 중력이 너무 세서 급기야 빛까지 붙잡혀 블랙홀이 되는 것이죠.■■ 우리 은하에만 수백만 개의 블랙홀이 있다고 합니다. 우리 은하 중심에 있는 백조자리 X1도 블랙홀이죠. 빠르고 자유로운 우주여행이 언젠가 가능할지 모르겠지만 그때는 눈에 띄지 않는 블랙홀을 조심해야 할 겁니다. 물론 지금으로서는 상상하기 어려운 일이지만요. 얼마 전에 세상을 떠난 물리학자 스티븐 호킹은 1970년대에 흥미로운 주장을 합니다. 블랙홀은 어둡지 않다면서요. 모든 것을 빨아들이고 아무것도 내보내지 못하는 게 블랙홀인데, 어찌된 주장일까요? 호킹에 따르면 아주 작은 입자 같은 물질이 블랙홀의 경계면을 빠져나올 가능성이 있다는 겁니다. 하지만 진실 여부를 일반상대성이론만으로는 입증할 수 없습니다. 블랙홀은 질량이 너무 큰데 비해 크기는 너무 작아 근처의 중력이 상상을 초월할 만큼 큽니다. 앞서 이야기했듯이 이렇게 중력이 큰 곳은 일반상대성이론을 적용해야 하지만, 호킹이 고려한 물질은 거대한 물체가 아니라

■ 만유인력 법칙에 따라 별의 표면에서의 중력은 질량에 비례하고 반지름의 제곱에 반비례합니다. 따라서 질량을 그대로 유지한 채 크기가 줄어들면 반지름이 작아지므로 중력이 커집니다. 반지름이 100배 작아지면 중력은 1만 배가 됩니다.

■■ 모든 초신성의 폭발 후 잔해가 블랙홀이 되는 건 아닙니다. 대략 태양의 다섯 배 이상 크기인 별들에 해당됩니다.

우리가 미시입자라고 부르는 매우 작은 물질입니다. 이 세계를 설명하는 이론은 또 따로 있죠.

20세기에 들어서 물리학자들은 일상적 세계를 매우 잘 설명한 뉴턴 역학이 원자처럼 작은 입자의 세계에서는 전혀 맞지 않는다는 것을 알아냈습니다. 그렇게 해서 눈으로 볼 수 없는 작은 세계를 설명하는 새로운 물리학이 성립합니다. 바로 양자역학quantum mechanics입니다. 일반상대성이론이 발표된 이후로 상대성이론이 물리학계를 주도하는 듯했지만 미시세계를 설명할 새로운 이론이 필요해졌기 때문에 물리학자들은 양자역학이라는 급진적 이론에 집중하게 됩니다. 양자역학을 받아들이지 않았던 아인슈타인은 뒷전으로 밀려 더 이상 별다른 업적을 내놓지 못합니다.

고독한 아인슈타인

아인슈타인은 상대성이론이라는 위대한 혁명을 완수한 뒤로 이렇다 할 성과를 얻지 못합니다. 누가 봐도 성과를 내기 힘든 주제를 선택하고 집중했기 때문입니다. 아인슈타인은 중력이 시공간의 구부러짐이라는 일반상대성이론을 넘어 전자기력과 통합시키는 데 도전했습니다. 우주를 구성하는 또 하나의 힘이 바로 전자기력이지요. 그는 중력과 전자기력을 하나로 통합하여 물리학의 대통합을 이루고자 했습니다. 물론 너무나 어려운 주제였기에 대다수 과학자들은 관심을 갖지 않았고 아인슈타인 역시 성공하지 못하고 눈을 감았습니다.

1905년 누구도 상상하기 힘든 기적의 논문을 쏟아내며 현대물리학을 출발시킨 아인슈타인은 1915년 일반상대성이론을 완성합니다. 거의 혼자 힘으로 인류의 세계관을 근본적으로 바꿔놓지만, 그 이후로는 고정관념에 갇혀 스스로 고독한 과학자의 삶을 살았습니다. 그러나 과학혁명은 1915년에 멈추지 않습니다. 많은 후학들이 일반상대성이론을 든든한 반석 위에 올려놓았으니까요. 지금 우리가 아는 우주는 1915년의 우주와 근본적으로 다릅니다. 상대성이론이라는 거대한 과학혁명을 완성하기 위해 많은 과학자들이 피나는 노력을 한 결과입니다. 이 노력은 다음 과학혁명까지 계속될 것이며 언젠가는 새로운 패러다임에 왕좌를 넘겨줄 테지요. 그것이 일반상대성이론의 실패를 의미하지는 않습니다. 상대성이론의 등장으로 뉴턴 역학이 버려지지 않았듯이 말입니다. 지난 100년간의 노력이 없었다면 새로운 패러다임도 불가능하겠죠?

이제까지 우리 상식과 너무나 거리가 먼, 자연의 진면목을 보여주는 상대성이론을 살펴보았습니다. 다음 장에서는 우리와 더더욱 멀어지는 미시세계의 이론인 양자역학으로 가보겠습니다.

믿기 힘든 이 세계의 실체

네 번째 과학혁명,
현대물리학의 시작

갈릴레이의 상대성원리
모든 관성계는 물리적으로 동일하다!

빛의 속력은 초속 30만 킬로미터라는데,
도대체 기준은 어디에 있을까?

알쏭달쏭한 빛,
아인슈타인의 의문

내가 만일 빛의 속력으로 달리면
빛은 어떻게 보일까?

아인슈타인 특수상대성이론 발표
빛의 속력은 누구에게나 같으며,
서로 상대적으로 등속운동하는 두 관찰자에게
시간은 다르게 흐른다.

동시성의 붕괴
동시에 일어난 것처럼 보이는데
동시에 일어난 게 아니다.

시간지연
정지해 있는 관찰자의 시간이
더 천천히 간다.

길이수축
정지해 있는 관찰자가 잰 길이가 더 짧다.

시간과 공간의 통합
시간은 공간과 동등하며 공간과 더불어
4차원 시공간을 형성한다.

$E = mc^2$
뉴턴 역학의 에너지보존법칙을
특수상대성이론으로 재해석

질량이 곧 에너지다!

특수에서 일반으로
서로 상대적으로 일정하지 않은 속도
(가속운동)로 움직이는 두 관찰자의 경우라면?

물질과 에너지의 통합

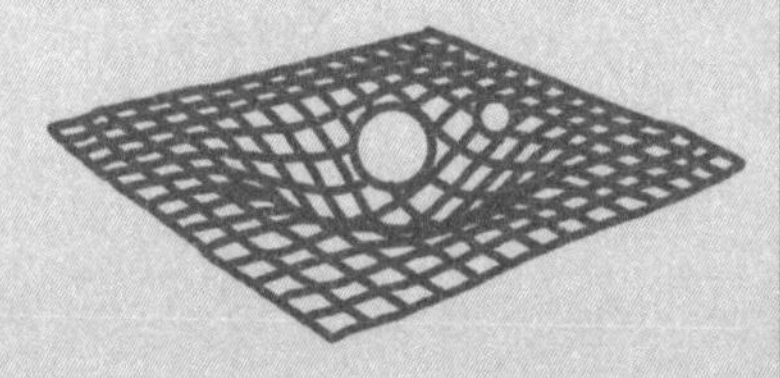

아인슈타인의 삶에서
가장 행복한 상상
중력은 가속도다!

등가원리

등가원리에 따르면
중력 때문에 빛도 휜다. 왜?

열쇠는 구면기하학!
중력은 시공간을 구부러뜨리므로
직진운동하는 빛도 휘어져 보인다.

시간과 공간, 질량과 에너지가 합쳐짐

아인슈타인
일반상대성이론 발표
서로 상대적으로 가속운동하는
두 관찰자 사이의 운동을 설명하며,
질량을 가진 물체 주변의 시공간이
구부러지면서 생기는 현상을 기술

"뉴턴의 만유인력 법칙을 밀어내고
일반상대성이론이 진리의 왕좌에 앉다."

고독한 아인슈타인
누구도 상상할 수 없었던 과학혁명을
이뤄냈으나 고정관념에서
벗어나지 못함

1장 그리스 자연철학

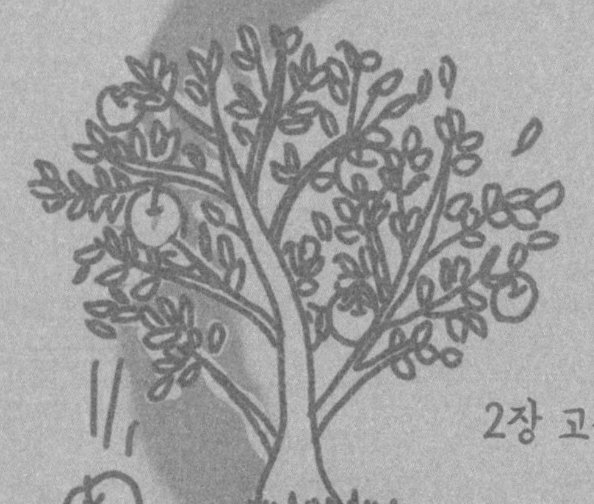

2장 고전 물리학의 시작

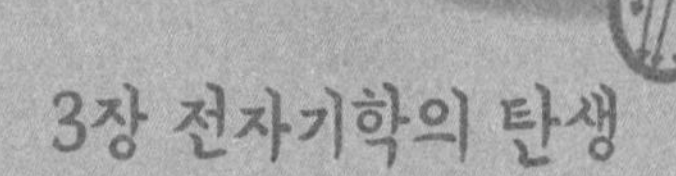

3장 전자기학의 탄생

4장 현대물리학의 시작

5장 이상한 나라의 양자역학

현대물리학의 또 한 축

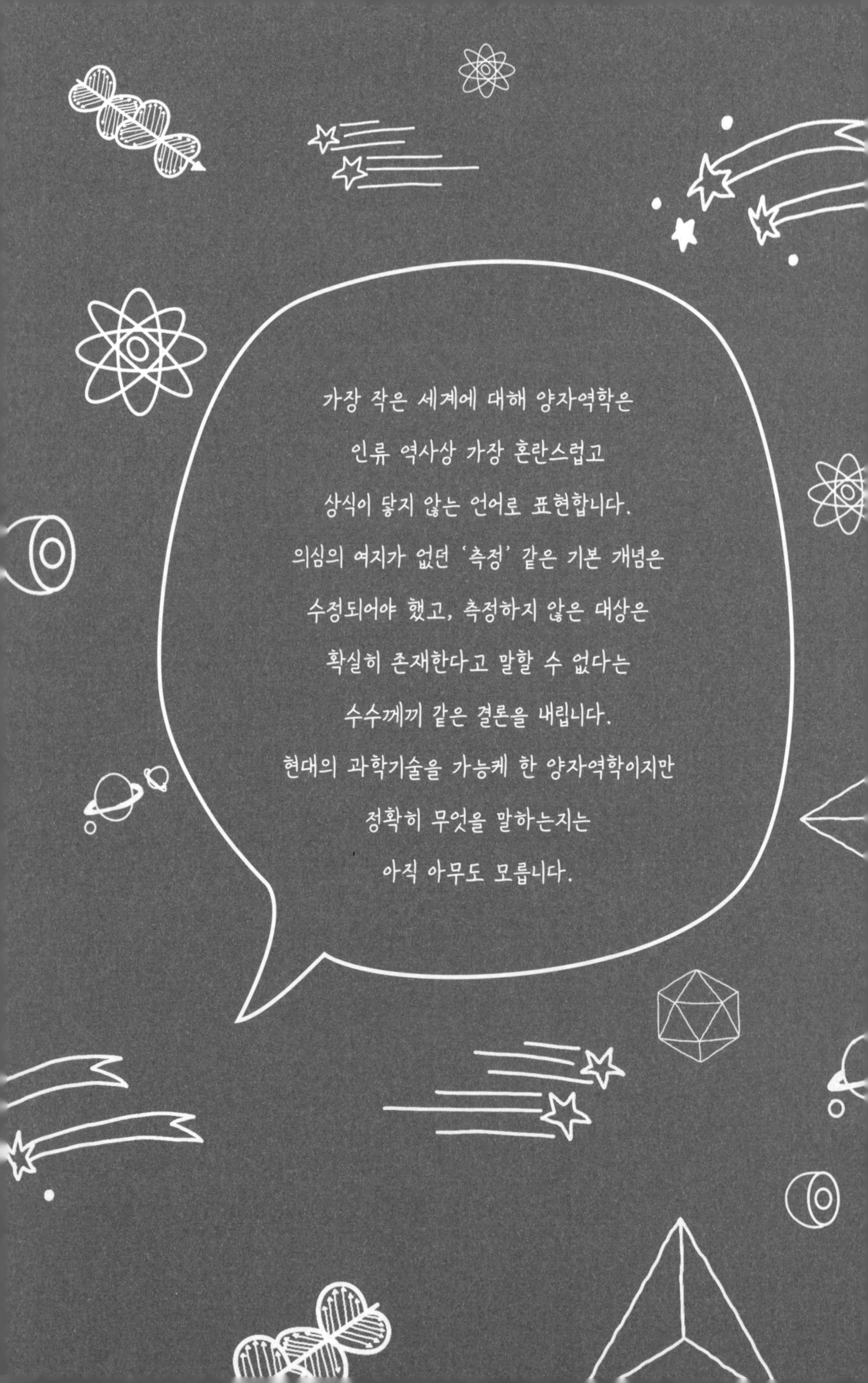
가장 작은 세계에 대해 양자역학은
인류 역사상 가장 혼란스럽고
상식이 닿지 않는 언어로 표현합니다.
의심의 여지가 없던 '측정' 같은 기본 개념은
수정되어야 했고, 측정하지 않은 대상은
확실히 존재한다고 말할 수 없다는
수수께끼 같은 결론을 내립니다.
현대의 과학기술을 가능케 한 양자역학이지만
정확히 무엇을 말하는지는
아직 아무도 모릅니다.

과학의 역사에서, 아니 인류의 역사에서 가장 혼란스럽고 헷갈리는, 그러면서도 가장 본질적인 세계에 대해 이야기할 차례이군요. 바로 크기가 대략 100억 분의 1미터인 원자의 세계입니다. 원자의 작은 크기를 상상하는 것 자체도 쉽지 않습니다. 우리가 맨눈으로 볼 수 있는 가장 작은 크기가 대략 머리카락 굵기나 먼지 정도라고 하는데 약 0.1밀리미터 정도입니다. 0.1밀리미터는 원자 100만 개를 한 줄로 놓았을 때의 길이입니다. 그러니 원자는 얼마나 작은 건가요? 실제로 가장 성능 좋은 현미경으로도 원자를 볼 수는 없습니다. 그야말로 미시微視의 영역이지요. 원자의 크기나 다른 정보들은 직접 관찰해서가 아니라 실험적 탐구와 이론적 추론을 통해 얻어낸 것입니다.

20세기 초 약 30년은 이 작은 세계를 설명하기 위해 이전의 물리학과는 전혀 다른 물리학을 성립시키는 시간이었습니다. 그런데 이 이질적 물리학의 내용은 급진적이다 못해 너무나 황당해서 당시의 내로라하는 과학 천재들도 받아들이지 못했습니다. 바로 양자역학입니다. 일단 이름도 잘 와닿지 않죠? 양자역학의 아버지로 추앙받는 닐스 보어는 "양자역학을 보고 심하게 충격 받지 않는다면 그는 아직 양자역학을 이해하지 못한 것이다"라고 했습니다. 또 이런 말도 했지요. "원자에 대해 말할 수 있는 언어는 시詩뿐인 것이 확실하다." 미국이 낳은 천재 물리학자 리처드 파인만은 "아무도 양자역학을 이해하지 못한다"라고 단언하기까지 했습니다.

이번 장에서는 이 아리송한 양자역학에 대해 이야기하려고 합니다. 어려운 이론 이야기가 아니라 어떤 과정을 거쳐 성립되었는지를 중심으로 살펴보므로 이해하기 벅차지는 않을 겁니다. 그럼 시작해볼까요?

최초의 양자물리학자 플랑크

첫 번째 주인공은 독일의 물리학자 막스 플랑크입니다. 앞서 이야기했다시피 19세기 말 사람들은 고전물리학이 거의 완성되었기 때문에 물리학은 더 이상 할 일이 없다고 생각했습니다. 그래서 플랑크가 물리학을 공부하겠다고 했을 때 주변에서 극구 말렸다고 합니다. 플랑크는 결국 자신의 뜻대로 물리학에 도전했고 최초의 양자물리학자가 되어 노벨상을 받았습니다. 그런데 양자란 게 무엇일까요?

3장 말미에서 정리한 대로 고전물리학이 완성된 듯 보이던 19세기 말에도 약간 골치 아픈 문제들이 남아 있었습니다. 그 가운데 흑체복사black body radiation 문제가 있습니다. 일반적으로 어떤 물체에 빛을 비추면 일부는 반사시키고 나머지는 흡수합니다. 빨간색 물체는 빨간색만 반사시키고 나머지 색은 흡수하죠. '흑체'란 당연히 검은 물체를 말하겠죠? 색깔이 검다는 것은 반사되는 빛이 없다는 뜻입니다. 곧 흑체는 모든 색깔의 빛을 다 흡수하고 반사는 시키지 않는 물체입니다. 그런데 이 물체가 충분히 뜨거워지면 반대의 상황이 발생합니다. 흡수한 모든 색깔의 빛을 다시 방출하기 시작합니다. 요컨대 흑체란 모든 색깔의 빛을 100퍼센트 흡수하고, 충분히 뜨거워지면 흡수한 빛을 100퍼센트 방출하는 물체입니다. 완전히 흑체인 물체는 존재할 수 없겠지만, 대략 흑체에 가까운 것들은 많이 있습니다. '복사'란 물체가 스스로 내는 빛을 말합니다. 따라서 흑체복사란 흑체가 뜨거워져서 모든 색깔의 빛을 방출하는 현상을 가리킵니다. 그런데 문제가 좀 있었습니다.

당시 과학자들은 흑체에서 나오는 복사의 세기를 색깔별로 조사했습니다. 빛의 파장에 따라 그 파장에 해당하는 빛의 세기가 어떻게 되는지를 측정했습니다. 그런데 측정값이 이론값과 매우 달랐습니다. 20세기 직전 맥스웰의 전자기학에 의해 빛이 전자기 파동임이 밝혀졌죠? 물리학자들은 이미 잘 정립된 파동 이론으로 이 실험 결과를 설명하려 했지만 전혀 맞지 않았습니다. 측정값과 이론값의 차이를 보여주는 것이 그림 5-1입니다. 실선이 측정값이고 점선이 파동 이론으로 계산한 이론값입니다. 이론대로라면 파장이 짧은 빛(가시광선에서 보라색 쪽)으로 갈수록 더 밝은 빛이 나와야 하는데, 실제 측정한 결과는 그렇지 않았습니다. 밝기가 어느 정도 높아지다가 다시 낮아집니다. 빛이 파동임이 분명하다면 그림의 점선처럼 나와야 하는데 말이지요.

플랑크는 이론물리학자이기 때문에 어떻게든 실선을 설명하기 위해 기존 이론을 보완하려고 노력했습니다. 그리고 고민 끝에 대략 이렇게 가

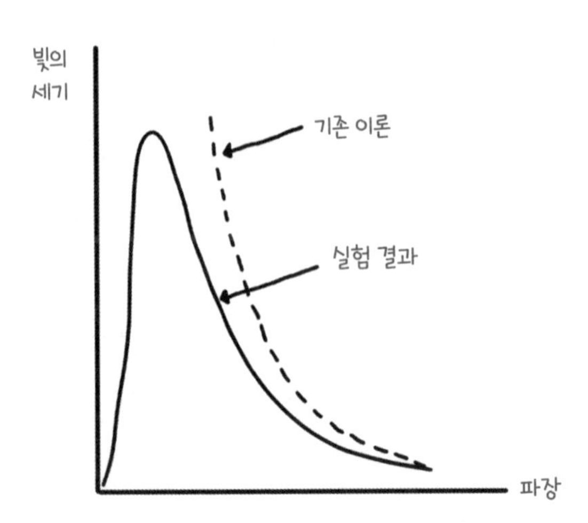

5-1 흑체복사에서 빛의 세기와 파장의 관계

정합니다. 빛은 흑체에서 나올 때 연속적으로 방출되는 게 아니라 불연속적인 에너지 덩어리 형태로 나온다는 다소 '황당한' 가정이었죠. 그리고 그 에너지 덩어리는 다음과 같이 빛의 주파수에 비례한다는 것이었습니다.

$$E = hf$$

여기서 f는 빛의 주파수, 비례상수 h는 플랑크의 이름을 따서 플랑크 상수라고 합니다. 빛의 속력 c와 같은 보편상수이고 값이 $h = 6.6 \times 10^{-34}$Js■

■ 단위 Js는 에너지 단위인 줄J과 시간 단위 초s의 곱을 말합니다.

로 무지무지하게 작습니다. 플랑크상수는 미시세계에서는 중요한 상수이지만 너무나 작아서 거시세계를 다룰 때는 그리 큰 영향을 미치지 못합니다. 고전물리학은 이 상수가 0인 극한적 상황이라고 볼 수 있지요.

그러면 진행할 때는 연속적 파동인 빛이 어떻게 흑체에서 방출될 때는 불연속적인 에너지 덩어리로 나온다는 걸까요? 상식적으로 받아들이기 쉽지 않습니다. 그런데 이렇게 한번 생각해보면 어떨까요? 커다란 물통에서 작은 바가지로 물을 퍼 작은 수로에 계속 부으면 물을 풀 때는 한 바가지씩 나오지만 수로에서는 물이 연속적으로 흐르게 되지 않나요?

플랑크는 이 가정을 토대로 고전적인 파동 이론을 수정해 다시 계산해봤습니다. 그랬더니 이번에야말로 측정값과 일치한 결과가 나왔습니다. 플랑크는 이 결과가 무엇을 의미하는지 잘 몰랐습니다. 하지만 빛에 대한 새로운 이해가 필요하다는 건 알았지요.

여기서 양자quantum의 개념이 나옵니다. 양자란 연속적이지 않고 불연속적으로 존재하는 어떤 양을 말합니다. 연속? 불연속? 둘은 이런 차이입니다. 일상적으로 길이나 시간, 질량은 모든 값이 다 가능하죠? 허용되지 않는 값이 없습니다. 그런데 건물의 층수를 셀 때는 어떤가요? 1.3층이나 2.45층 같은 게 있던가요? 오직 1층, 2층, 3층 등 자연수만 허용되죠? 이처럼 불연속적인 값만 허용되는 상황을 '양자화되어 있다quantized'고도 합니다. 플랑크의 가정을 다시 말하면, 빛은 양자화된 형태로 흑체에서 방출된다는 겁니다. 가정부터 골치가 아프네요.

다시 시작된,
빛은 입자인가? 파동인가?

5년이 지난 1905년 아인슈타인이 또 하나의 골치 아픈 문제였던 광전효과를 설명하면서 빛에 관한 기존의 진리, 즉 빛이 파동이라는 이론을 흔드는 제안을 내놓습니다. 이 해는 아인슈타인이 특수상대성이론을 발표한 해이기도 합니다. 전자기학과 더불어 빛의 파동 이론이 완성된 지 불과 40년밖에 지나지 않았는데 빛의 정체성에 대한 새로운 논의가 본격화된 것입니다. 물론 빛은 파동입니다. 이중틈새에 의한 간섭실험으로 간섭무늬를 보여주었기 때문에 파동이 아닐 수가 없습니다. 그럼 아인슈타인의 제안은 뭘까요?

광전효과photoelectric effect란 금속이나 반도체의 표면에 빛을 쪼이면 안에 있던 전자가 튀어나오는 현상이죠. 태양전지의 원리입니다. 당시에 이미 물리학자 조지프 톰슨 경은 음전기를 가진, 전자라는 매우 작은 입자가 있다는 사실을 밝혀놓습니다. 그리고 엑스선, 방사능 등이 잇따라 발견되었는데 이 발견들이 미시세계를 탐구하는 데 결정적 역할을 합니다. 톰슨과 더불어 빌헬름 뢴트겐, 퀴리 부부, 앙투안 베크렐 등이 큰 기여를 합니다.

문제는 광전효과 역시 두 가지 점에서 빛의 파동성과는 맞지 않는 이상한 결과를 내놓는다는 것이었습니다. 첫째 빛이 금속 표면을 비추는 순간 바로 전자가 나옵니다. 왜 이상할까요? 전자가 금속 밖으로 나오는 것은 전자가 빛 에너지를 흡수하기 때문입니다. 일반적으로 파동은 에너지를 점진적으로 전달하기 때문에 빛이 파동이라면 전자가 밖으로 나오기까지 시간이 걸릴 수밖에 없습니다. 그런데 빛을 쪼이는 그 순간 전자가

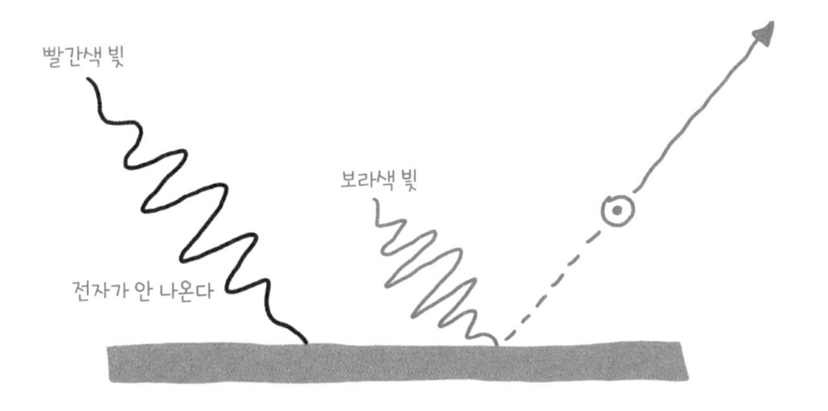

5-2 광전효과 전자가 튀어나오는지 아닌지 여부는 색깔(주파수)이 결정한다. 주파수가 작은 빨간 빛은 아무리 밝은 빛을 쪼여도 전자가 나오지 않는 반면 주파수가 큰 보라색 빛은 희미한 빛을 쪼여도 전자가 나온다.

지체 없이 튀어나옵니다.

둘째는 더 심각합니다. 빨간 빛은 아무리 밝게 해도 전자가 나오지 않는데, 보라색 빛은 희미하게만 비추어도 전자가 튀어나오는 겁니다. 물론 보라색 빛은 밝으면 밝을수록 더 많은 전자가 튀어나왔죠. 고전적 파동이론에서는 진폭이 큰 파동, 그러니까 밝은 빛일수록 에너지가 더 큽니다. 즉 붉은색 빛이 에너지가 크다는 말입니다. 에너지가 큰 빨간 빛을 비출 때는 전자가 나오지 않는데 오히려 에너지가 작은 보라색 빛을 비추면 전자가 튀어나오다니, 뭔가 앞뒤가 안 맞는 것 같죠?

그래서 아인슈타인은 다시 빛의 입자설을 부활시킵니다. 그러면서 당시로서는 당황스러운 주장을 합니다. 빛이 간섭현상을 보일 때는 분명히 파동이지만 광전효과에서는 입자라는 거죠. 하지만 오히려 앞뒤가 맞습니다. 일단 빛이 입자라면 전자가 순식간에 튀어나오는 것을 설명할 수 있습니다. 금속 내에서 입자인 전자와 부딪혀서 순간적으로 에너지를 전달할 테니까요.

그러면 두 번째 문제는 어떻게 설명할 수 있을까요? 빨간색 빛 입자의 에너지보다 보라색 빛 입자의 에너지가 더 크다면 설명이 됩니다. 밝은 빨간색은 에너지가 작은 빛 입자가 많고 희미한 보라색은 에너지가 큰 빛 입자가 조금 있다고 말입니다. 빛과 전자 모두 입자이므로 1대1 충돌 시 전달되는 에너지에 따라 결과가 달라집니다. 에너지가 작은 빨간색 빛 입자는 아무리 많이 있어 봤자 전자와 부딪혀도 전자를 밖으로 내보낼 만큼의 에너지를 전달하지 못합니다. 반면에 에너지가 큰 보라색 빛 입자는 전자에 큰 에너지를 전달할 수 있기 때문에 전자가 튀어나오는 거고요. 과연 말이 되지요? 이렇듯 아인슈타인은 빛의 입자설을 부활시켜 전자가 금속을 벗어나는 세밀한 과정까지 명쾌하게 설명합니다.

이것이 바로 아인슈타인의 광양자photon 가설입니다. 이 결과를 수식으로 나타내면 어떻게 될까요? 광전효과에서 빛은 입자이며 색깔에 따라 빛 입자의 에너지가 다릅니다. 즉 파동일 때 빛의 파장에 따라 에너지가 다르지요. 구체적으로 빛 입자의 에너지는 주파수에 비례합니다. 그 에너지는 정확히 플랑크가 가정한 식 $E=hf$와 같습니다.

아인슈타인의 광양자 가설은 물리학의 전혀 새로운 지평을 열어젖힙니다. 플랑크는 빛이 방출될 때에만 불연속적 덩어리로 나올 뿐 진행할 때는 파동처럼 행동한다고 생각했는데, 아인슈타인은 빛이 진행할 때도 입자처럼 행동할 수 있다고 주장합니다. 물론 이중틈새를 지날 때에는 파동처럼 행동하고요. 이제 인류는 과학의 역사에서 가장 큰 모순과 맞닥뜨립니다.

3장에서 자세히 이야기했듯이 모든 대상은 입자 아니면 파동입니다. 입자면 파동일 수 없고 파동이면 입자일 수 없지요. 그런데 빛은 이상합니다. 간섭현상을 보일 때는 파동이고 광전효과에서는 분명히 입자입니다. 빛이 입자라고 믿었던 뉴턴에게 선견지명이 있었던 걸까요? 빛이 파동이라는 사실에는 흔들림이 없지만 동시에 입자이기도 한 것입니다. 이를 일컬어 이중성duality이라고 합니다.

당시에는 이렇게밖에 정리할 수 없었을 겁니다. 조금 골치 아픈 정도가 아니라 아주 심각한 난제였습니다. 아인슈타인은 이 광양자 가설로 1921년 노벨상을 받습니다. 상대성이론으로 받은 게 아니랍니다.

원자가
실제로 존재한다!

1905년은 아인슈타인의 해입니다. '기적의 해'라고도 합니다. 한 사람이 1년 동안 물리학을 근본적으로 뒤집어엎는 논문을 세 편이나 발표했기 때문이지요. 그것도 특허국의 일개 서기가 말입니다. 한 편은 특수상대성이론에 대한 것이고, 또 한 편은 앞서 소개한 광전효과에 관한 것이지요. 이제 아인슈타인의 세 번째 업적을 소개하겠습니다. 1827년 스코틀랜드 생물학자 로버트 브라운은 물에 작은 꽃가루를 뿌려놓고 꽃가루의 운동을 관찰했습니다. 그런데 그들이 마치 살아 있는 미생물처럼 움직였습니다. 물은 가만히 정지해 있는데 말이죠. 브라운은 운동의 원인은 알아내지 못했지만 기록을 해두었습니다. 80년이 지난 1905년 아인슈타인은 브라운 운동의 원인이 물 분자 때문이라는 이론을 내놓습니다. 분자는 원자의 결합으로 만들어지니까 결국 원자의 존재를 주장한 것이죠.

원자의 존재 여부는 오랫동안 논란거리였습니다. 존 돌턴이 원자설을 제기한 이래 주기율표도 만들어졌지만 많은 과학자들은 원자가 실재한다기보다 수학적 편리성으로 도입된 것이라 여겼습니다. 그런데 아인슈타인은 브라운운동을 설명하면서 원자의 존재를 확고히 했습니다. 더욱이 원자의 크기까지 예측했지요. 지금 우리 모두 원자의 존재를 믿게 된 것도 아인슈타인 덕분입니다. 한 해 동안 지성이 이렇게 폭발했다는 것이 믿기지 않습니다. 그러니 기적의 해라고 할 만하지요?

원자의 개념이 확립되기 전부터 물리학자들은 원자의 존재를 뒷받침하는 전조들을 실험을 통해 밝혀내고 있었습니다. 방전 실험은 진공관 기술 덕분에 가능해진 실험입니다. 진공으로 된 유리관에 수소 등의 기체를 채워넣고 높은 전압을 가하면 빛이 나옵니다. 그 빛을 주파수(색깔)별로 분리하면 매우 놀라운 결과가 나옵니다.

태양빛이나 백열등에서는 모든 주파수의 빛이 다 나옵니다. 이를 연속스펙트럼이라고 하지요. 모든 색깔의 빛이 쭉 이어져 있는 스펙트럼입니다. 플랑크의 흑체복사 실험에서 나온 빛과 같은 것이지요. 그런데 특정 기체를 넣은 방전관에서 나오는 빛은 그렇지 않습니다. 몇 가지 색깔만 단일한 선으로 나옵니다. 이것을 선스펙트럼이라고 합니다. 그리고 기체마다 조금씩 다른 종류의 빛이 나옵니다. 이것은 또 어떻게 설명할 수 있을까요? 새로운 물리학의 기운을 받은 듯 당시 산재한 여러 가지 문제들이 여기저기서 드러납니다.

원자가 실제로 있음이 분명해지면서 물리학자들은 이 선스펙트럼이 원자에 대해 세밀한 정보를 주지 않을까 기대했습니다. 당시 맨체스터대

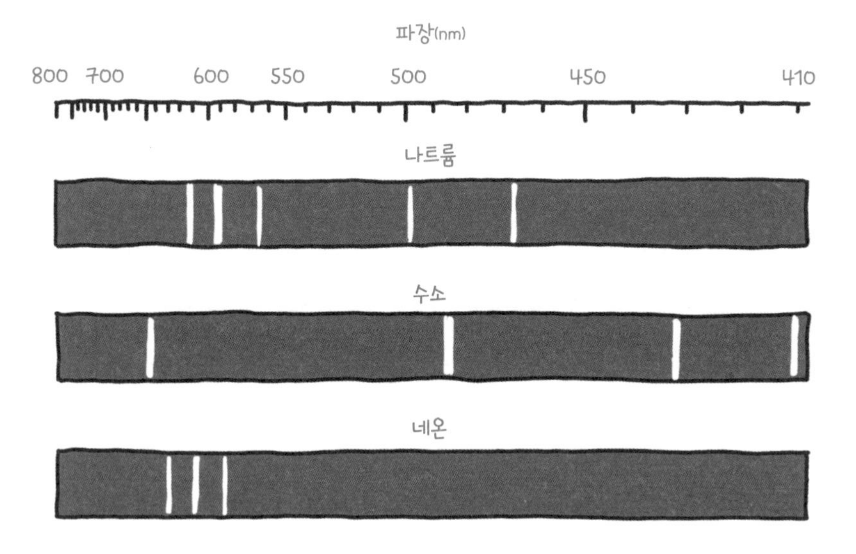

5-3 다양한 원자의 선스펙트럼

학교에서 방사능 연구에 집중하던 뉴질랜드 출신의 실험물리학자 어니스트 러더퍼드는 막 발견된 알파선■을 이용해 역사에 길이 남을 실험을 합니다. 원자의 구조를 이해하기 위한 이 실험은 방사능 물질에서 나오는 알파선을 얇은 금박을 향해 쏜 다음 금박 내 원자와 충돌한 후 생기는 알파선의 방향 변화를 관찰하는 겁니다. 인간이 접근할 수 없는 작은 세계의 구조를 탐색한 첫 실험이었죠.

놀라운 것은 알파선 대부분이 마치 아무것도 없는 것처럼 그냥 금박

■ 알파선은 알파입자로 이루어져 있고, 알파입자는 헬륨 원자의 핵입니다. 양성자 두 개와 중성자 두 개가 붙어 있으며 무거운 원소가 핵분열(알파붕괴)을 하면서 나옵니다.

을 통과했다는 점입니다. 금박이 보기와 달리 안이 텅 비어 있음을 암시한 거죠. 그런데 아주 가끔은 금박 안의 뭔가와 충돌해 거의 반대 방향으로 되돌아오는 알파입자가 있었습니다. 그 확률이 대략 8,000분의 1 정도였다고 합니다. 아주아주 작지만 뭔가가 있었습니다. 원자는 대체로 비어 있지만 양전기를 갖는 알파입자의 움직임을 볼 때 아주 무거우면서 양의 전기를 갖는 입자가 있어야 합니다. 또 원자 자체는 전기적으로 중성이므로 음의 전기를 갖는 전자도 함께 있어야 합니다.

따라서 러더퍼드는 태양계를 상상합니다. 태양이 중심에 있고 행성이 공전하는 구조 말입니다. 즉 원자는 중심에 양전기를 가진 무거운 핵이 있고 핵 바깥에서 음전기를 가진 가벼운 전자가 공전하고 있다고 생각합니다. 원자의 질량은 대부분 핵이 가지고 있지만 핵의 크기는 원자의 크기에 비하면 너무나 작아 10만 분의 1밖에 되지 않습니다. 빈 공간이 훨씬 많은 거죠. 극과 극은 통하는지 거대한 천체의 세계와 미시적인 원자의 세계가 많이 닮았네요. 이렇게 해서 문제가 모두 해결됐으면 좋으련만 그렇지 않았습니다. 아직 과학자의 사고는 고전물리학의 틀 속에 있었습니다. 원자의 외형은 태양계와 유사할지 모르지만 그 속성은 전혀 딴판이었습니다.

믿기 힘든
이상한 생각

덴마크 출신의 이론물리학자 닐스 보어가 등장할 차례입니다. 쉬운 말도 어렵게 하는 천재로 알려진 사람입니다. 한편 제자들과 치열하게 논쟁

하면서도 격려를 아끼지 않았던 과학자이기도 하지요. 맨체스터에서 러더퍼드와 지낸 후 덴마크로 돌아와 본격적으로 원자 탐구에 들어간 보어는 1913년 매우 이상한 아이디어를 내놓습니다. 그 유명한 '보어의 원자모형'이지요. 그러면 이전 러더퍼드의 '태양계' 원자모형은 무엇이 문제였을까요?

중력이 작용하는 태양계와 달리 원자는 전기력에 의해 작동합니다. 양전기를 가진 핵이 음전기를 가진 전자를 잡아당기기 때문에 전자가 핵 주위를 공전할 수 있습니다. 그런데 3장에서 이야기했듯이 전기를 가진 입자(여기선 전자)가 진동이나 원운동을 하면 스스로 전자기파를 내보냅니다. 이는 곧 에너지의 방출을 의미하지요. 전자가 자신의 에너지를 내보내면 점점 속력이 줄어들면서 자신을 잡아당기는 핵 속으로 빨려 들어갑니다. 핵과 전자가 붙어버리는 거지요. 원자가 붕괴하는 겁니다. 그러니 19세기 말 완성된 전자기학 이론에 따르면 러더퍼드의 모형은 성립할 수 없습니다.

이 모순을 해결하기 위해 보어는 기체에서 나오는 선스펙트럼에 주목합니다. 왜 방전관의 기체에서 나오는 빛은 선스펙트럼을 보이는 걸까? 특정 색깔은 어떻게 결정되는 걸까? 의문을 가진 보어는 이 실험 결과가 원자의 구조와 깊은 관련이 있을 것이라 생각합니다. 기체마다 특정한 주파수의 빛이 나오는데, 기체는 원자로 이루어져 있으므로 원자 내 전자의 움직임 때문에 빛이 나오는 게 분명해 보였습니다. 이런 가설을 통해 보어는 매우 황당한 추론으로 원자모형을 제시합니다.

첫째 보어는 원자 내 전자들이 특별한 궤도에만 존재한다고 주장합니다. 그 궤도에서는 전자기학의 예측과 달리 빛을 방출하지 않습니다. 무

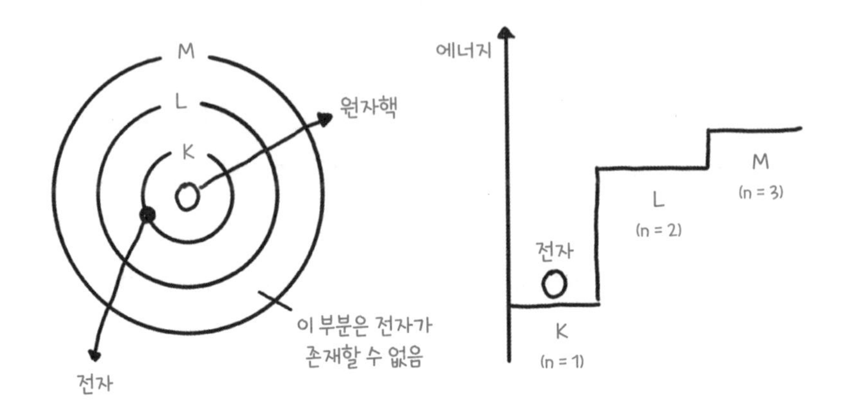

5-4 보어의 원자모형 왼쪽 그림은 전자가 가질 수 있는 불연속적 궤도를 보여주고, 오른쪽 그림은 양자도약을 나타내는 에너지 변화를 보여준다.

수히 많은 이 궤도는 불연속적으로 떨어져 있습니다. 이런 그림은 태양계의 모습과 비슷하죠? 그러나 태양계와 달리 전자는 허용된 궤도에만 있을 수 있고 그사이의 궤도에는 허용되지 않습니다. 이유는 잘 모릅니다. 핵과 가장 가까운 맨 안쪽 궤도에 있는 전자의 에너지가 가장 작은데 이 상태를 바닥상태ground state라고 합니다. 바깥 궤도로 갈수록 에너지가 커지며 따라서 전자가 모두 바깥 궤도에 있을 때를 들뜬상태excited state라고 합니다.

둘째 전자는 자신의 궤도를 바꿀 수 있습니다. 가장 안쪽 궤도에 있던 전자가 외부로부터 에너지를 흡수하면 더 바깥쪽의 궤도로 이동할 수 있습니다. 흡수한 에너지의 양에 따라 더 먼 궤도로 갈 수도 있고요. 그러나 들뜬상태로 이동한 전자는 곧바로 다시 안쪽 궤도로 이동합니다. 자연은 가능한 한 낮은 에너지를 가짐으로써 안정화하려는 경향이 있기 때문이죠. 이때 더 작은 에너지의 궤도로 이동하기 때문에 그 차이만큼 에너지를 빛의 형태로 방출합니다. 방출되는 빛의 색깔은 에너지가 주파수에 비례한다는, 앞서 소개한 광전효과 공식으로 구할 수 있습니다. 에너지 차이가 클수록 보라색 쪽의 빛이 나오고 작을수록 빨간색 쪽의 빛이 나옵니다. 그뿐 아니라 에너지 차이가 더욱 크면 보라색도 벗어나 자외선 영역의 빛이 나오며, 에너지 차이가 더 작으면 빨간색을 벗어나 적외선 영역의 빛도 나옵니다. 요컨대 전자가 바깥 궤도에서 안쪽 궤도로 이동할 때 특정 에너지를 가진 특정 주파수의 빛이 나오며 이것이 바로 선스펙트럼의 정체였던 것이죠.

보어는 이와 같은 전자의 이동에 양자도약quantum jump이라는 이름을 붙입니다. 도약이라는 표현에는 전자가 한 궤도에서 다른 궤도로 어떤 궤적을 그리며 가는 것이 아니라 이 궤도에 있던 전자가 사라졌다가 저 궤도에 나타난다는 의미가 담겨 있습니다. 궤적을 그리며 이동한다면 에너지가 연속적으로 감소할 테니 단일하고 특정한 주파수의 빛이 나올 수 없겠죠. 보어는 왜 도약이 일어나는지는 알 수 없었지만 구조가 가장 간단한 수소에 이 가설을 적용해보니 수소에서 나오는 빛의 스펙트럼을 정확히 설명할 수 있었습니다.

물론 보어의 모형도 정확하지는 않았습니다. 실제 원자는 보어의 생각보다 더욱 '황당'하니까요. 그 비밀의 베일은 10여 년 후 보어와 더불어 젊은 과학자 베르너 하이젠베르크, 볼프강 파울리, 막스 보른 등에 의해 벗겨집니다. 우리의 상식에서 벗어난 신비로운 미시세계의 참모습은 아직 절반도 채 드러나지 않았습니다. 계속 이어가볼까요.

빛만 파동?
입자도 파동!

또 다른 중요한 진척은 프랑스의 물리학자 루이 드브로이의 몫입니다. 프랑스의 귀족 집안 출신으로 루이 빅토르 피에르 레몽 드브로이라는 참으로 긴 이름을 가진 과학자입니다. 드브로이의 생각은 매우 간단합니다. 전자기학에서 패러데이 법칙이 있었죠? 전기장이 변하면 자기장이 생성되니 거꾸로 자기장이 변하면 전기장이 만들어지지 않을까 추측한 사람이 바로 패러데이입니다.

드브로이의 생각도 이와 비슷합니다. 분명히 파동이었던 빛이 입자의 경향을 보인다면 전자 같은 입자도 파동의 성질을 갖고 있지 않을까 생각한 거죠. 입자가 보이는 파동적 성질, 드브로이는 이러한 성질에 물질파 matter wave라는 이름을 붙였습니다. 물질파 역시 파동이니까 파장이나 주파수로 기술할 수 있습니다. 그런데 동시에 입자이기도 하지요? 그러니 고전물리학에서 입자에 대해 사용했던 에너지나 운동량도 존재합니다. 드브로이는 파동이 갖는 파장과 입자가 갖는 운동량이 어떤 관계에 있는지 밝혀냈습니다. 바로 다음과 같습니다.

$$p=\frac{h}{\lambda}$$

이때 p는 물질파의 운동량이고 λ는 파장입니다. 여기에 또 플랑크상수 h가 등장하네요. 이 수식은 앞의 광전효과에서 나온 식 $E=hf$와 더불어 양자역학에서 매우 중요한 식입니다. 물질의 입자성과 파동성의 관

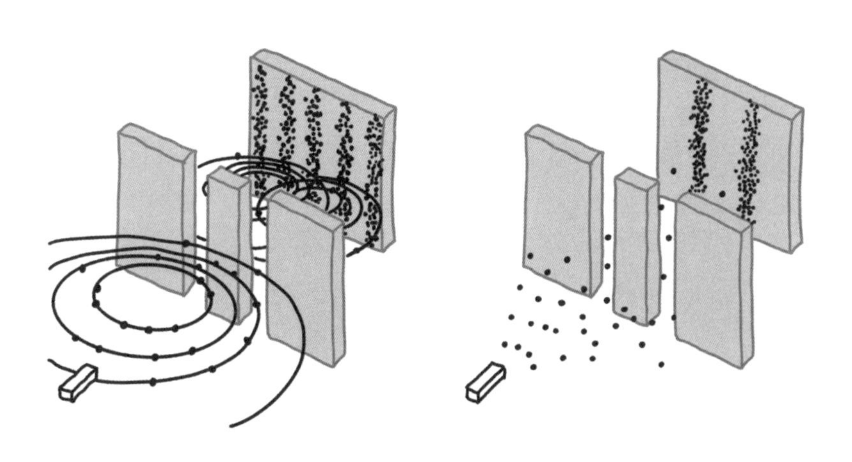

5-5 입자가 파동성을 보일 때(왼쪽)와 입자성을 보일 때(오른쪽)

계를 나타내는 이 식은 에너지-주파수, 운동량-파장이 플랑크상수로 연결되어 있습니다. 그럼 물질의 파동성을 확인하려면 어떤 실험을 해야 할까요? 기억하시나요? 바로 간섭실험입니다. 이중틈새에 빛 대신 전자빔을 쏘고 반대편 스크린에 그림 5-5의 왼쪽 그림에서처럼 간섭무늬가 나타나면 전자는 분명 파동입니다. 만약 전자가 파동성이 없는 단순한 입자라면 오른쪽 그림처럼 나타나겠지요. 실험물리학자인 클린턴 데이비슨과 레스터 거머는 1927년 이중틈새가 아닌 니켈 결정에 전자빔을 쏘아 전자의 간섭현상을 관측함으로써 드브로이의 이론을 입증해냅니다.

드브로이는 보어의 원자모형에 대해서도 생각했습니다. 전자가 파동이라면 보어의 가설을 설명할 수 있을 것 같았죠. 궤도를 도는 전자가 입자가 아니라 파동이라면 왜 정해진 궤도에만 있을 수 있는지 납득이 됩니다. 우리 주위에서도 흔히 볼 수 있는 현상이니까요. 기타처럼 양끝이 고정된 줄을 튕기면 줄에서 파동이 일어나죠? 양끝에서 정확히 맞아떨어지는 파동인데 이 파동은 죽지 않고 오랫동안 살아남습니다. 그렇지 못한 파동은 아예 존재할 수도 없습니다. 양끝이 움직이지 않으니까요. 이를 정상파라고 하는데 이 역시 일종의 양자화quantization입니다.

그림 5-6을 볼까요? 파동인 전자는 자기 파장의 정수 배의 길이에 해당하는 궤도에만 존재한다고 볼 수 있습니다. 이들 궤도에서는 정상파를 가지므로 에너지를 잃지 않고 오랫동안 존재할 수 있습니다. 그러나 그렇지 않은 궤도에는 있을 수가 없지요. 오직 정상파 조건에 들어맞는 궤도만 허용됩니다. 꽤 그럴듯한 설명이죠?

그래도 문제는 있었습니다. 전자는 언제 빛을 방출할까요? 보어가 제시한 양자도약은 어떤 식으로 일어나는 걸까요? 양자도약이 일어나야만 빛이 방출되고 선스펙트럼이 나타나는데 말입니다. 이처럼 단순한 파동 이론으로는 이해하는 데 여전히 한계가 있었습니다.

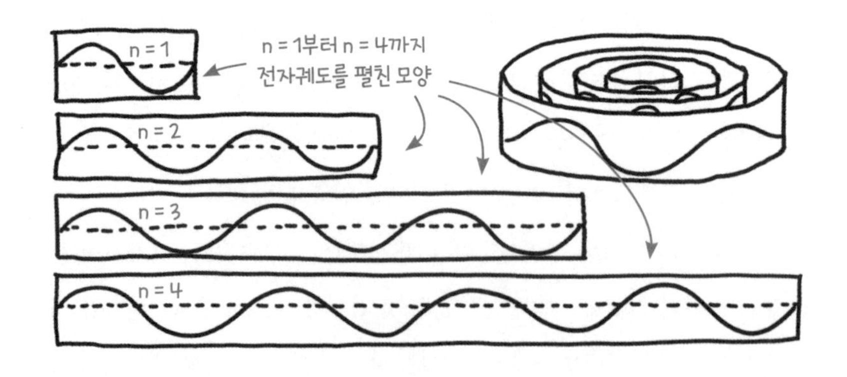

5-6 전자궤도와 정상파(n은 궤도의 순서)

불확정성원리와
고전물리학의 붕괴

원자는 그렇다 치고 일단 전자의 파동성은 무엇을 의미할까요? 보어의 제자였던 하이젠베르크는 이에 대해 좀 다르게 생각합니다. 보어도 마찬가지지만 하이젠베르크 역시 드브로이의 물질파 개념을 받아들이지 않았습니다. 보어는 원자모형에서 전자의 궤도와 도약을 이야기하지만 사실 전자를 관측할 수는 없었습니다. 볼 수도 없는 전자의 운동에 붙잡혀 있기보다 볼 수 있는 결과를 놓고 생각해보자는 것이 하이젠베르크의 생각이었죠. 볼 수 있는 현상이란 바로 빛의 선스펙트럼입니다. 선스펙트럼에서 나오는 빛의 주파수와 밝기 정도는 이미 주어져 있으므로 말이 되지요.

한편 하이젠베르크는 특정 원자가 내놓은 스펙트럼을 토대로 수학적 법칙을 찾기 시작했습니다. 각고의 노력 끝에 역사적인 수학적 체계를 만들어내지만, 그 내용이 너무나 난해하고 추상적이어서 많은 사람들이 이해하기 어려웠습니다. 그건 지금도 마찬가지라서 쉽게 설명할 방법이 없군요. 간단히 말하면 관측할 수 없는 전자의 궤도 같은 개념을 도입하는 대신에 원자 내의 어떤 진동체가 한 주파수에서 다른 주파수로 변화하는 과정을 행렬matrix이라는 수학적 도구로 표현합니다. 그래서 이 법칙을 행렬역학matrix mechanics이라고 합니다. 무엇보다 중요한 것은 전자의 궤도를 고전물리학의 입자처럼 정확히 나타낼 수 없음을 행렬역학이 암시한다는 점입니다. 이 사고는 곧바로 양자역학에서 매우 중요한 원리로 이어지지요. 바로 불확정성원리uncertainty principle입니다. 일단 정의를 써보겠습니다.

$$\Delta x \cdot \Delta p \geq h$$

여기서 Δ는 측정할 때 발생하는 불확정도를 말합니다. 즉 Δx란 위치를 측정하는 데에서 발생하는 불확정도이고, Δp는 운동량의 불확정도입니다. 두 불확정도의 곱이 항상 플랑크상수보다 크다는 점을 식으로 표현한 것이죠. 다시 말해 어찌어찌 잘 고안해 입자의 위치를 정말 정확히 측정했다고 해도($\Delta x = 0$) 운동량에 대한 불확정도는 반대로 무한히 커지게 됩니다. 두 오차의 곱이 항상 h보다는 커야 하니까요. 만일 운동량을 정말 정확히 측정했다고 하면($\Delta p = 0$) 반대로 위치에 대한 불확정도가 무한히 커지겠죠. 결국 운동량(속도)을 정확히 안다는 것은 위치에 대해서는 전혀 모른다는 말이 됩니다.

상식적인 상황이 아닌지라 받아들이는 데 힘이 들지도 모르겠네요. 미시세계는 아니지만 유사한 상황에 대해 물리학자 브라이언 그린이 잘 설명해줍니다.[26] 움직이는 물체를 카메라로 찍을 때 셔터속도에 따라 대상의 모습이 달라집니다. 셔터속도를 아주 짧게 하면 움직이는 물체도 정지한 것처럼 선명합니다. 반대로 셔터속도를 길게 하면 그 시간 동안 물체가 움직인 장면이 모두 찍혀서 초점이 맞지 않는 사진처럼 나옵니다. 정지한 것처럼 선명하다는 것은 위치가 정확히 정해진 겁니다. 그런데 이 장면을 가지고서는 물체가 얼마나 빨리 움직이는지 전혀 알 수가 없습니다. 셔터속도를 길게 한 동적인 장면에서는 물체의 운동 방향이나 속도에 대해 어느 정도 알 수 있습니다. 대신에 그 물체의 위치는 흐려지죠.

불확정성원리는 엄청난 사실을 말해줍니다. 고전역학이 미시세계에 적용될 수 없다는 사실 말입니다. 고전역학에서 대상인 입자의 운동을 예측할 때는 다음과 같은 과정을 거칩니다. 먼저 작용하는 힘에 대해 알아내고 현재 입자의 위치와 운동량을 정확히 측정한 다음 뉴턴의 운동방정식을 풀면 다른 시점의 위치와 운동량을 정확히(적어도 원리적으로는) 알 수 있습니다. 그리고 다시 어느 시점에서 위치와 운동량을 측정함으로써 예측을 검증합니다. 이 과정이 고전역학의 핵심입니다. 여기에는 현재의 위치와 운동량을 오차 없이 정확히 측정할 수 있다는 대전제가 깔려 있습니다.

그런데 하이젠베르크의 불확정성원리는 이 전제가 근본적으로 불가능하다고 말합니다. 방정식을 풀기 위한 기본 입력 데이터인 현재 위치와 운동량이 근본적으로 정확할 수 없는데 방정식을 아무리 정확히 푼들 그 결과가 정확할까요? 한마디로 미시세계에 고전역학을 적용할 수 없다는 것이죠.

양자역학을 반석 위에 올린 또 하나의 방정식

하이젠베르크의 행렬역학과 불확정성원리는 양자역학을 든든한 반석 위에 올려놓았습니다. 그러나 행렬역학은 매우 추상적이고 어려웠습니다. 여기서 에르빈 슈뢰딩거가 등장합니다. 나이가 거의 보어와 비슷한 슈뢰딩거는 하이젠베르크의 행렬역학이 마음에 들지 않았습니다. 고전역학의 관점에서 보면 매우 상식적이라 생각되는 전자궤도를 아무 의미가 없는 것처럼 취급했으니까요. 슈뢰딩거는 좀 더 현실적인 그림을 모색합니다. 앞서 소개한 드브로이의 이론에 따르면 전자는 분명 파동성도 가지고 있습니다. 슈뢰딩거는 전자가 파동이라는 전제 아래 전자의 운동을 정확히 기술하는 방정식을 유도해냅니다. 아주 유명한 방정식입니다. 슈뢰딩거 방정식이라고 하죠. 양자역학의 기본 방정식입니다.

$$i\hbar \frac{\partial}{\partial t}\Psi(x,t) = -\frac{\hbar^2}{2m}\frac{\partial^2}{\partial x^2}\Psi(x,t) + V(x)\Psi(x,t)$$

복잡하군요. 깊이 들어갈 건 아니니 생소한 기호만 잠깐 설명하겠습니다. 여기서 i는 허수(제곱하면 -1이 되는 수)이고, $\hbar$(에이치바)는 $\frac{h}{2\pi}$, 즉 플랑크상수를 2π로 나눠준 값입니다. ∂(라운드디)는 편미분 기호입니다. 함수 Ψ(프사이)는 x와 t의 함수인데 둘 중 하나의 변수로 미분한다는 말입니다. 아무튼 이런 게 있습니다. 그러면 함수 $\Psi(x, t)$란 무엇일까요? 바로 전자 하나가 가질 수 있는 파동함수입니다. 전자가 파동처럼 행동한다고 했죠? 그 파동의 형태를 수학적으로 나타낸 함수입니다. 보통 파동이라면 사인sin함수나 코사인cos함수로 나타내는데 그렇지 않은 것도 있답니다. m은 입자의 질량이고, 마지막으로 $V(x)$는 입자가 갖는 잠재에너지(3장 참조)입니다. 이 방정식 안에는 입자와 파동이 혼재되어 있습니다. 어찌 됐든 입자는 파동으로서 슈뢰딩거 방정식을 만족하며 운동합니다. 이처럼 입자의 파동성을 전제로 한 양자역학 체계를 파동역학wave mechanics이라고 합니다.

이 방정식을 원자 안의 전자에 적용하면 어떻게 될까요? 실제로는 x뿐 아니라 y와 z도 있는 3차원 공간이기 때문에 훨씬 복잡합니다. 여기에 원자핵과 전자 사이의 전기적 인력까지 세밀히 고려하여 슈뢰딩거 방정식을 풀면 매우 정확한 결과가 나옵니다. 슈뢰딩거 방정식을 만족하는 파동은 '고유함수'에 의해 Ψ_1, Ψ_2, $\cdots$, Ψ_n 등 불연속적으로 나옵니다. 이 고유함수에 해당하는 파동들은 제각기 다른 에너지값을 가집니다. 방정식의 결과가 의미하는 것은 전자의 파동이 외부로부터 에너지를 흡수하거나 방출할 때 자신의 형태를 순식간에 바꾼다는 것이죠. 그러면 보어가 한 것처럼 '말도 안되는' 양자도약을 끌어들이는 대신 파동의 형태가 연속적으로 변화하는 걸로 이해할 수 있게 됩니다. 수학적 계산 과정은 매우 복잡하고 어렵지만 하이젠베르크의 행렬역학보다는 훨씬 실제적입니다. 그리고 불연속적인 전자궤도에 대해서도 잘 설명해주고요.

슈뢰딩거는 전자를 파동으로 봄으로써 불연속성과 같은 괴이한 개념을 없애버리고자 했습니다. 그런데 문제가 다 해결된 것은 아닙니다. 파동을 수학적으로 나타내는 함수인 Ψ는 무엇을 의미하는 걸까요? 전자가 파동이라면 도대체 어떤 파동일까요? 매질은 있는 걸까요? 또 보어가 제안했던 양자도약의 문제가 해결된 것도 아닙니다. 전자가 물리적 파동이라면 파동이 불연속적으로 바뀔 수는 없으니까요. 이런 물음은 여전히 풀리지 않았습니다. 물리학자들은 인류가 경험하는 가장 근본적인 문제에 직면한 듯했습니다.

양자역학에 확률을 도입한 보른

양자역학은 하이젠베르크의 행렬역학과 슈뢰딩거의 파동역학이라는 두 이론 체계를 갖게 되었습니다. 그리고 이 두 이론 체계는 완전히 동일하다는 것이 밝혀집니다. 물리학자들은 너무 추상적인 수학으로만 채워진

하이젠베르크의 행렬역학보다는 슈뢰딩거의 파동역학을 더 선호했습니다. 그러나 슈뢰딩거 자신도 파동의 정체에 대해서는 알 수가 없었지요.

하이젠베르크의 동료였던 막스 보른은 슈뢰딩거 방정식의 파동함수 Ψ에 대해 매우 놀라운 해석을 내놓습니다. 이 해석은 지금도 유효한 양자역학의 주류 해석입니다. 보른에 따르면 입자의 파동함수 Ψ는 실제 물리적 파동을 나타내는 게 아닙니다. 정확히 말하면 파동함수의 절댓값의 제곱, 즉 $|\Psi|^2$은 그 입자를 발견할 확률을 의미합니다. 다시 말해 우리가 슈뢰딩거 방정식을 풀어서 얻은 결과는 입자에 대한 정확한 정보가 아니라 운동하는 입자의 운동 상태를 단지 확률적으로만 보여준다는 말이지요. 1초 후에 전자가 A 지점에 있을 것이라 100퍼센트 단정할 수는 없으며, A 지점에서 발견할 확률 20퍼센트, B 지점에서 발견할 확률 15퍼센트 등 확률만을 알 수 있습니다.

전자의 이중틈새에 의한 간섭실험으로 돌아가서 이 해석의 의미를 생각해보죠. 이중틈새를 각각 틈새 1과 틈새 2라고 하겠습니다. 전자가 어느 틈새를 통과했는지에 대해서는 두 상태가 가능합니다. 전자의 파동함수 Ψ는 두 고유함수, 즉 틈새 1을 지날 경우의 함수 Ψ_1과 틈새 2를 지날 경우의 함수 Ψ_2의 합으로 나타낼 수 있습니다. 파동함수의 제곱이 확률을 의미하는데, 전자가 입자로서 틈새 1과 틈새 2를 지나갈 확률이 $\frac{1}{2}$이므로 다음과 같이 표현할 수 있습니다.

$$\Psi = \frac{1}{\sqrt{2}}\Psi_1 + \frac{1}{\sqrt{2}}\Psi_2$$

이제 두 틈새 중 어느 한 곳에 통과하는 전자를 관측하는 장치를 설치합니다. 전자의 파동함수를 다른 말로 전자의 양자상태quantum state라고 합니다. 만일 입자 관측 장치를 켜지 않으면 전자는 측정 이전의 상태, 즉 방금 설명한 양자상태를 그대로 유지하면서 간섭무늬를 만들어냅니다 ($\Psi=\frac{1}{\sqrt{2}}\Psi_1+\frac{1}{\sqrt{2}}\Psi_2$). 그럼 간섭무늬는 어떻게 생기는걸까요? 보른의 해석에 따르면 파동함수의 절댓값의 제곱은 전자가 스크린 어느 곳에 도달할 확률입니다. 따라서 Ψ를 제곱하면 전개공식에 따라 다음과 같이 됩니다.

$$|\Psi|^2=\left|\frac{1}{\sqrt{2}}\Psi_1+\frac{1}{\sqrt{2}}\Psi_2\right|^2=\frac{1}{2}|\Psi_1|^2+\frac{1}{2}|\Psi_2|^2+|\Psi_1|\cdot|\Psi_2|$$

맨 마지막 항인 $|\Psi_1|\cdot|\Psi_2|$가 바로 두 파동의 간섭을 나타냅니다.

이제 입자 관측 장치를 켭니다. 그럼 두 가능한 고유상태 Ψ_1과 Ψ_2 중 하나만이 선택됩니다. 즉 전자의 양자상태가 Ψ에서 Ψ_1이나 Ψ_2로 바뀌고 선택되지 않은 것은 사라집니다. 무한히 많은 전자를 쏘면 반은 틈새 1을, 나머지 반은 틈새 2를 통과하는 것으로 관측될 겁니다. 관측하는 순간 Ψ는 존재하지 않게 되고, 따라서 $|\Psi_1|\cdot|\Psi_2|$라는 간섭 항은 나타나지 않습니다. 간섭무늬가 사라지죠. 이 현상을 '파동함수의 붕괴collapse'라고 합니다. 전자를 측정한 결과는 오로지 확률적으로만 결정되는 것입니다.

원자 속 어딘가에 전자가 분포할 확률은?

이번엔 전자를 넘어 원자로 가보겠습니다. 수소 원자를 생각해보죠.

원자의 중심에 무겁고 양전기를 띤 핵이 있고 그 바깥에 단 한 개의 전자가 있습니다. 슈뢰딩거 방정식을 풀면 전자가 가질 수 있는 여러 고유함수를 구할 수 있다고 했습니다. 그리고 보른에 따르면 이 고유함수는 궤도가 아니라 특정 에너지를 갖는 전자의 확률분포를 나타냅니다. 동전이나 이중틈새와 달리 원자 내의 전자는 무한히 많은 고유상태가 있습니다. 이 각각의 상태에 번호를 매길 수 있겠죠? 실제 슈뢰딩거 방정식을 풀어서 나온 고유함수를 보면 전자가 다니는 실제 공간이 3차원이어서 매우 다양한 파동함수가 나옵니다. 이 파동함수는 '양자수'라는 번호로 분류됩니다.

먼저 가장 큰 양자수는 주양자수principal quantum number라고 합니다. $n=1, 2, 3\cdots$으로 분류하지요. n이 클수록 큰 에너지를 갖습니다. 둘째는 궤도양자수orbital quantum number라고 합니다. 셋째는 자기양자수magnetic quantum number입니다. 주양자수가 정해지면 그에 따라 궤도양자수, 자기양자수의 존재 범위가 제한됩니다. 정리해보면 다음과 같습니다.

주양자수 $n=1, 2, 3\cdots$
궤도양자수 $l=0(s), 1(p), \cdots, n-1$
자기양자수 $m=-l, -l+1, \cdots, 0, 1, \cdots, l-1, l$

궤도양자수는 그 값에 따라 영문자를 쓰기도 합니다. s는 0, p는 1, d는 2 등이지요. 예를 들어 주양자수 $n=1$이면 궤도양자수는 $l=0$, 즉 s 궤도만 가능합니다. $m=0$만 가능하고요. 슈뢰딩거의 파동함수로 나타내면 Ψ_{100}이라 할 수 있습니다. 또 $n=2$이면 $l=0, 1$, 즉 s, p 두 가지 궤

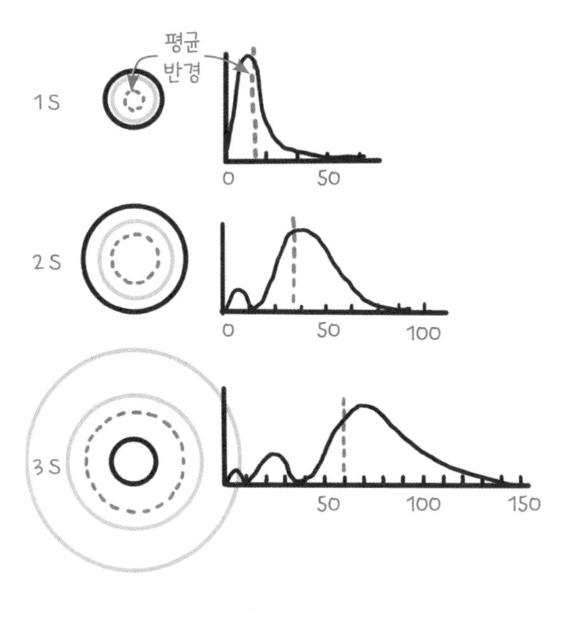

5-7 수소 원자에서 전자의 확률분포 맨 위부터 차례대로 $|\Psi_{100}|^2$, $|\Psi_{200}|^2$, $|\Psi_{300}|^2$
평균 반경 값들은 보어가 자신의 원자 모형에서 얻은 궤도 반경과 일치한다.

도가 가능하지요. 여기에 m까지 고려하면 네 가지가 가능합니다. 따라서 Ψ_{200}, Ψ_{210}, Ψ_{211}, Ψ_{21-1}입니다. $n=3$도 볼까요? $l=0$, 1, 2까지 있습니다. 정리하면 Ψ_{300}, Ψ_{310}, Ψ_{311}, Ψ_{31-1}, Ψ_{320}, Ψ_{321}, Ψ_{322}, Ψ_{32-1}, Ψ_{32-2}의 총 아홉 가지 파동함수가 가능합니다. 일반적으로 n에 대해 총 n^2가지 파동함수가 있으며 이는 n^2가지의 서로 다른 확률분포가 있다는 말입니다. 수소 원자에서는 각 파동함수에 대해 n이 다르면 에너지값도 달라집니다. n이 같으면 에너지값도 같겠죠? 즉 $n=2$에 해당하는 네 개의 파동함수는 그 모양은 달라도 같은 에너지를 갖습니다.

실제로 전자가 존재할 확률을 양자수에 따라 그린 그림으로 확인해보

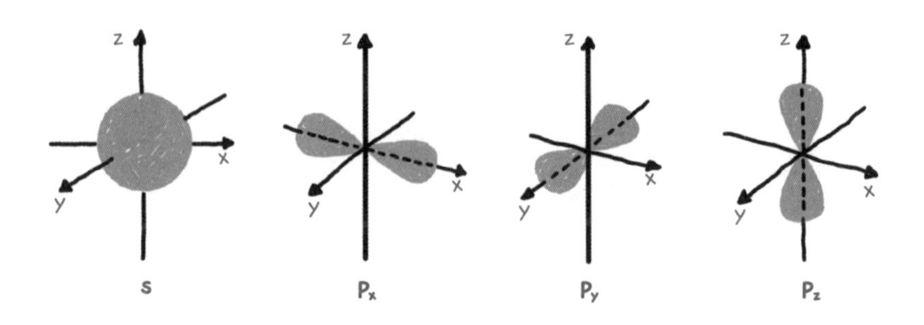

5-8 n=2일 때 가능한 전자의 확률분포

겠습니다. 그림 5-7을 보세요. 이 그림은 확률을 나타내므로 Ψ_{100}이 아닌 $|\Psi_{100}|^2$임을 기억하세요. 이 그림에서 맨 위는 $|\Psi_{100}|^2$에 해당합니다. 애초에 보어가 제일 안쪽 궤도에 있을 것으로 생각했던 경우입니다. 그러나 보어가 예측한 궤도는 전자가 발견되는 여러 위치의 평균 지점일 뿐 전자는 보어가 이야기한 궤도에만 있는 것이 아니라 여기저기에서 신출귀몰하게 나타납니다. 따라서 보어의 원자모형을 '옛 양자 이론old quantum theory'이라고 합니다. 여전히 고전역학적 궤도의 개념에 머물러 있었기 때문이죠.

가운데 그림은 $|\Psi_{200}|^2$에 해당합니다. 역시 전자가 발견되는 평균 위치가 보어가 예측한 두 번째 궤도와 정확히 일치함을 보여줍니다. 맨 아래 그림은 $|\Psi_{300}|^2$의 경우가 되겠군요. 그림 5-8은 $n=2$에서 가능한 네 개의 확률분포를 그린 겁니다. $l=1$에 해당하는 세 개의 분포는 마치 아령을 닮았습니다. 우리는 수소 원자가 갖고 있는 한 개의 전자에 대해 이렇게 다양한 확률분포가 결합된 상태라고밖에 이야기할 수 없습니다. 태양계 원자모형과는 완전히 다르죠?

요컨대 전자는 원자 안에서 확률적으로 존재합니다. 보통 전자의 '구름 모형'이라고 합니다. 전자가 구름과 같이 많아서가 아닙니다. 수소 원자는 전자가 단 한 개뿐이잖아요. 전자의 위치를 같은 조건에서 무수히 측정한 다음 그때마다 위치를 점으로 표시하면 전자가 많이 측정된 지역에는 점이 많이 찍히겠죠. 바로 그때 나타나는 구름 같은 이미지를 일컬어 구름 모형이라고 합니다. 실제로 전자가 어디에 있는지는 정확히 알 수 없습니다. 오직 확률적으로 짐작만 할 뿐이죠. 하지만 관측된 모든 위치를 확인해보면 그 결과는 전자 파동함수의 절댓값의 제곱인 $|\Psi|^2$과 정확히 같습니다.

수소 말고 다른 원자들은?

지금까지 가장 간단한 원자번호 1번 수소H에 대해 살펴보았습니다. 양성자 한 개와 전자 한 개로 이루어진 수소의 세계조차 너무나 복잡하고 넓습니다. 생명사상가인 무위당 장일순 선생이 "좁쌀 한 알에 우주가 들어 있다"고 하였는데 양자역학에서는 좁쌀 크기의 수천만 분의 1도 안 되는 수소 원자 하나에 우주가 들어 있는 느낌입니다. 실제로 여기에 양자역학의 핵심 내용이 모두 들어 있다고 해도 과언이 아닙니다. 그러나 수소 말고도 자연에는 91개의 원자가 더 있습니다. 이런 원자들에도 수소 원자와 완전히 같은 원리가 적용될까요? 조금 다른 점이 있습니다.

주기율표에 있는 수많은 원자는 저마다 번호가 매겨져 있습니다. 그중 수소는 원자번호가 1번입니다. 원자번호는 양성자의 개수를 말합니다.

H 1																	He 2
Li 3	Be 4											B 5	C 6	N 7	O 8	F 9	Ne 10
Na 11	Mg 12											Al 13	Si 14	P 15	S 16	Cl 17	Ar 18
K 19	Ca 20	Sc 21	Ti 22	V 23	Cr 24	Mn 25	Fe 26	Co 27	Ni 28	Cu 29	Zn 30	Ga 31	Ge 32	As 33	Se 34	Br 35	Kr 36
Rb 37	Sr 38	Y 39	Zr 40	Nb 41	Mo 42	Tc 43	Ru 44	Rh 45	Pd 46	Ag 47	Cd 48	In 49	Sn 50	Sb 51	Te 52	I 53	Xe 54
Cs 55	Ba 56	La 57*	Hf 72	Ta 73	W 74	Re 75	Os 76	Ir 77	Pt 78	Au 79	Hg 80	Tl 81	Pb 82	Bi 83	Po 84	At 85	Rn 86
Fr 87	Ra 88	Ac 89**	Rf 104	Db 105	Sg 106	Bh 107	Hs 108	Mt 109	Ds 110	Rg 111							

금속 준금속 비금속

란타넘족 원소*	Ce 58	Pr 59	Nd 60	Pm 61	Sm 62	Eu 63	Gd 64	Tb 65	Dy 66	Ho 67	Er 68	Tm 69	Yb 70	Lu 71
악티늄족 원소**	Th 90	Pa 91	U 92	Np 93	Pu 94	Am 95	Cm 96	Bk 97	Cf 98	Es 99	Fm 100	Md 101	No 102	Lr 103

5-9 주기율표

원자번호가 2번인 헬륨He은 양성자가 두 개입니다. 천연 원소 중 가장 무거운 우라늄U은 원자번호가 92번, 즉 92개의 양성자를 가지고 있습니다. 단, 93번 넵투늄Np부터는 인공적으로 만든 원자입니다. 원자 안에는 양성자 말고도 질량이 거의 비슷하지만 전기를 띠지 않은 입자가 있는데 중성자neutron입니다. 따라서 원자의 실제 질량은 양성자와 중성자를 합한 만큼이 됩니다. 전자는 훨씬 가볍기 때문에 무시하지요.

같은 원소(같은 원자번호)라도 중성자 개수가 다를 수 있습니다. 이처럼 원자번호는 같지만 중성자 개수가 다른 원자를 동위원소isotope라고 합니다. 수소 중에도 중성자가 없는 수소가 보통 수소이고, 중성자가 하나 붙어 있는 수소가 중수소입니다. 질량이 보통 수소의 두 배죠. 그리고 중성자가 두 개 붙은 수소는 삼중수소로 질량이 보통 수소의 세 배입니다.

또 각 원자마다 전자의 개수도 다릅니다. 모든 원자는 보통의 경우 전기가 없습니다. 이 말은 양성자와 전자의 개수가 같다는 말입니다. 따라서 원자번호 1번인 수소는 전자가 하나고, 원자번호 2번인 헬륨은 전자가 두 개입니다. 양성자도 두 개, 중성자도 두 개입니다. 전자가 두 개이다 보니 전자의 파동함수가 수소와 달라집니다. 이렇게 전자의 개수가 많아지면 그 전자들의 확률분포는 어떻게 될까요? 물론 매우 복잡해지겠죠. 그런데 자연의 이치는 참 오묘하게도 전자들의 분포를 결정하는 규칙이 있어 대책없이 복잡해지는 걸 막아줍니다.

이것을 파울리의 배타원리라고 합니다. 보어 그룹에서도 뛰어난 멤버인 볼프강 파울리가 도출한 이 원리에 따르면 두 전자는 동일한 양자상태에 있을 수 없습니다. 다시 말해 아무리 많은 전자가 있어도 그들 모두가 파동함수 Ψ_{100}을 동시에 가질 수 없다는 말입니다. 하나의 전자가 Ψ_{100}의 함수로 기술된다면 다음 전자는 그다음 함수인 Ψ_{200} 상태에 있어야 합니다. 이렇듯 전자들은 낮은 에너지 상태부터 차곡차곡 채워집니다.

새롭게 등장한 스핀

그러면 헬륨의 전자 두 개는 Ψ_{100}과 Ψ_{200}으로 표시될까요? 그렇지 않습니다. 사실 Ψ_{100}은 두 개의 전자를 포용할 수 있습니다. 배타원리가 있다면서 어떻게 같은 상태에 두 개의 전자가 있을 수 있을까요? 그동안 알지 못했던 또 하나의 성질이 있기 때문입니다. 바로 스핀spin입니다. 스핀은 고전역학에 익숙한 우리에게는 매우 생소한 개념입니다. 앞서 설명한 주양자수, 궤도양자수, 자기양자수 등 모든 것이 같은 전자라도 마지막 하나가 다를 수 있습니다. 스핀양자수spin quantum number입니다. 스핀에 대한 이해를 돕기 위해 실제로 그렇다고는 할 수 없지만 조금 상식적으로 이야기해보겠습니다.

전자를 딱딱한 공이라고 가정할 때 이 공의 자전이 대략 스핀과 유사합니다. 그런데 자연에는 이 자전에 대해 성질이 다른 두 종류의 입자가 있습니다. 상식적으로 모든 공은 한 바퀴 돌린다고 모양이 달라지지 않습니다. 이런 성질의 입자를 보존boson이라고 하지요. 스핀양자수로 표기하면 자연수 1, 2, 3…으로 나타냅니다. 반면 매우 비상식적으로 한 바퀴 돌렸는데 처음과 달라지는 경우가 있습니다. 전자의 경우 두 바퀴를 돌려야 처음과 같아집니다. 전자의 처음 파동함수를 Ψ라 할 때 한 바퀴 돌리면 전자의 파동함수가 $-\Psi$로 달라집니다. 그리고 한 바퀴 더 돌리면 다시 Ψ가 됩니다. 신기하죠? 이런 입자가 페르미온fermion입니다. 스핀양자수로 표기하면 반정수 $\frac{1}{2}$로 나타내며, 가능한 스핀양자수는 $+\frac{1}{2}$, $-\frac{1}{2}$ 두 개가 있습니다. 각각 업-스핀, 다운-스핀이라고 부르기도 하지요.

전자는 페르미온입니다. 따라서 세 양자수가 모두 같더라도 업-스핀과 다운-스핀이라는 두 가지 상태까지 봐야 하므로 결국에는 다른 상태에 있을 수 있습니다. 주양자수가 $n=1$인 상태에서 궤도양자수와 자기양자수가 모두 0이라도 스핀이 다른 두 전자가 있을 수 있지요. 헬륨의 전자 두 개는 모두 $n=1$인 상태에 있습니다. 이 경우 두 전자의 파동함수는 스핀양자수를 추가하여 스핀이 $+\frac{1}{2}$인 전자는 $\Psi_{100+1/2}$로, 스핀이 $-\frac{1}{2}$인 전자는 $\Psi_{100-1/2}$로 나타낼 수 있습니다.

그러면 주기율표에서 수소 바로 아래에 있는, 원자번호 3번이며 전자를 세 개 가진 리튬Li은 어떻게 될까요? $n=1$인 상태에 두 개의 전자를 채우고 그 바깥 상태에 한 개의 전자가 있습니다. 이 전자를 최외각전자라고 합니다. 양자상태를 꽉 채운 전자를 제외한 나머지 전자를 일컫는 말이지요. 리튬은 $n=1$인 상태를 두 개의 전자가 채우고 $n=2$인 상태에 한 개의 전자가 있게 됩니다. $n=2$인 상태는 몇 개의 전자가 있어야 다 채워질까요? 2^2으로, 네 개의 서로 다른 파동함수가 있으니까 총 여덟 개의 전자가 있어야 모두 채워집니다. 여기에 해당하는 원자가 바로 원자번호 10번인 네온Ne입니다. 전자가 열 개이므로 $n=1$인 상태에 두 개의 전자가 채워지고, $n=2$인 상태에 나머지 여덟 개가 채워집니다. 다음은 원자번호 18번인 아르곤Ar, 또 다음은 원자번호 36번인 크립톤Kr, 54번 크세논Xe으로 이어집니다.■ 이들은 모두 각 주양자수마다 가능한 전자를 모두 채운 안정된 원소들입니다. 혼자서도 안정되어 있으니 다른 원소와 화학적으로 결합하려는 성질이 없는 비활성inert 원소들입니다. 주기율표에서 맨 오른쪽에 수직 방향으로 한 줄에 있지요. 이처럼 주기율표는 수직 방향으로 모두 성질이 같은 원소로 되어 있습니다. 모두 최외각전자의 개수가 동일한 원소들이지요.

■ n=2 이후에 채워지는 전자의 개수는 복잡한 과정을 거쳐 얻어지므로 여기서는 다루지 않습니다.

물리학을 둘러싼
보수파와 진보파

슈뢰딩거 방정식에서 얻을 수 있는 Ψ는 결국 입자의 존재에 대한 확률분포입니다. 드브로이와 슈뢰딩거가 생각했던 실재하는 물리적 파동이 아니라 확률파동이라고 할 수 있겠네요. 간섭현상을 보이기 때문에 파동은 파동입니다. 양자역학이 어렵고 혼란스러운 이유가 여기에 있습니다. 관측하기 전에는 실재하지 않는 확률적 존재이지만 관측한 후에

5-10 1927년 솔베이학술회의 참가자들의 기념사진 아인슈타인의 오른편에 로렌츠, 퀴리부인, 플랑크가 앉았고, 가운뎃줄 오른쪽 끝에 보어, 보른, 드브로이 등이 차례로 앉았다. 맨 뒷줄 오른쪽에서 세 번째에 선 사람이 하이젠베르크고, 그의 오른편에 파울리가 서 있다. 맨 뒷줄 가운데가 슈뢰딩거다. 이들 가운데 17명이 노벨상을 받았다.

는 입자가 됩니다. 측정한다는 행위가 대상의 성격을 바꾸다니! 이 해석을 토대로 보어, 하이젠베르크, 보른 등 코펜하겐 학파의 물리학자들은 양자역학에 관한 최종 해석을 내놓습니다. 이것을 코펜하겐 해석Copenhagen interpretation이라 합니다.

이에 대해 슈뢰딩거는 물론 아인슈타인, 플랑크, 드브로이 등은 강하게 반발합니다. 물리적 대상의 운동에 대해 고작 확률적으로밖에 예측할 수 없다니 말이 안 된다고 말이지요. 이들은 미시세계에 대해서도 고전역학에서처럼 정확한 측정, 운동에 대한 정확한 예측이 가능해야 한다고 생각했습니다. 확률이라니 말도 안 되죠. 보어를 필두로 한 코펜하겐 학파는 기존의 고전역학적 관점을 버려야 한다고 주장한 반면에 아인슈타인을 필두로 한 사람들은 그럴 수 없다고 주장했습니다. 과학에 어울리지 않을 수도 있지만 보어로 대표되는 그룹을 진보파로, 아인슈타인으로 대표되는 그룹을 보수파로 볼 수 있지 않을까요.■

1927년 벨기에 브뤼셀에서 열린 솔베이학술회의에서 당대의 대표 물리학자들이 모두 모여 양자역학에 대해 치열하게 토론을 벌였습니다. 마지막 날 함께 찍은 사진은 정말 유명하죠. 승자와 패자가 엇갈린 상황을 과학자들의 표정을 통해서도 확인할 수 있습니다. 코펜하겐 해석으로 당당히 양자역학의 주역임을 인정받은 보어, 하이젠베르크, 파울리, 보른 등과 고전역학의 개념을 포기하지 못한 채 진보파의 사고를 거부했던 아인슈타인, 슈뢰딩거, 드브로이 등의 표정이 절묘하게 대비됩니다. 이 학술대회는

■ 이 표현은 BBC에서 제작한 3부작 다큐멘터리 〈원자The Atom〉에서 인용했습니다.

새세대 진보파 세력이 구세대의 보수파를 꺾은 멋진 승부처였습니다.

20세기 초 일반상대성이론을 이끌어낼 때만 해도 아인슈타인은 그 누구보다 급진적이고 상상을 뛰어넘는 사고력으로 세상을 놀라게 했습니다. 그랬던 그가 30대 후반으로 접어들면서 어째서 변해버린 걸까요? 자신의 상대성이론 방정식을 풀어 새로운 우주론을 주장하는 젊은 후학들을 무시했던 아인슈타인에게 양자역학이 말하는 확률해석은 더더욱 받아들이기 어려웠습니다. 그는 너무나 유명한 말을 남깁니다.

"신은 주사위 놀이를 하지 않는다."

알쏭달쏭한 상보성원리

전자가 가진 이중성은 하이젠베르크의 불확정성원리와 보른의 확률해석이 결합하여 '코펜하겐 해석'으로 결론지어졌습니다. 그러나 이에 동의하지 않고 다른 해석을 모색한 경우도 있습니다. 아무튼 지금까지 대다수 물리학자들은 코펜하겐 해석을 토대로 양자역학을 이해하고 있으며 그 결과물이 바로 20세기의 '찬란한' 현대 문명이지요.

코펜하겐의 대부인 보어는 물리적 실체를 설명하는 데에서 서로 대립하는 두 개념, 즉 입자와 파동 중 어느 하나는 배제하고 다른 하나를 선택할 것이 아니라 양자역학의 경우처럼 모두 상호보완적으로 적용해야 한다고 주장했습니다. 이를 상보성원리complementarity principle라고 합니다. 보어는 동양의 음양론에서 영향을 받아 이런 발상을 했다고 알려져 있습니다. 그래서 1947년 기사 작위를 받을 때도 음양의 문양이 그려진 가운을 입었다고 합니다. 2장에서 소개한 데카르트의 해석기하학에 이어 현대물리학이 만들어지는 과정에서도 동양의 전통이 기여했음을 알 수 있습니다.

여는 글에서도 성리학의 선구자 주돈이의 태극도설을 소개했지만 상보성원리나 불확정성원리를 연상시키는 사고는 동양의 핵심 사상 곳곳에서 나타납니다. 물리학자 프리초프 카프라는 《현대물리학과 동양사상》[27]에서 현대물리학과 동양의 사상을 비교하여 소개합니다. 이 책은 세계적 베스트셀러가 되지요. 그중에서도 물리학자 로버트 오펜하이머와 힌두교 경전이자 지혜서인 《우파니샤드》의 말씀을 비교한 것이 떠오릅니다. 다음은 오펜하이머의 1956년 저서 《과학과 보편적 이해Science and the Common Understanding》에서 인용한 문구입니다.

> 전자의 위치가 늘 같은지 물을 때 아니라고 해야 한다.
> 전자의 위치가 변하는지 물을 때 아니라고 해야 한다.
> 전자가 정지해 있느냐고 물을 때 아니라고 해야 한다.
> 전자가 움직이고 있는지 물을 때 아니라고 해야 한다.[28]

이번엔 《우파니샤드》를 볼까요?

> 참 자아는 움직이지 않으면서 동시에 움직인다.
> 그는 멀리 있으면서 동시에 가장 가까이에 있다.
> 그는 모든 존재 안에 있으면서 동시에 모든 존재의 밖에 있다.[29]

양자역학과
특수상대성이론의 만남

슈뢰딩거 방정식은 양자역학의 가장 기본적인 방정식이 됩니다. 뉴턴의 운동방정식이나 맥스웰의 전자기 방정식과 같은 역할을 하는 셈이죠. 그 해석은 방정식을 유도한 슈뢰딩거조차 받아들일 수 없을 만큼 급진적이었지만 양자역학은 미시세계와 관련된 수많은 현상을 예측하고 또 검증하면서 명실공히 20세기를 양자역학의 세기로 만듭니다.

양자역학이 정리됨에 따라 물리학자 폴 디랙은 아인슈타인의 특수상대성이론을 고려한 양자역학 방정식을 이끌어냅니다. 양자역학은 미시세계에 대한 이론이고 특수상대성이론은 매우 빠른 세계에 대한 이론이므로 이 둘의 결합은 결국 아주 빠른 속도로 움직이는 미시적 입자를 설명하는 이론이라 할 수 있습니다. 디랙의 방정식 역시 매우 간결하면서 역사적이며, 전혀 예측하지 못한 새로운 발견을 이끌어낸 과학혁명이었습니다.

디랙은 전자처럼 스핀이 $\frac{1}{2}$인 페르미온 입자가 빛의 속력에 가까운 속도로 운동하는 경우를 고려했습니다. 특수상대성이론에서 새로 추가된 에너지 항 $E=mc^2$을 기억하시나요? 여기서도 비슷한 결과가 얻어지는데 조금 다릅니다. 에너지 E에 대한 2차방정식이 나옵니다. 2차방정식의 해는 두 개입니다. 예를 들어 $x^2=1$이라면 $x=\pm1$, 즉 양수 $+1$과 음수 -1이 모두 해입니다. 디랙 방정식도 비슷하게 두 해가 나옵니다. 그런데 두 해 중 음수인 음의 에너지에 대해서는 해석이 어려웠습니다. 에너지가 양수인 경우는 전자가 되지만 음수인 경우는 어떻게 해석해야 할까요? 그냥 의미 없는 값은 아닐 텐데요. 디랙 방정식의 해를 통해 디랙은 전자와 매우 비슷하지만 음의 에너지를 갖는 반대되는 입자, 즉 반전자의 존재를 예측합니다. 전자가 음전기를 갖고 있다면 이 반전자는 양전기를 갖고 있을 터이므로 양전자positron라는 이름을 붙였죠. 더 나아가 전자뿐 아니라 모든 입자가 그와 쌍을 이루는 반입자anti-particle를 갖는다고 예측합니다. 정말 전자의 반입자인 양전자가 존재할까요? 1932년 우주로부터 날아오는 입자 다발인 우주선cosmic ray 속에서 양전자가 발견됩니다. 또 하나의 극적인 발견이었지요.

디랙은 또한 입자-반입자 쌍이 매우 특별하게 행동한다는 것도 알아냅니다. 두 입자가 서로 충돌하면 자연계에서 사라지지만 대신에 그 에너지만큼 빛이 생성된다는 것입니다. 반대로 빛이 사라지면서 입자-반입자 쌍이 탄생하기도 하고요. 이를 각각 쌍생성pair production, 쌍소멸pair annihilation이라고 합니다. 이렇듯 미시세계는 믿을 수 없을 정도로 우리 상식을 벗어나는 일들로 넘쳐납니다.

원자 속으로 들어가다

양전자를 발견한 해에 영국의 물리학자 제임스 채드윅은 원자핵 속에서 또 다른 입자인 중성자neutron를 발견합니다. 원자의 구조가 명확히 밝혀진 겁니다. 원자는 가운데에 작지만 무거운 핵이 있고, 핵 바깥에 파울리의 원리에 따라 전자가 분포하고 있습니다. 핵 속은 양전기를 띤 양성자와 전기가 없는 중성자로 꽉 들어차 있습니다. 그런데 이상하죠? 핵 속의 양성자들은 서로 미는 힘이 강할 텐데 어떻게 그 힘을 극복하고 붙어 있을까요? 이 말은 당시까지 알려진 자연의 기본 힘인 중력, 전자기력 말고 또 다른 힘이 숨어 있다는 뜻입니다. 그 힘의 작용 범위가 10^{-15}미터 정도의 핵 속에 국한되어 알 수가 없었던 거지요. 그런데 그 힘의 세기는 다른 힘들보다 매우 컸습니다. 그래서 그 힘에 강력strong force이라는 이름을 붙였고, 핵을 이루는 데 필요한 힘이라서 핵력nuclear force이라고도 합니다. 이제 세상을 이루는 네 가지 힘 중 세 가지가 밝혀진 겁니다.

곧이어 네 번째 힘의 존재도 알게 됩니다. 이 힘은 방사능 베타붕괴를 일으키는 힘입니다. 베타붕괴란 중성자나 양성자 같은 핵 속 입자가 서로 뒤바뀌는 상황을 말합니다. 중성자가 양성자로 바뀐다고 가정해보죠. 전기가 없던 입자에서 양전기가 생긴 건데 이를 상쇄하려면 음전기, 즉 전자도 함께 있어야 합니다. 다시 말해 베타붕괴는 중성자가 양성자로 바뀌며 전자도 만들어냅니다. 여기서 추가로 에너지값도 고려해야 합니다. 변한 후에도 에너지값이 일치하려면 조그만 입자 하나가 더 만들어져야 하는데, 바로 중성미자neutrino입니다. 이 입자는 질량이 너무 작아 거의 0에 가깝습니다. 결국 베타붕괴란 중성자가 양성자와 전자, 중성미자로 붕괴되는 과정을 말하며 이때 작용하는 힘을 약력weak force이라고 합니다. 핵력에 비해 세기가 약하기 때문에 이런 이름이 붙었죠.

대통일을 위한 꿈

현대의 물리학자들은 이 네 가지 힘을 하나로 통합하려 합니다. 빅뱅 이론에 따르면 우주는 137억 년 전에 시작하여 지금까지 팽창해왔습니다. 우주가 시작할 즈음에는 지금처럼 네 힘이 분리되어 나타나지 않았을 겁니다. 아직 물질이 생겨나기 전이니까요. 현대과학은 우리의 시초에 대해 알아내려 합니다. 그러기 위해서는 이 네 가지 힘의 정체를 통합적으로 이해하는 것이 중요합니다. 이미 19세기 말에 인류는 전기력과 자기력을 하나의 이론 체계로 기술하는 통합을 이루어냈습니다. 뒤이어 20세기 초가 되어 양자역학에서 미시세계에서만 영향력을 발휘하는 강력과 약력의 존재를 찾아냈죠. 일반상대성이론에서는 중력이 시공간의 구부러짐이라는 사실을 알게 되었습니다.

스티븐 와인버그와 압두스 살람은 19세기에 통합된 전자기력과 새로 발견된 약력을 통합하는 전기약력electroweak force 이론을 정립했습니다. 그리고 머리 겔만 같은 선구적 학자의 노력으로 강력이 양자색역학quantum chromodynamics이란 이름으로 체계화되었지요. 핵을 구성하는 양성자나 중성자는 더 작은 입자인 쿼크quark로 이루어져 있으며 쿼크들 간의 상호작용으로 핵력을 설명할 수 있습니다. 전기약력과 양자색역학의 두 이론 체계를 합쳐 표준모형standard model이라고 합니다. 원자보다 훨씬 더 작은 '소립자'의 세계를 설명하는 검증된 이론이죠. 사실 이 종합적 이론 체계들을 이해하려면 게이지 이론gauge theory을 알아야 하지만 이 책의 수준을 훌쩍 뛰어넘으니 여기서는 그냥 지나가겠습니다.

그런데 아주 어려운 문제가 있습니다. 중력을 어떻게 통합시킬지 모른다는 것입니다. 아인슈타인은 이미 시대를 훨씬 앞서간 학자였습니다. 죽는 날까지 자신의 중력 이론과 맥스웰의 전자기력을 통합하는 이론을 찾으려 했거든요. 그는 양자역학을 받아들이지 않았기에 이 두 힘만 결합하면 세상의 모든 힘을 통일할 수 있다고 생각했습니다. 나름대로 한계는 명확했지만 그때 이미 힘의 통일에 대해 생각하고 평생 해답을 찾기 위해 노력했다는 점에서 위대한 지성이라 하지 않을 수 없습니다.

현재 여러 학자들이 중력 이론에 해당하는 일반상대성이론과 양자역학을 잘 결합하여 중력과 나머지 세 힘을 통합하는 이론을 만들려 하고 있습니다. 아직 실험으로 검증된 이론은 없습니다. 하지만 후보들은 있습니다. 오래전 핵력을 탐구하다가 우연히 발견되어 지금 많은 물리학자들이 연구하고 있는 끈이론string theory도 그중 하나입니다. 끈이론의 기본 가설은 우주의 모든 존재가 매우 작은 끈으로 이루어져 있다는 겁니다. 이 끈은 정말 작습니다. 지금까지 등장한 어떤 길이보다도 짧은 10^{-35}미터 정도니까요. 사실 이 길이보다 더 작은 세계는 존재할 수 없다고 합니다. 더욱이 이 끈이 존재하는 공간은 우리가 사는 곳 같은 4차원 시공간이 아니라 10차원 시공간이라는군요. 상상은 잘 안 가지만 나머지 여섯 개 차원은 쪼그라져 있다고compactified 합니다. 끈이론은 일반상대성이론과 양자역학을 무리 없이 잘 통합할 수 있는 그야말로 '모든 것의 이론Theory of Everything'의 강력한 후보입니다. 그러나 너무나도 작은 세계에 관한 이야기라 아직 실험적으로 검증된 바가 없어 갈 길이 아주 멉니다.

EPR 역설,
아인슈타인의 반격

1935년 코펜하겐 해석을 반대했던 아인슈타인은 동료인 보리스 포돌스키와 네이선 로젠과 함께 논문을 발표하며 양자역학에 강력히 문제를 제기합니다. 제목이 〈물리적 실재에 대한 양자역학적 기술이 완전하다고 볼 수 있는가?〉입니다.[30] 양자역학이 틀렸다고 볼 수는 없지만 불완전하다는 것입니다. 이 논문에서 제기한 문제를 EPR 역설이라고 하는데 저자 세 명 Einstein, Podolsky, Rosen의 이름을 딴 것입니다. 비유를 들어 그 내용을 간단히 알아보죠.

지구에서 멀리 떨어진 별에 사는 외계인이 스핀이 $\frac{1}{2}$ 인 전자와 $-\frac{1}{2}$ 인 전자 한 쌍을 만들어 그중 하나는 지구 쪽으로 보내고(전자 A라고 하죠) 나머지 하나는 지구 반대편 쪽으로 보냅니다(전자 B라고 합니다). 지구에 있는 우리는 전자 A의 스핀을 측정하려고 합니다. 전자 A의 스핀이 $\frac{1}{2}$ 이라면 전자 B의 스핀은 $-\frac{1}{2}$ 이 됩니다. 고전역학적으로 생각해보면 우리가 측정하기 전에 전자 A의 스핀은 이미 결정되어 있습니다. 단 측정 전에는 결과를 모를 뿐입니다. 당연히 전자 B의 경우도 마찬가지일 겁니다. 너무나 당연해서 이해하는 데 아무런 무리가 없지요?

그런데 양자역학적으로 생각하면 많이 이상합니다. 우리가 전자 A를 측정하기 전에 전자 A의 스핀은 전혀 결정되어 있지 않고 $\frac{1}{2}$ 일 확률 50퍼센트, $-\frac{1}{2}$ 일 확률이 50퍼센트인 상태에 있습니다. 전자 A의 파동함수를 쓰면 $\Psi_A = \frac{1}{\sqrt{2}} \Psi_{A,1/2} + \frac{1}{\sqrt{2}} \Psi_{A,-1/2}$ 이라 할 수 있습니다. 전자 A의 스핀값은 우리가 열어서 확인하는 순간에야 결정됩니다. 그럼 전자 B의 스핀값은 어떻게 될까요? 우리에게 온 전자 A를 측정하는 순간 결정됩니다. 전자 A를 측정할 때 전자 B와는 너무나 멀리 떨어져 있는데 우리가 측정한 전자 A의 정보가 전자 B에까지 순식간에 전달되었다는 말이네요. 특수상대성이론에 따르면 어떤 정보도 빛보다 빨리 전달될 수 없는데, 양자역학의 해석을 적용하면 특수상대성이론에 위배되는 것이 아닐까요?

고전역학은 국소성locality의 원리가 적용됩니다. 한 지점에서의 측정 행위가 멀리 떨어진 다른 지점에서의 측정 결과에 영향을 미치지 않는다는 너무나 당연하고 매우 상식적인 원리입니다. 그런데 양자역학은 이 상식마저도 지키지를 않지요. 이에 대한 보어의 대답은 비국소성nonlocality입니다. 전자 A와 전자 B는 공간상으로는 떨어져 있어도 서로 얽혀 있다entangled는 겁니다. 따라서 두 전자의 스핀 파동함수는 각각이 아니라 함께 나타내야 합니다. 다음과 같이요.

$$\Psi_{A,B} = \frac{1}{\sqrt{2}}\Psi_{A,1/2} \cdot \Psi_{B,-1/2} + \frac{1}{\sqrt{2}}\Psi_{A,-1/2} \cdot \Psi_{B,1/2}$$

이 두 전자는 서로 얽혀 있습니다. 전자 A의 스핀을 확인한다는 것은 전자 A만 독립적으로 측정하는 것이 아니라 얽혀 있는 두 전자 모두에 대해 측정 행위를 하는 겁니다. 따라서 정보가 이동했다고 볼 필요가 없으며 특수상대성이론을 위배하지 않습니다.

하지만 아인슈타인의 문제 제기는 여기서 끝나지 않습니다. 실재성reality에 대해서도 문제를 삼죠. 전자 A의 스핀을 측정하면 전자 B의 스핀을 측정하지 않고도, 그러니까 전자 B를 교란하지 않고도 전자 B의 스핀을 100퍼센트 정확히 알 수 있으니 전자 B의 스핀은 '물리적 실재의 요소'가 있습니다. 따라서 대상을 직접 측정하지 않고는 실재가 없다고 하는 양자역학은 모순이라고 주장하죠. 하지만 이 역시 얽힘의 개념을 생각하면 해결되는 문제입니다. 실제로 '전자 A 스핀 + 전자 B 스핀'이라는 얽힘 상태에서 측정한 것이니까요.

아인슈타인은 불완전한 양자 이론을 극복하기 위해 숨어 있는 규칙이라 할 수 있는 '숨은 변수hidden variable 이론'을 언급합니다. 양자역학에서는 입자의 상태를 측정해 나온 결과를 확률적으로 해석하지만, 실은 그 결과가 나오도록 정해주는 숨은 규칙이 있을 것이라는 이론입니다. 마치 주사위를 던질 때 처음에는 3이 나오고 두 번째는 5가 나오도록 정해주는 규칙이라고나 할까요?

이후 개념만으로 존재했던 양자역학의 얽힘 상태가 실제로 존재함이 실험을 통해 밝혀졌습니다. EPR의 도전을 물리친 결정적 증거가 나온 것이죠. 아인슈타인의 주장은 무효화되었지만 EPR 역설을 해결하면서 탄생한 얽힘 상태는 최근 컴퓨터 발달에서 거대한 혁명을 일으킬 것으로 예상되는 양자컴퓨터를 포함해 새로운 정보 기술에서 매우 중요한 역할을 하고 있습니다. 아인슈타인의 실패한 도전이 오히려 양자역학의 기반을 더 공고히 하고 새로운 정보혁명으로 나아가게끔 해준 것이죠. 과학혁명의 역사에서 목격하는 또 하나의 '역설'이 아닐 수 없습니다.

살아 있기도 하고 죽어 있기도 한 슈뢰딩거의 고양이

역시 코펜하겐 해석을 반대했던 물리학자 슈뢰딩거는 또 다른 관점에서 양자역학의 모순을 지적하는 사고실험을 발표합니다. 대중적으로도 많이 알려진 '슈뢰딩거의 고양이' 사고실험입니다. 미시세계의 존재와 달리 고양이는 거시적 존재이지요. 따라서 고양이는 고전역학의 법칙을 따를 겁니다. 그런데 슈뢰딩거는 이 당연한 상식이 성립하지 않을 수 있다고 주장하며 코펜하겐 해석에 도전합니다. 실험은 매우 간단합니다. 물론 실제 실험은 아니니 불쌍하게 희생당할 고양이는 없지요.

커다란 상자를 준비합니다. 상자 안에는 방사능을 내는 물질이 있고 방사능은 양자역학의 지배를 받습니다. 이 물질이 한 시간 안에 붕괴돼 방사능을 방출할 확률이 $\frac{1}{2}$, 그렇지 않을 확률이 $\frac{1}{2}$이라 하죠. 이 물질의 방사능 붕괴에 대한 양자상태는 상자를 열어 확인하지 않는 한 붕괴할 가능성과 붕괴하지 않을 가능성이 서로 합쳐진 상태입니다. 만일 방사능 물질이 붕괴하면 안에 설치된 계수기에 방사능이 검출되고, 매달린 망치가 독가스가 든 병을 내리쳐 깨뜨립니다. 그러면 독가스가 퍼져 안에 있는 고양이는 죽습니다. 방사능 물질이 붕괴하지 않으면 아무 일도 일어나지 않고 고양이는 그대로 살아 있습니다.

양자역학적으로 이야기하면 50퍼센트 확률로 살아 있는 상태와 50퍼센트 확률로 죽은 상태가 합해져 있는데 거시세계에서 이런 상태는 당연히 존재할 수 없습니다. 죽어 있든 살아 있든 둘 중 하나이죠. 코펜하겐 해

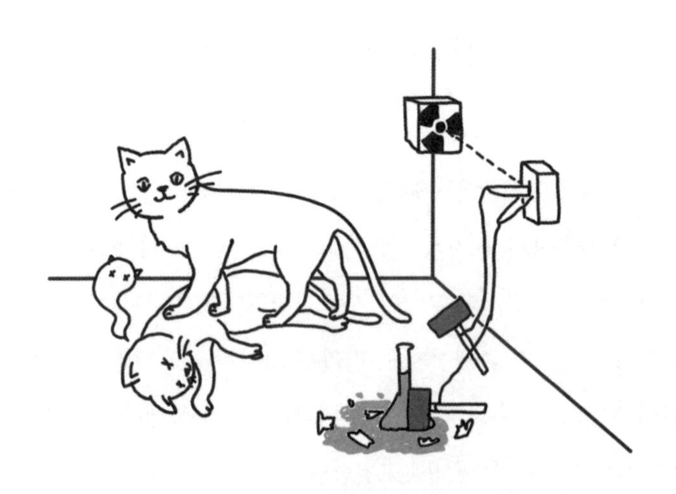

5-11 살아 있기도, 죽어 있기도 한 슈뢰딩거의 고양이

석은 측정하기 전의 양자상태는 실재하지 않으며 오직 측정을 통해서만 대상의 상태가 정해진다고 합니다. 미시세계는 양자역학이 지배하므로 입자는 붕괴한 상태와 그렇지 않은 상태의 결합으로 주어질 수 있다고 해도 고전역학이 지배하는 거시세계의 고양이는 삶과 죽음의 결합 상태로 주어질 수 없습니다. 그런데 실제로 미시세계는 양자역학이, 거시세계는 고전역학이 성립하는 게 맞을까요? 거시와 미시의 경계는 어디일까요? 매우 애매하지요. 슈뢰딩거는 양자역학의 이런 애매함을 지적한 겁니다.

사실 모든 세계에서 양자역학이 옳다고 해야 합니다. 미시 입자들은 주변과 상호작용이 매우 작아서 자신이 가진 파동성을 유지할 수 있지만 크기가 커지면 주변과 상호작용이 커지면서 마치 측정된 것처럼 파동성을 잃습니다. 하지만 입자의 크기가 커지더라도 주변의 영향을 잘 차단하면 양자역학적 성질을 유지할 수 있습니다. 이중틈새 간섭실험의 경우 빛과 전자를 넘어 원자나 분자, 심지어는 바이러스로도 간섭무늬를 만들 수 있다고 합니다. 거시세계에서도 양자현상이 나타날 수 있으니 코펜하겐 해석은 모순이라는 슈뢰딩거의 주장과 달리 갈수록 곳곳에서 '슈뢰딩거의 고양이'와 같은 거시적 양자상태를 경험할 수 있게 될 것입니다.

진짜 어려운 문제는 '측정'의 의미가 근본적으로 명확하지 않다는 것입니다. 슈뢰딩거의 고양이 실험에서 방사능 붕괴를 누가 언제 측정하는 것인지 불확실합니다. 상자를 여는 것과 관계없이 계수기가 하는 것인지, 고양이가 하는 것인지, 아니면 내가 상자를 열어서 하는 것인지 정하기가 어렵지요. 심지어 다른 사람('위그너의 친구')을 상자 안에 들여보내자는 주장도 있었습니다. 그래 봤자 그 사람도 역시 고양이와 비슷한 양자상태로 기술될 수밖에 없지요. 따라서 또 다른 측정이 있어야 그 사람의 상태가 결정됩니다. 측정의 주체와 조건, 시기 등에 관해 명확한 것이 없습니다. 이 문제는 현재까지도 명쾌하지 않습니다. 이른바 '측정의 문제'라고 하지요.

양자역학을 둘러싼 오해

지금까지 물리학의 꽃이라 할 양자역학에 대해 살펴보았습니다. 온갖 낯설고 황당한 이야기의 대향연이 펼쳐졌네요. 언젠가 설문에서 일반 시민과 물리학자들에게 물리학 이론 중 최고의 이론이 무엇인지 물어보았다고 합니다. 일반 시민들은 아인슈타인의 대중성 때문인지 상대성이론을 꼽았고, 물리학자들은 현대 기술문명을 비롯해 우리 삶과 훨씬 밀접한 관련성 때문인지 양자역학을 더 높은 순위에 올렸습니다. 양자역학의 놀라운 점은 그 뛰어난 활용성에도 불구하고 이론적 체계에 대해 만장일치의 의미와 해석이 아직 없다는 점입니다. 절대 다수가 코펜하겐 해석을 받아들이고 있지만 완벽하다고 볼 수는 없습니다.

양자역학은 우리가 자연을 이해하고 해석하는 방식에서 상대성이론 이상으로 거대한 변화를 불러왔습니다. 그런데 이 변화를 너무 확대 해석한 나머지 마치 양자역학이 주는 의미가 결정론을 비롯한 기존의 과학적 방법론을 포기하는 것이라는 주장까지 나옵니다. 카프라의 《현대물리학과 동양사상》이 출간된 이후 카프라의 실제 의도를 넘어 제각기 자기 방식으로 물리학과 동양사상을 연결시키는 혼잡한 상황도 나타나고 있지요. 다양한 논의가 있는 것은 좋지만 스스로 도그마에 갇혀 아무렇게나 주장하고 물리학적 기초가 부족한 시민들에게 그릇된 생각을 심어주는 것은 문제입니다. 그런 의미에서 양자역학에 대한 몇 가지 오해를 짚어보며 이 장을 마칠까 합니다.

첫째는 관찰자와 관찰 대상의 관계성에 대한 것입니다. 양자역학은 측정 행위에 대해 고전역학과 근본적으로 다른 관점을 보여줍니다. 불확정성원리에 따라 측정이 대상에 영향을 미치는 것은 분명합니다. 위치와 속도를 동시에 정확히 측정할 수 없는 이유는 측정이라는 행위 자체가 대상의 운동에 영향을 미쳐 근본적인 오차를 만들어내기 때문입니다. 따라서 양자역학이 주체와 객체가 완전히 일체가 된다고 하는 불교의 가르침을 그대로 담고 있다고 보기는 어렵습니다. 고전역학에서처럼 명확한 것은 아니지만 여전히 주객의 분리는 존재합니다. 그렇지 않다면 측정이라는 말 자체를 사용할 필요도 없겠죠.

둘째는 결정론에 대한 오해입니다. 양자역학의 코펜하겐 해석에서는 대상의 상태를 확률적으로밖에 예측할 수 없다고 합니다. 파동함수 Ψ의 제곱이 그 확률을 의미하며 슈뢰딩거 방정식으로 파동함수의 변화를 알 수 있습니다. 고전역학에서처럼 완전한 결정론이라고 볼 수는 없지만 양자역학에서도 현재의 파동함수를 정확히 알면 미래의 파동함수가 정확히 결정됩니다. 고전역학에 비해 약화된 결정론이라고 할까요. 양자역학은 결정론 자체가 완전히 붕괴된 100퍼센트 깜깜한 미래를 이야기하는 것이 아닙니다. 그뿐 아니라 고전역학 안에서도 결정론이 붕괴되는 사례가 있습니다. 바로 다음 장에서 이야기할 '혼돈(카오스)' 현상입니다.

양자역학의 철학적 해석과 의미를 발전시키는 것은 매우 중요합니다. 그러기에 양자역학에 대해 정확히 알아야 합니다. 과학은 아직 한 번도 과학이 가진 합리적 사고방식을 벗어나본 적이 없습니다. 아무리 괴상하고 정신 나간 상상으로 새로운 세계관이 제시된다 해도 언제나 합리적 검증의 틀 속에서 의미를 가집니다. 양자역학으로 그동안 물리학이 쌓아온 합리적 체계와 방식이 모두 무너져 내렸으니 이제 물리학을 내던지고 모든 대안을 동양의 지혜에서 찾아야 한다는 생각은 매우 위험합니다. 양자역학을 비롯한 현대물리학이 의미하는 것과 한계를 명확히 알고 그 바탕 위에서 우리의 자연관, 세계관을 모색해나가야 합니다. 그래서 다음 장에서 살펴볼 주제는 더욱 의미가 있습니다.

도저히 이해할 수 없는 작은 세계

다섯 번째 혁명,
현대물리학의 또 다른 축

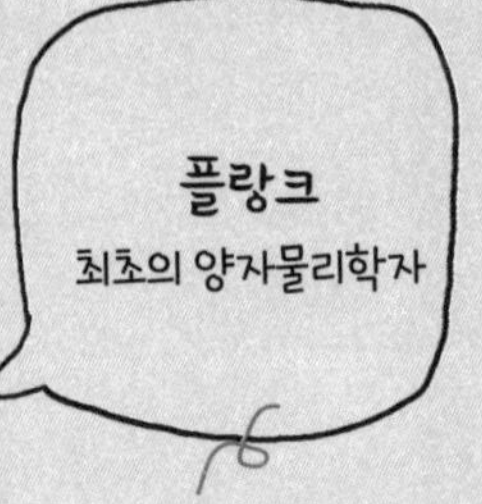

플랑크
최초의 양자물리학자

'양자quantum'란 이름을 지은 사람

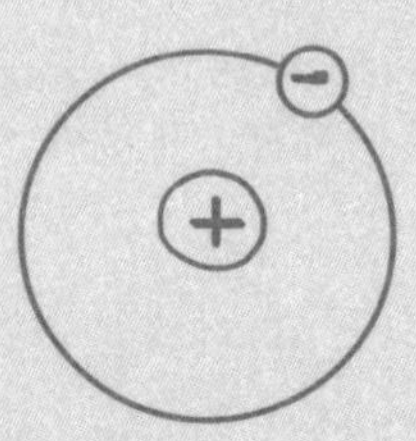

아인슈타인
빛은 입자이자 파동이다.

러더퍼드
"원자는 양전기를 띤 입자가
가운데 있고 그 주위를 음전기를
가진 입자가 공전하고 있다."

보어
러더퍼드의 원자모델을 수정

"원자 속 전자들은 특별한 궤도에만
존재하며 궤도를 옮겨다닐 때
에너지를 흡수하거나 내놓는다."

드브로이
"빛이 입자성과 파동성 둘 다 가지고
있다면 전자 같은 다른 물질도 두
성질을 다 갖고 있지 않을까?"

하이젠베르크의 행렬역학

"볼 수도 없는 전자에 신경 쓰지 말고 볼 수 있는 선스펙트럼에 집중해 원자의 정체를 밝혀보자."

불확정성원리

입자의 위치와 운동량을 둘 다 한꺼번에 정확히 측정할 수는 없다.

고전역학은 미시세계에 적용될 수 없다!

슈뢰딩거의 파동방정식

전자는 실체가 있는 파동이라고 전제하고 전자의 운동을 기술하는 방정식을 개발

보른의 확률파동

슈뢰딩거의 파동을 확률로 바꿔버림

코펜하겐 학파

하이젠베르크의 불확정성원리 +보른의 확률 해석

양자역학을 둘러싼 논쟁

양자역학의 확률 해석을 이끌어낸 코펜하겐 학파의 승리

슈뢰딩거,
아인슈타인,
플랑크,
드브로이
강력 반발

"신은 주사위 놀이를 하지 않는다!"

아인슈타인과 EPR 역설

슈뢰딩거의 고양이

아인슈타인도 받아들이기 힘들어한 말도 안 되는 세계

1장 그리스 자연철학

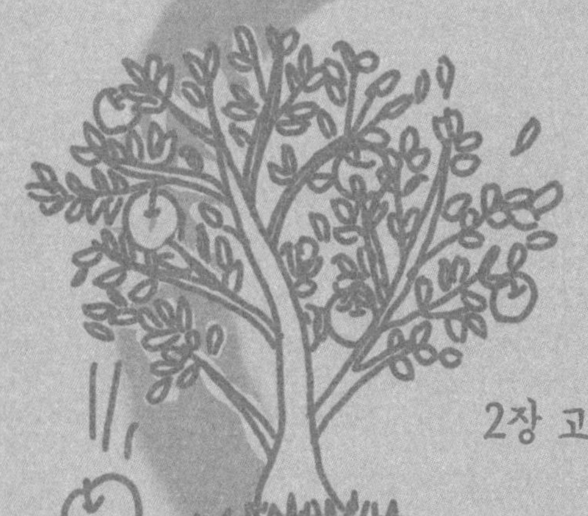

2장 고전 물리학의 시작

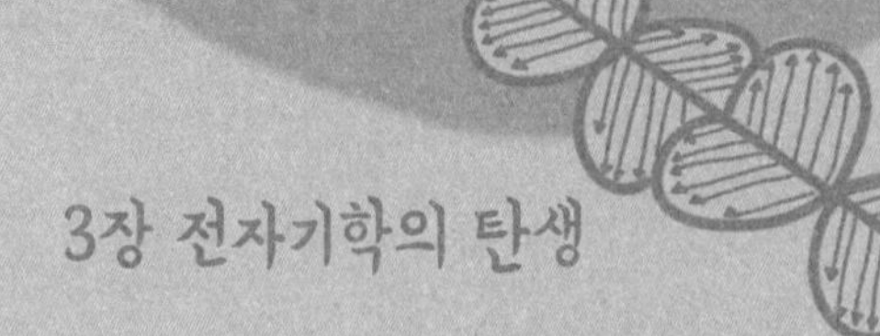

3장 전자기학의 탄생

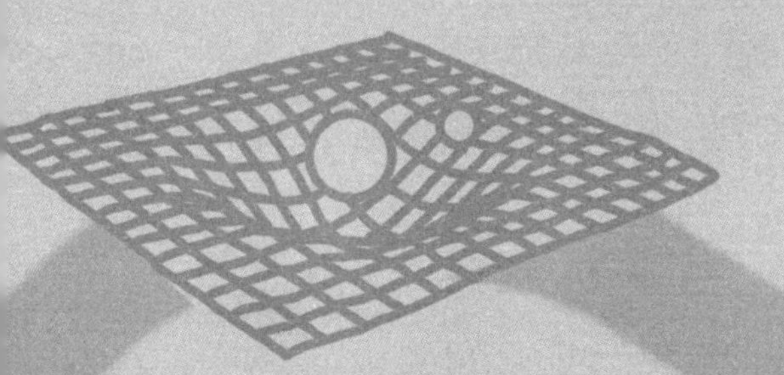

6장 혼돈과 복잡성까지 끌어안은 물리학

복잡계 과학의 또 다른 혁명

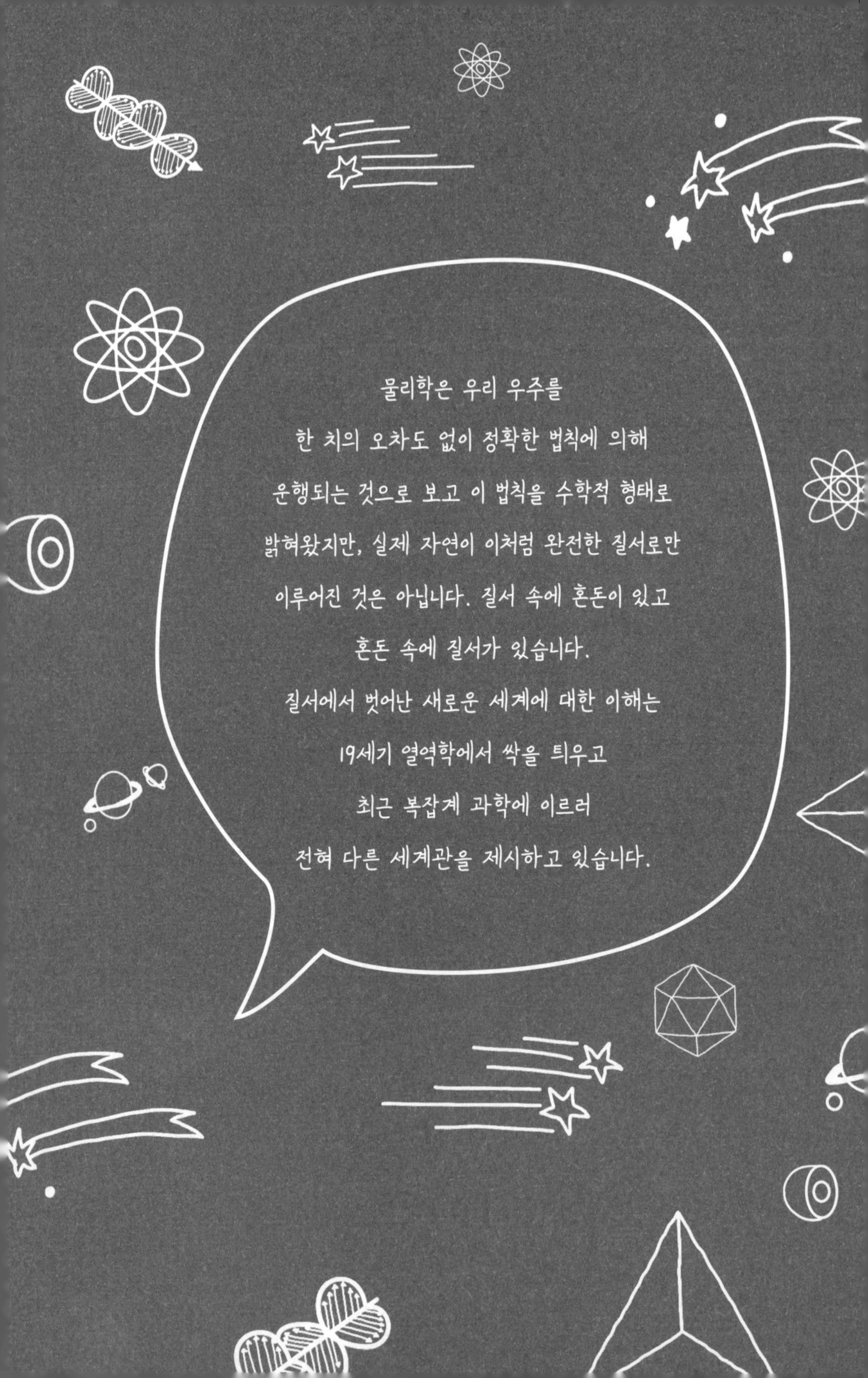
물리학은 우리 우주를
한 치의 오차도 없이 정확한 법칙에 의해
운행되는 것으로 보고 이 법칙을 수학적 형태로
밝혀왔지만, 실제 자연이 이처럼 완전한 질서로만
이루어진 것은 아닙니다. 질서 속에 혼돈이 있고
혼돈 속에 질서가 있습니다.
질서에서 벗어난 새로운 세계에 대한 이해는
19세기 열역학에서 싹을 틔우고
최근 복잡계 과학에 이르러
전혀 다른 세계관을 제시하고 있습니다.

긴 여정을 거슬러오며 고전역학, 전자기학, 상대성이론, 양자역학, 약 300여 년에 걸쳐 인류가 찾아낸 위대한 보물에 대해 이야기했습니다. 덕분에 우리는 상상할 수 없을 만큼 작은 세계에서 끝도 없이 광대한 우주 영역까지 이해의 폭을 넓힐 수 있었습니다. 아름답고 찬란한 코스모스cosmos가 우리에게 드러났습니다. 코스모스는 '질서'를 뜻합니다. 실제로 우주는 한 치의 오차도 없이 정확한 법칙으로 운행되는 것처럼 보입니다. 물리학은 자연의 질서를 수학적 법칙 형태로 드러내는 과정을 밟아왔습니다. 그런데 정말 이처럼 정확한 질서만이 실제 자연의 모습일까요?

앞에서 다룬 모든 이론 체계를 통틀어 '미시 동역학 이론'이라고 합니다.■ 관찰 대상을 '개별적으로' 기술한다는 의미죠. 시간에 따라 변하는(동

■ 앞 장에서 설명했던 미시세계의 '미시'와는 다른 의미입니다. 양자역학이 적용되는 미시세계는 매우 작은 세계를 의미하며, 여기서 '미시적'이란 그 크기에 관계없이 관찰 대상을 개별적으로

역학) 개별 대상(미시)의 운동을 예측하는 이론 체계입니다. 고전역학도 양자역학도 모두 그렇습니다. 그런데 미시 동역학 이론은 선택된 대상만을 정확히 기술할 수 있습니다. 수많은 교과서에 나오는 사례가 바로 선택된 대상입니다. 자연의 질서를 나타내는 이 사례들은 수학적 계산 과정도 비교적 깔끔하고 답도 매우 간단하게 얻을 수 있습니다. 즉 정확한 예측이 가능한 대상들이죠.

하지만 자연에는 질서에서 벗어난 경우도 있습니다. 어떤 것이 있을까요? 두 가지 상황을 생각할 수 있습니다. 먼저, 여전히 미시 동역학 이론을 적용할 수 있는 비교적 간단한 대상이지만 자체가 가진 비선형성nonlinearity이라는 특성 때문에 변화를 정확히 예측할 수 없는 상황입니다. 결과적으로 혼돈chaos을 나타냅니다. 혼돈은 질서가 전혀 없는 것처럼 보입니다만 사실은 그렇지 않습니다. 비선형성, 혼돈의 개념이 우리가 이 장에서 알아볼 주제입니다.

둘째는 질서 없이 제멋대로random 움직이는 수많은 입자 계system의 경우입니다. 개별 입자 각각은 뉴턴의 운동법칙에 따라 예측 가능한 방식으로 운동하지만,■■ 이들의 수가 많아지면 입자 하나하나의 운동을 동시에 예측할 수 없습니다. 이런 경우 많은 입자들의 운동을 평균적으로밖에 기술할 수 없습니다. 이처럼 많은 입자들의 운동에 대해 입자 계의 전체적

기술한다는 의미입니다. 앞으로 나올 '거시적'이란 의미도 비슷하게 적용할 수 있습니다.

■■ 물론 고전역학만을 적용한다는 가정 아래 그렇습니다. 실제로 매우 낮은 온도에서는 고전역학적 방식이 적용되지 않기 때문에 양자역학을 적용해야 하고 속도가 매우 빠른 경우에는 특수상대성이론을 적용해야 합니다.

변화를 통계적 방식으로 예측하는 영역이 통계역학statistical mechanics입니다. 통계역학은 전체 계의 온도나 압력 같은 거시적 양을 매우 정확히 예측합니다. 그런데 통계역학의 틀 안에도 질서와 무질서, 혼돈이 존재합니다. 이렇게 입자 계가 보여주는 질서와 혼돈의 중간 영역을 복잡계complex system라고 합니다. 역시 이 장에서 살펴보겠습니다.

이 두 주제는 질서에서 벗어난 자연의 영역을 다루지만 어느 특정한 시기에 하나의 과학혁명으로 정리된 것은 아닙니다. 통계역학은 19세기 열역학과 함께 정리된 이론이고 미시 동역학에서 혼돈 이론은 20세기 중반에 시작되었습니다. 최근 본격적으로 연구되고 있는 복잡계 과학은 기존의 동역학 체계가 담아내지 못했던 '생명 현상' 같은 영역을 탐구하면서 자연에 대해 전혀 새로운 관점을 제시하는, 그야말로 과학혁명의 단계로 가고 있습니다. 복잡계 과학은 어떤 세계관을 제시하고 있을까요? 먼저 혼돈이라는 개념을 이해하기 위해 뉴턴 역학으로 돌아가보겠습니다.

혼돈의 조건
나비효과

수학자이자 물리학자인 앙리 푸앵카레는 간단한 동역학 체계에서 혼돈이 있을 때의 가능성에 대해 생각했습니다. 사실 고전역학에서 뉴턴의 운동방정식을 풀어 예측할 수 있는 대상은 정말 적습니다. 얼마나 적느냐면 서로 힘이 작용하는 물체가 두 개 있을 때만 그들의 운동이 오차 없이 결정됩니다. 덕분에 만유인력의 작용으로 태양을 공전하는 지구의 궤도를 안정적으로 정할 수 있지만, 태양과 지구 외에 영향력 있는 다른 물체가 하나만 끼어들어도 고전역학으로 정확한 답을 낼 수가 없습니다. 이처럼 서로 힘이 작용하는 물체가 둘이어야만 그들의 운동이 오차 없이 결정됩니다.

다시 말해 서로 비슷한 크기의 만유인력이 작용하는 세 물체 간의 힘은 나타낼 수 없습니다. 뉴턴의 만유인력이나 전자기력은 두 물체 사이에 작용하는 힘이기 때문이지요. 양자역학에서도 마찬가지입니다. 푸앵카레는 서로 힘이 작용하는 대상이 셋 이상이 되면 방정식의 정확한 해solution를 얻을 수 없음을 이론적으로 증명했습니다. 푸앵카레는 당시 가장 질서 있다고 여겨지던 태양계 행성을 분석하는 방식을 창안해 결과를 보여주었습니다. 지구는 다행히도 궤도가 안정적이어서 예측할 수 있었지만 화성과 목성 사이에 존재하는 많은 소행성의 궤도는 예측할 수 없는 '혼돈'을 보였습니다. 소행성 하나하나는 고전역학의 법칙으로 설명할 수 있겠지만 전체 소행성의 운동은 고전역학으로 설명할 수 없는 거지요.

고전역학 안에서 혼돈을 잘 기술한 또 다른 예는 주사위 던지기입니다. 주사위는 한 개부터 여섯 개까지 눈이 있고 각 눈이 나올 확률은 $\frac{1}{6}$이지요. 던지기 전에는 어떤 면이 나올지 전혀 알 수가 없습니다. 그런데 사실 주사위 던지기도 뉴턴의 운동법칙이 적용됩니다. 양자역학과 달리 고전역학에서는 현재 위치와 운동량이 정확히 주어지고 작용하는 힘을 알면 미래의 상태를 정확히 알 수 있다고 했습니다. 미래는 결정되어 있지요. 여기까지는 확률을 이야기할 필요가 없어 보입니다.

그런데 처음 던질 때의 운동 조건을 그 다음 번에도 오차 없이 똑같이 줄 수는 없습니다. 조금이라도 차이가 생깁니다. 보통은 차이가 조금 나도 운동이 진행되는 과정에서 증폭되지 않는다면 결과는 매번 비슷하게 나올 겁니다. 그런데 주사위 던지기는 그렇지 않습니다. 주사위가 바닥에

닿는 조건이 아주 조금만 달라도 눈의 값이 바뀔 수 있기 때문이지요. 이처럼 처음의 작은 차이가 전혀 다른 결과를 만들어내는 걸 나비효과butterfly effect라고 합니다. 나비효과는 혼돈 현상의 가장 중요한 특징입니다. 주사위의 미래는 어떻게든 이미 결정되어 있습니다. 그러나 초기 조건을 무한히 정확히 알 수는 없기 때문에 그 조그만 차이가 증폭되어 결과를 예측할 수 없게 만들죠. 이런 종류의 혼돈을 결정론적 혼돈deterministic chaos이라고 합니다. 양자역학의 불확정성원리와는 성격이 다른 고전역학 안에서의 예측 불가능성입니다.

분명 뉴턴의 역학은 이 세계가 질서로 이루어져 있어서 정확히 예측할 수 있다는 결정론적 세계관을 가지고 있습니다. 그런데 뉴턴 역학 안에서도 초기값에서 발생하는 오차로 인해 예측할 수 없는 현상이 존재합니다. 혼돈 현상은 자연계 어디에서나 존재합니다. 이 세계의 참모습이 코스모스, 즉 조화와 질서라 여겼던 피타고라스 그리고 그 정신을 이어받은 뉴턴의 고전역학 체계 안에 이미 혼돈이 존재하는 겁니다. 요즘 카오스모스chaosmos [31]라는 말도 등장했지요. 질서 속에 혼돈이 있습니다. 그런데 반대로 혼돈 속에도 내재하는 질서가 있습니다. 이제부터 혼돈과 질서의 관계를 구체적으로 알아보겠습니다.

비선형과
토끼의 운명

소행성과 주사위 던지기의 예를 들어 이야기했듯이, 일반적으로는 운동방정식이 비선형적인 경우에 그 결과가 혼돈으로 나타날 수 있습니다.

수학적으로 선형linear이란 단순 비례를 나타냅니다. 비선형은 그렇지 않은 경우를 말하죠. 비선형 운동의 예로 많이 드는 문제가 로지스틱 맵logistic map입니다. 이것은 물리적 운동이라기보다 생태계 변화를 동역학적으로 기술하는 데 적합한 모형이라 할 수 있습니다. 이를테면 숲속에서 토끼 한 마리당 매년 r마리의 새끼를 낳고 죽는다고 가정할 때 r의 값에 따라 이 숲속 토끼 집단의 미래가 어떻게 될지 예측하는 것이지요. 이 역시 동역학 체계에 속하는 문제입니다. 따라서 방정식을 세운 다음 풀어 미래를 예측해야겠죠? 복잡한 과정은 생략하고 핵심만 이야기해보죠.

먼저 방정식을 어떻게 세워야 할까요? n번째 해의 마리 수를 N_n이라 하고 숲이 수용할 수 있는 최대 마리 수를 N_m이라고 합니다. 그리고 $N_n/N_m \equiv x_n$이라고 놓습니다. x_n이 마리 수에 관계없이 항상 0에서 1 사이의 값을 갖도록 하기 위해서입니다. 이제 $n+1$번째 해의 값 x_{n+1}과 n번째 해의 값 x_n 사이의 관계를 나타내는 방정식을 찾아야 합니다. $n+1$번째 해의 마리 수는 바로 전 n번째 해의 마리 수의 영향을 받습니다. 매년 토끼의 마리 수에 영향을 미치는 것은 번식률만이 아닙니다. 토끼의 먹이나 천적의 영향도 매우 크고 숲 생태계의 오염도 등도 중요한 요인입니다. 이미 이 동역학 문제는 단순한 상황이 아닙니다. 비선형성이 도입되어야 하는 이유죠. 이 복잡한 요인들을 고려하는 비교적 간단한 수학 방정식으로 다음 식을 많이 씁니다.

$$x_{n+1} = rx_n - rx_n^2 = rx_n(1 - x_n)$$

위 2차방정식에서 첫째 항 rx_n은 단순한 비례입니다. 전해의 토끼 수가 많을수록 r값에 따라 다음 해의 토끼 수가 많아집니다. r이 1보다 크면(한 마리 이상 새끼를 낳으면) 토끼는 더욱 번창할 것이고 1보다 작으면 결국 숲에서 토끼는 사라질 겁니다. 문제는 두 번째 항인 $-rx_n^2$이지요. 2차식이므로 비선형입니다. 앞에 음의 부호가 있으니까 토끼 수를 감소시키는 효과를 나타냅니다. 이 두 번째 항 때문에 토끼의 수는 매우 복잡한 양상으로 나타납니다.

r이 1보다 작으면 멸종은 어쩔 수 없습니다. 아무리 환경이 좋아도 기본적으로 토끼 한 마리당 한 마리 이상 새끼를 낳아야 합니다. 그런데 많이 낳는다고 무조건 번창하지는 않습니다. 결과를 보면 $1<r<3$인 어느 순간이 되면 토끼 수가 정해진 값으로 고정됩니다. 이와 같은 고정점을 끌개attractor라고 합니다. 처음에 몇 마리였냐와 관계없이 새로 태어난 토끼 수인 r값에 따라 일정한 값으로 정해지고 더 이상 변화가 없습니다. 토끼 수를 늘리는 영향과 줄이는 영향이 정확히 균형을 이룬다고 할까요? 그런데 $r>3$면 이상한 현상이 생깁니다. 한 값으로 고정되어 있던 마리수가 갑자기 두 개의 값으로 바뀝니다. 끌개가 하나의 값이 아니라 두 값이 되는데, 2년마다 같은 값이 나타나는 진동 현상이 생깁니다. 이 단계를 '주기 2period-2'라고 합니다. 여기서 r값이 더 커져 3.54409가 되면 4년마다 같은 값이 돌아오는 '주기 4' 단계가 나타나고, r을 또 증가시키면 '주기 8', '주기 16', '주기 32' 등이 계속 나타납니다. 각 단계가 나타나는 r값끼리의 간격도 점점 좁아져 $r \approx 3.599$가 되면 '주기 ∞' 단계, 즉 주기가 없어집니다. 혼돈 상태가 되는 거지요. 이처럼 r이 증가함에 따라 최종값의 주기가 두 배씩 증가하는 것을 주기 배가period doubling라고 합니다.

처음의 고정된 한 값(주기 1 단계)은 완전한 질서 단계에 가깝습니다.

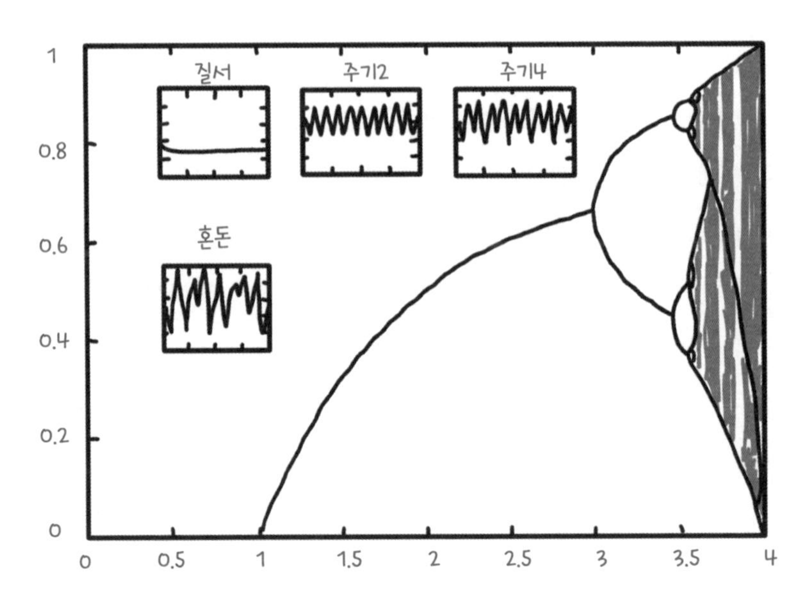

6-1 쌍갈래질 도표 주기 배가가 일어날 때마다 그래프가 둘로 나뉜다.

그러다 r값이 증가하면서 주기가 계속 두 배씩 늘어나다가 완전한 혼돈 상태에 이르는 경로를 밟습니다. 이처럼 혼돈은 질서로부터 변해가는 과정에 있습니다. 겉으로는 혼란스러워 보이지만 세밀히 들여다보면 계속적인 주기 배가의 무한 반복이 들어 있습니다. 그냥 제멋대로 생긴 무질서가 아니라 주기 배가가 무한히 반복되면서 나타나는 것이 혼돈입니다. 따라서 혼돈과 질서는 서로 연결성 있는 현상입니다.

그림 6-1은 r값에 따라 달라지는 끌개를 그래프로 나타낸 것입니다. 주기 배가가 일어날 때마다 그래프가 둘로 나뉘는 모습을 보여주지요. 이 그래프를 쌍갈래질 도표bifurcation diagram라고 부릅니다. 앞서 소개한 나비효과와 주기 배가 현상은 혼돈의 주요 조건입니다.

부분 속의 전체

쌍갈래질 도표를 살펴보면 혼돈의 영역은 모두 많은 수의 주기 배가, 곧 반복적인 쌍갈래질로 이루어져 있습니다. 이것은 복잡하고 혼란스러운 구조라 하더라도 단순한 형태에서 출발하여 동일한 작업을 무한히 반복함으로써 재현해낼 수 있다는 뜻입니다. 이처럼 간단한 규칙을 무한히 적용함으로써 부분의 조각이 전체와 비슷해지는self-similar 기하학적 구조를 프랙털fractal이라고 합니다. 앞서 소개한 쌍갈래질 도표도 스스로 유사성을

6-2 코흐 곡선

떤 구조를 가지고 있지요.

그림 6-2는 프랙털 구조의 대표적 예인 코흐Koch 곡선을 보여줍니다. 이 그림은 어떤 작업을 반복한 걸까요? 처음에 길이가 1인 선분이 하나 있습니다. 이제 간단한 규칙을 적용합니다. 이 선분을 3등분한 다음 중간 부분을 제거한 뒤 같은 길이의 두 선분을 넣어 삼각형을 만듭니다. 길이가 $\frac{1}{3}$ 인 짧은 선분이 네 개가 되지요. 다시 길이 $\frac{1}{3}$ 인 각 선분마다 똑같은 일을 반복합니다. 두 번째 상황에서는 길이가 $\frac{1}{9}$ 인 짧은 선분이 16개가 됩니다. 이를 무한히 반복한다고 할 때 n번째에서 그 길이는 $\frac{1}{3^n}$ 이 되고 그 개수는 4^n개가 됩니다. 즉 유한한 영역 안에서 길이가 무한히 길어지는 이상한 구조가 나오지요. 눈금 간격이 유한한 자로는 정확히 잴 수 없는 구조, 선이라고 볼 수도 없고 그렇다고 2차원적 면이라고 볼 수도 없습니다. 실제로 코흐 곡선은 1.2618차원입니다. 정수가 아닌 소수로 주어지는 차원이라니…. 이처럼 특이한 구조가 바로 프랙털입니다. 프랙털 개념을 이용하면 아무리 복잡하고 무질서한 모습도 거의 동일하게 재현할 수 있습니다. 우리나라 남해안의 꼬불꼬불한 해안선이나 자라나는 눈송이, 뇌세포나 인터넷의 복잡한 연결망 등이 대표적 예입니다. 프랙털은 미술 작품에서도 볼 수 있습니다. 현대과학을 주제로 작품을 많이 남긴 판화가 마우리츠 에셔도 〈천국과 지옥〉 등에서 프랙털 구조를 묘사하고 있습니다.

혼돈 이야기를 하다 보니 미국에서 공부하던 때가 떠오르네요. 미국 일리노이대학교에서 방문연구자로 있을 때인데 마침 졸업식이 있던 날이었습니다. 평소대로 걸어서 연구실로 가고 있는데 졸업식을 마친 학생들과 가족들이 학교의 상징을 나타내는 동상 앞에서 기념 촬영을 하고 있었습니다. 그런데 우리나라의 대학 졸업식하고는 사뭇 다른 광경이 펼쳐졌

습니다. 특히 사진을 찍을 때 우리는 너도나도 먼저 찍으려는 통에 '도떼기시장'이 되곤 했던 제 기억 속 졸업식과 달리 그곳 동상 앞에는 단 한 가족만이 사진을 찍고 있었습니다. 나머지 수십 가족은 줄을 서서 차례를 기다리고 있었습니다. 미국의 모든 졸업식이 그런지는 알 수 없지만, 미국인들의 몸에 밴 질서의식만은 칭찬해줄 만합니다. 그런데 좀 다른 생각도 들었습니다. 이들의 질서의식 속에 부분적으로 강한 배타의식이 있는 건 아닌가 하는 의문이 들더군요. 내 가족사진 안에 다른 사람이 들어와서는 안 된다는 철저히 개인주의적인 의식 말입니다. 모르는 외부인의 등장을 허용하지 않으려면 이처럼 줄을 서서 차례를 기다릴 수밖에 없지 않을까요?

물론 공공장소에서 질서를 잘 지키지 않기로 유명한 우리나라 사람들도 문제가 많습니다. 조금씩 좋아지는 것 같기는 하지만요. 그러나 혼란스러워 보이는 우리 생활문화 안에도 장점이 많습니다. 좋은 날 가족사진 안에 다른 사람들이 몇몇 끼여 있어도 문제될 게 없습니다. 모두에게 똑같이 즐거운 날이니까요. 잔칫날에 너무 질서 정연하면 그것도 좀 재미가 떨어지지 않을까요?

수많은 개별 입자로 이루어진 세계

지금까지는 비선형적 방정식으로 표현되는 동역학 체계에서 나타나는 혼돈을 살펴봤습니다. 이제부터는 관찰 대상을 하나의 입자로 뭉뚱그려 고려할 수 없는 상황에 관해 알아볼까요? 이런 상황은 미시 동역학 이론으로는 예측할 수 없습니다. 예를 들어 주전자에 물이 들어 있습니다. 그리고 주전자와 그 안의 물은 움직임 없이 고요합니다. 겉으로 보기엔 아무런 변화도 없습니다. 하지만 물에 열을 가하면 뜨거워져 끓다가 수증기로 증발합니다. 이 변화는 미시 동역학 이론으로는 설명할 수 없습니다. 다른 관점에서 생각해봐야 합니다.

물은 물 분자로 이루어져 있습니다. 눈으로 볼 수는 없지만 매우 작은 물 분자들이 움직이고 있지요. 그 수는 우리의 상상을 초월합니다. 대략 6×10^{23}개■ 정도인데 이 정도 개수의 물 분자가 모여야 우리에게 익숙한 물이 됩니다. 물은 전체적으로는 정지해 있지만 온도가 변함에 따라 얼어서 얼음이 되기도 하고 끓어서 수증기가 되기도 합니다. 온도라는 조건에 따라 상태가 달라지는 변화를 보입니다. 물의 성질이 달라지는 이유는 물의 구성요소인 물 분자들의 운동에 변화가 생겼기 때문입니다.

기존 동역학에서처럼 물 분자 하나하나의 운동을 예측하는 관점을 미시적microscopic 관점이라고 하는 반면에 개별 분자의 운동보다는 물 분자 전체를 집합적으로 다루는 관점을 거시적macroscopic 관점이라고 했습니다. 고전역학이나 양자역학은 모두 개별 요소들의 운동을 다루는 미시적 이론이라고 할 수 있습니다. 그런데 구성요소가 많아지면 구성요소들의 개별 성질과는 관계없는 집합적 현상이 나타날 수 있습니다. 바로 이 때문에 새로운 관점으로 물의 성질이나 변화를 봐야 하는 겁니다.

물 분자는 수소 원자 두 개와 산소 원자 한 개가 결합한 것인데, 우리가

■ 물 18그램(1몰) 속에 들어 있는 물 분자의 개수입니다.

물 분자 하나의 구조나 성질에 대해 정확히 안다고 해도 이 지식으로 거시적 존재인 물이 갖는 성질을 예측할 수는 없습니다. 이런 현상을 창발성emergency이라고 하고, '떠오름'이라고 부르기도 합니다. 개별 분자에 대한 지식으로 물이 얼고 끓는 현상을 알 수는 없습니다. 이런 현상은 물 분자들이 많이 모였을 때 '창발'하는 현상이기 때문이지요.

많은 사람들이 모여 촛불 시위를 하거나 응원을 하는 것도 이와 마찬가지 경우가 아닐까 생각합니다. 노벨상 수상자인 필립 워런 앤더슨은 1972년 학술지 《사이언스》에 〈More is Different〉라는 짧은 논문을 발표했습니다.[32] 많으면 달라진다는 의미입니다. 앞서 이야기한 창발성을 가리키죠. 앤더슨은 마르크스의 말을 언급하며 논문을 끝냅니다.

"양적 차이는 질적 차이가 된다."

보통 "전체가 부분의 합보다 더 크다"고 이야기하기도 합니다. 제가 사랑하는 중국의 고전 《중용》에 이와 꼭 맞는 구절이 있습니다.

> 이제 저 산을 보라! 한 주먹 크기의 돌덩이들이 모인 것 같으나 그것이 드넓고 거대한 데 이르러서는, 보라! 초목이 생성하고 금수가 생활하며 온갖 아름다운 보석이 반짝이지 아니한가![33]

《중용》 26장에서는 산 말고도 하늘과 땅, 물에 대해서도 비슷한 표현으로 멋지게 노래하고 있습니다. 과학자로서 동양의 고전을 읽을 때면 또 다른 감동을 느끼곤 하지요. 그런데 창발성을 이해하려면 비선형 동역학 체계에서의 혼돈 이론보다 훨씬 이전인 18세기에 등장한 열역학과 통계역학부터 알아야 합니다.

열역학과 통계역학

산업혁명의 주역이라 할 증기기관은 과학자들의 '열'이란 무엇인가에 대한 호기심을 자극했습니다. 특히 당시에는 플로지스톤phlogiston이라는 입자가 빠져나오면서 연소가 일어나는 것으로 생각했습니다. 그런데 실제 물질을 태우고 난 재의 무게가 원래 물질의 무게보다 가벼워지는 게 아니라 무거워진다는 사실이 알려지면서 플로지스톤 이론은 위기를 맞습니다. 플로지스톤의 질량이 음수일지 모른다는 해괴한 주장도 나왔죠. 하지만 근대 화학의 아버지 앙투안 라부아지에는 연소란 플로지스톤과 관계 있는 것이 아니라 산소와 결합하는 현상임을 입증합니다.

라부아지에는 연금술에 머물렀던 화학 분야에서 질량보존의 법칙이나 근대 화학의 명명법을 확립한 화학혁명의 주역입니다. 그런데 공교롭게도 프랑스혁명이 발발한 뒤 세금 징수 문제와 연루되어 단두대의 이슬로 사라지고 맙니다. 과학혁명의 주역이 정치혁명으로 사라진 안타까운 일이었지요.

라부아지에는 열의 흐름을 무게가 없는 칼로릭caloric이라는 유체의 흐름으로 이해했습니다. 칼로릭은 한자로는 열소熱素라고 합니다. 지금도 열량의 단위를 쓸 때 '칼로리'를 쓰죠. 그 후 19세기 중반에 이르러서야 열은 뜨거운 곳에서 차가운 곳으로 전달되는 에너지라는 현대적 정의를 갖게 됩니다. 이름이 온도의 단위(켈빈K)로 사용되는, 후에 켈빈 남작이 된 윌리엄 톰슨과 이름이 에너지 단위(줄J)로 사용되는 제임스 줄이 기여한 덕분입니다. 이후 열과 에너지의 관계가 확립되면서 에너지보존법칙이라

할 수 있는 열역학 제1법칙이 탄생합니다.

열역학법칙을 이야기하기 전에 먼저 열역학thermodynamics의 개념부터 알아볼까요? 열과 관련해 일어나는 변화를 연구하는 물리학의 한 분야라 할 수 있는데 기존의 고전역학과 어떤 점에서 다를까요? 잘 정리된 현대적 관점에서 그 차이를 살펴보겠습니다.

앞서 언급했듯이 뉴턴의 고전역학은 그 대상이 하나 또는 둘인 매우 단순한 운동을 예측하는 미시적 이론입니다. 대상이 되는 입자의 위치와 속도 등이 시간에 따라 어떻게 달라지는가를 계산하여 그 변화를 알 수 있지요. 반면에 수많은 구성요소가 관련되는 열은 거시적 현상입니다. 우리에게도 친숙한 온도, 부피, 압력과 같은 물리량이 거시적 현상과 관련된 변수입니다. 뒤에 이야기할 엔트로피라는 양도 여기에 속하고요. 결국 열역학은 이들의 관계에 대한 법칙이라고 할 수 있습니다. 대표적으로 이상기체상태 방정식이 있습니다. 기체의 온도와 압력, 부피의 관계를 나타낸 법칙으로 대략 다음과 같습니다.

$$PV=nRT$$

여기서 P는 압력, V는 부피, T는 온도입니다. 그리고 n은 기체의 양을 나타내며, R은 기체상수입니다. 정리하면 일정한 압력 아래 기체의 온도를 올리면 기체가 팽창하여 부피가 커지고, 부피를 고정시키고 온도를 올리면 압력이 증가합니다. 경험적으로도 쉽게 이해가 되는 상식적인 법칙이지요.

그런데 기체는 수많은 분자들로 이루어져 있습니다. 그러면 온도, 부

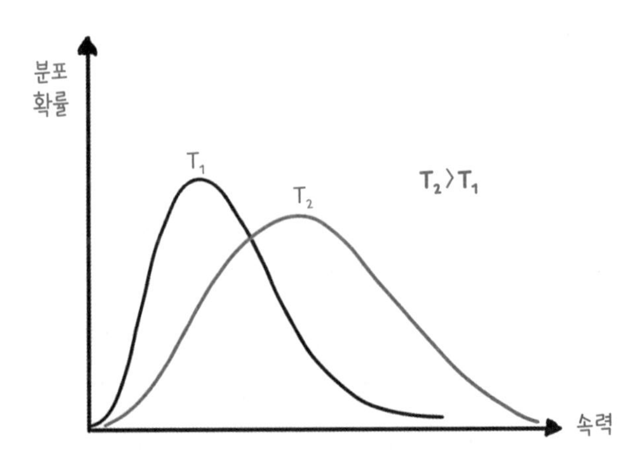

6-3 맥스웰 분포 기체 분자들의 속력 분포(T는 온도)

피, 압력 같은 거시적 물리량은 어떻게 정해지는 걸까요? 수많은 분자들의 운동이 집합적으로(평균적으로) 만들어낸 결과입니다. 이를테면 온도라는 것은 분자들의 '평균' 운동에너지라고 할 수 있습니다. 제각기 다양한 속력으로 제멋대로 움직이는 분자들이 가진 운동에너지의 평균값이 바로 온도입니다. 운동에너지는 $K=\frac{1}{2}mv^2$ 이므로 분자들의 속력 분포를 알면 운동에너지의 평균값도 얻을 수 있습니다. 그림 6-3이 바로 그 분포를 나타낸 그래프입니다. 맥스웰이 얻었기 때문에 맥스웰 분포라고 하지요. 전자기학을 완성한 그 맥스웰 말입니다. 검은색 분포곡선의 경우 초록색 곡선에 비해 느린 속력을 가진 분자들이 훨씬 더 많습니다. 따라서 운동에너지의 평균값도 작습니다. 온도가 낮다는 뜻이죠. 또한 온도는 기체가 지니고 있는 열에너지라고 볼 수도 있습니다. 결국 분자들의 평균 운동에너지가 열에너지가 되는 겁니다. 온도가 높을수록 열에너지를 많이 가지고 있으니까요.

열에너지가 모두 없어질 때가 있을까요? 온도가 0도일 때 그렇습니다. 그런데 이 온도는 물이 얼음이 되는 섭씨 0도를 가리키는 게 아니라 그야말로 모든 입자의 운동이 멈춰서 평균 운동에너지가 0인 상태입니다. 이 온도를 절대영도absolute zero라 합니다. 섭씨온도로 영하 273도가량 됩니다. 이 온도보다 낮은 온도는 없습니다. 모든 입자가 완전히 멈춘 상태로 바로 평균 운동에너지가 0이기 때문에 그보다 더 낮은 에너지는 없습니다. 결국 온도가 절대영도가 아닌 모든 물체는 항상 열을 가지고 있다고 할 수 있습니다. 온도, 부피, 압력 등 계의 거시적 변화는 입자들의 운동, 즉 열에너지의 변화로 생깁니다. '열'이라고 해서 인간의 기준으로 뜨거운 물체만을 대상으로 하는 게 아닙니다. 그렇기 때문에 수많은 입자로 구성된 계의 변화를 다룰 때 열역학이라는 도구를 쓸 수 있습니다.

이처럼 개별적으로 움직이는 수많은 입자들이 갖는 확률분포를 이용해 평균 같은 통계 과정을 거쳐 온도, 부피, 압력 등 전체 계의 거시적 양을 예측하는 분야가 통계역학입니다. 또다시 확률이 등장했네요. 주의할 것은 이 확률은 양자역학에서 도입한 확률과는 다르다는 점입니다. 각 분자들을 미시적으로 볼 때는 뉴턴의 법칙을 따릅니다. 불확정성원리의 지배를 받지 않지요. 즉 분자 하나하나는 고전역학에서의 입자입니다.■ 그

■ 구성원들이 고전역학의 지배를 받는 경우를 고전통계역학이라고 하고, 구성원들을 양자역학적으로 다뤄야 할 경우에는 양자통계역학이라고 합니다. 보통 온도가 매우 낮아서 절대영도에 근접한 때인데, 낮은 온도에서는 양자역학적 특성이 두드러지기 때문입니다. 일상적 온도에서는 고전통계역학을 사용합니다.

러나 이들의 수가 많아지면 여러 다양한 운동 상태를 가질 수밖에 없습니다. 이상기체상태 방정식($PV = nRT$)도 기체 분자들의 개별 운동에서 출발해 적절한 통계 과정을 거치면 수학적으로 매우 정확하게 도출할 수가 있습니다.

열역학의 두 가지 법칙

이어서 열역학법칙에 대해 이야기해볼까 합니다. 열역학에는 중요한 두 법칙이 있습니다. 모두 에너지와 관계된 것인데 제1법칙은 에너지보존법칙입니다. 미시 동역학에서도 입자의 역학적에너지 보존법칙이 있었죠?(2장) 열역학 제1법칙은 이를 거시적인 경우에까지 일반화한 법칙입니다. 이 법칙이 의미하는 것은 에너지의 총량은 언제나 일정하다는 겁니다. 거시적으로 에너지가 생성되거나 소멸되는 일은 일어날 수 없습니다. 다만 에너지 형태가 바뀔 수는 있지요. 자동차가 움직일 때를 생각해볼까요? 먼저 시동을 걸면 화학에너지를 가진 기름이 연소하며 열에너지로 바뀝니다. 열에너지의 일부는 엔진의 피스톤을 왕복운동시키는 운동에너지로 변형되어 바퀴를 돌리고 나머지는 공기 중으로 흩어집니다. 이 과정에서 에너지 형태의 변화만 있을 뿐 총량은 항상 그대로입니다.

다음은 열역학 제2법칙입니다. 제2법칙을 표현하는 방법은 세 가지나 됩니다. 첫 번째는 '열은 온도가 높은 곳에서 낮은 곳으로만 자발적으로 이동한다'입니다. 그 반대로는 열이 스스로 흐르지 않는다는 뜻이지요. 자동차 엔진의 뜨거운 열이 스스로 차가운 외부로 이동하면서 피스톤을 움

직이는 일을 하지, 그 반대의 일은 일어나지 않습니다. 두 번째는 '제1법칙을 만족하면서 효율이 100퍼센트인 영구기관은 불가능하다'입니다. 즉 처음의 열에너지를 낭비 없이 100퍼센트 사용해 일을 한 다음 다시 처음과 같은 상황으로 돌아와 끊임없이 순환하는 기관은 없다는 뜻입니다. 이 조건을 위배하는 장치가 바로 제2종 영구기관입니다. 간혹 영구기관을 만들겠다는 신념을 가진 사람들이 종종 있지요. 매우 흥미로운 도전이긴 하지만 과연 의미가 있을지는 잘 모르겠습니다. 열역학 제2법칙은 그만큼 물리학에서 너무나 확고하기 때문입니다. 마지막 세 번째 표현은 엔트로피entropy라는 매우 중요한 개념을 도입해야 합니다.

엔트로피와 질서

먼저 엔트로피에 관해 알아보겠습니다. 실제 현상보다는 간단한 비유로 생각해보겠습니다. 예를 들어 동전던지기를 생각해보죠. 열역학적 시스템은 많은 구성요소로 이루어져 있다고 했습니다. 따라서 많은 수의 동전을 던져야겠지만 간단히 하기 위해 동전 네 개를 던진다고 가정합니다. 동전은 앞면과 뒷면이 있으므로 서로 다르게 나올 가능성한 상태는 모두 $2^4 = 16$가지가 있습니다. 이들을 분류하면 그림 6-4에서처럼 총 16가지 상태가 됩니다.

◆ 모두 앞면인 경우 한 가지 상태

◆ 하나는 앞면 나머지 세 개는 뒷면인 경우 네 가지 상태

◆ 두 개는 앞면, 나머지 두 개는 뒷면인 경우 여섯 가지 상태

◆ 세 개는 앞면, 나머지 하나는 뒷면인 경우 네 가지 상태

◆ 모두 뒷면인 경우 한 가지 상태

결과적으로 앞면과 뒷면이 각각 두 개씩 나올 가능성이 가장 높고(여섯 개의 상태수, 확률은 $\frac{6}{16}$), 모두 앞면이 나올 가능성과 모두 뒷면일 가능성이 가장 적습니다(한 개의 상태수, 확률은 $\frac{1}{16}$). 이때 엔트로피 S를 다음과 같이 정의할 수 있습니다.

$$S = k\log D$$

여기서 k는 볼츠만상수라는 비례상수이고 D가 바로 상태수입니다. 동전던지기에서 앞면과 뒷면이 각각 두 개씩 나오는 경우 $D = 6$이고 모두 앞면이 나오는 경우 $D = 1$이 됩니다. 로그log는 계산을 편하게 하기 위

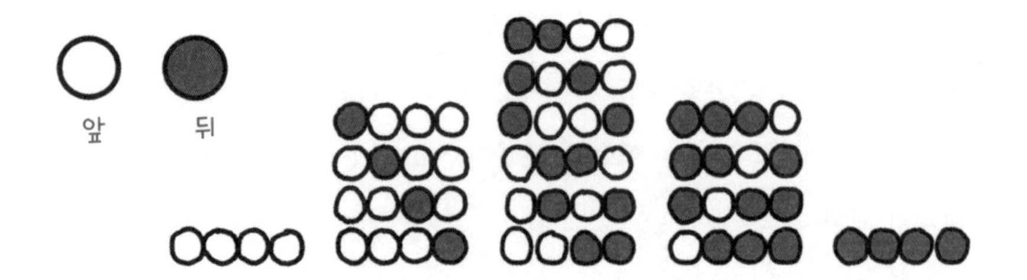

6-4 동전 네 개를 던졌을 때 나오는 경우의 수

해 매우 큰 수를 줄여서 표기할 때 쓰는 도구입니다. $\log 1 = 0$, $\log 10^1 = 1$, $\log 10^2 = 2$ 등으로 정의하지요. 구성요소가 많아지면 자연스레 D값이 매우 커지기 때문에 로그함수를 써야 편리합니다. 예를 들어 모두 앞면인 경우엔 $D = 1$이므로 엔트로피가 0입니다. 가장 작은 값이지요.

상태수가 클수록 엔트로피는 큽니다. 상태수가 크다는 말은 확률이 크다는 것과 같습니다. 그림에서는 앞면과 뒷면이 각각 두 개씩 나오는 경우입니다. 여기에 질서라는 개념을 도입해보죠. 어떤 경우가 가장 질서정연할까요? 모두 앞면인 경우입니다. 상태수와 확률이 가장 작습니다. 그럼 어떤 경우가 가장 무질서■할까요? 반은 앞면, 반은 뒷면인 경우입니다. 상태수와 확률이 가장 큽니다. 즉 가장 무질서한 경우 엔트로피가 가장 크며 확률이 가장 높습니다. 반대로 질서도가 높을수록 엔트로피는 작고 확률도 낮아집니다. 따라서 엔트로피는 무질서한 정도를 나타내는 척도(무질서도)라고 할 수 있습니다.

자연현상은 동전던지기와 비슷합니다. 모두 앞면이 나오는 경우보다 앞면과 뒷면이 각각 두 개씩 나올 확률이 여섯 배나 높듯 자연에서도 질서 있는 상태보다 무질서한 상태가 나올 확률이 더 높습니다. 만일 동전을 1만 개 던진다고 하면 질서와 무질서의 차이가 더욱 분명해집니다. 1만 개의 동전 모두 앞면이 나올 확률은 $\frac{1}{2^{10,000}} \approx \frac{1}{\infty} = 0$ 입니다. 대부분의 경우 앞면과 뒷면이 거의 비슷하게 나오겠지요.

실제 물리적 상황을 한번 생각해볼까요. 물이 담긴 작은 물컵에 빨간

■ 무질서는 혼돈과 달리 말 그대로 전혀 질서가 없는 상태를 말합니다.

색 잉크를 한 방울 떨어뜨립니다. 잉크는 곧 물속으로 퍼져나갈 겁니다. 언제까지 퍼져나갈까요? 잉크 입자들이 물속에 골고루 퍼져 물 전체가 불그스름하게 변할 때까지입니다. 엔트로피를 가지고 이야기해보죠. 맨 처음 잉크 한 방울은 엔트로피가 작은 상황입니다. 수많은 잉크 입자들이 한 곳에 모여 있어 질서도가 높은 상황이지요. 잉크는 이렇게 확률이 낮은 상태에 머물러 있지 않습니다. 잉크 입자가 퍼져나간다는 말은 무질서도가 커지고 엔트로피가 증가함을 의미합니다. 결국 골고루 흩어졌을 때 무질서도는 가장 커지며 따라서 엔트로피의 값이 최대가 됩니다.

시스템이 계속 무질서해지면서 엔트로피가 계속 증가하다가 결국 최대 엔트로피에 이르게 된다는 것은 가장 무질서한 상태에 이른다는 말입니다. 이 상태는 더 이상 거시적 변화가 일어나지 않는 상태입니다. 잉크 입자들이 물속에서 퍼져나가다 궁극적으로 물 전체에 퍼지면 더 이상 어떤 변화도 일어나지 않습니다. 최대 엔트로피에 도달한 것이죠. 미시적으로는 계속해서 움직임이 있습니다. 물 분자와 잉크 입자들은 끊임없이 제멋대로 충돌하고 또 움직이지만 거시적으로는 변화가 없습니다. 이 상태를 평형상태equilibrium라고 합니다. '죽음의 상태'라고도 볼 수 있습니다. 사람도 죽으면 우리 몸을 구성했던 물질들이 흩어지며 엔트로피가 급격히 증가합니다. 흩어진 물질들은 어디로 갈까요? 대자연으로 퍼져나가다 식물의 거름이 되기도 하고 새로운 동물의 구성요소가 되기도 하는 등 질서를 만드는 과정에 포함됩니다. 죽은 이의 몸을 떠난 분자가 신생아의 몸에 들어갈 수도 있습니다. 자연에서는 계속적으로 물질의 재배치가 일어나고 있지요.

정리하면 열역학 제2법칙의 세 번째 표현은 다음과 같습니다. '외부와 고립된, 다시 말해 외부와 일체 물질과 에너지의 교환이 없는 시스템에서 엔트로피(무질서도)는 최댓값에 이를 때까지 항상 증가한다.' 이를테면 방을 청소하지 않고 내버려두면 어떻게 될까요? 계속 지저분해지다가 결국 어지러운 정도가 최대가 될 겁니다. 엔트로피가 증가하는 거죠. 다시 깨끗하게 하려면 누군가 청소를 해야겠죠? 저절로 깨끗해지는 일은 없습니다. 에너지를 투입해 엔트로피를 감소시키는 거죠. 자연은 늘 확률이 높은, 다시 말해 무질서한 쪽으로 변해갑니다.

시간은 왜
미래로만 흐르는가?

책상 위에 있던 꽃병을 누군가 건드려 꽃병이 바닥에 떨어졌습니다. 병이 깨지면서 파편이 흩어지고 안에 들었던 물이 쏟아집니다. 이는 엔트로피가 증가하는 매우 자연스러운 현상입니다. 이와 반대로 깨져 흩어진 파편이 서로 모여 붙어 꽃병을 만들고 쏟아진 물이 다시 병을 채워 책상 위에 사뿐히 내려앉는 일이 일어날 수 있을까요? 동영상을 거꾸로 돌리면 가능하겠지만 현실에서는 시간이 거꾸로 흐르지 않는 한 있을 수 없는 일이지요. 저절로 엔트로피가 감소하는 일은 일어날 수 없습니다.

고전역학에는 시간 대칭성이 있습니다. 양자역학에서도 마찬가지입니다. 시간이 미래로 가든 과거로 가든 차이가 없다는 뜻이지요. 시계추가 왕복운동을 하는 장면을 촬영한 후 영상을 거꾸로 돌려도 아무도 차이를 알아채지 못할 겁니다. 지구가 태양 둘레를 공전하는 장면을 1년 내내 찍은 후 거꾸로 돌려봐도 역시 이상할 것이 없습니다. 날아가는 공을 찍은 후 거꾸로 돌려도 마찬가지입니다. 이처럼 대상이 하나뿐인 상황은 시간의 방향이 그리 중요하지 않습니다. 대상이 하나인데 질서가 무슨 의미가 있을까요. 그러나 꽃병의 추락은 다릅니다. 수많은 입자들이 구조를 만들고 있기 때문에 질서를 이야기할 수 있습니다. 이런 상황은 언제나 무질서한 방향으로만 진행하며 우리는 이 변화를 통해 시간의 흐름을 알 수 있습니다.

열린시스템에서
저항하는 존재들

앞서 설명했듯이 열역학 제2법칙은 외부와 완전히 고립된 상황에서 무질서도가 증가한다는 내용입니다. 그런데 외부와 완전히 고립된 상황이란 게 과연 있을까요? 있습니다. 우주가 그렇습니다. 실제로 우주는 완전히 고립된 시스템입니다. 우주는 외부가 없는 그야말로 모든 것이기 때문입니다(요즘 다중우주론이 제기되기도 하지만 아직은 가설일 뿐입니다). 그러나 보통은 근사적으로라도 고립되어 있다고 볼 수 없는 경우가 훨씬 많습니다. 이를 '열린시스템'이라고 합니다. 물질과 에너지를 외부와 교환할 수 있는 시스템입니다. 주전자에 담긴 물은 고립된 시스템이 아닙니다. 불 위에 올려놓으면 열에너지가 계속 전달되어 물의 온도가 올라가고 결국 물이 끓습니다. 우리 지구는 어떤가요? 태양으로부터 계속 에너지를 받아들입니다. 당연히 고립된 시스템이 아닙니다. 태양에너지를 활용해 현재의 푸르른 지구가 유지됩니다. 이를 '비평형상태'라고 합니다.

'생명'은 고립되지 않은 대표적 시스템입니다. 우리는 몇 분이라도 산

소를 들이마시지 않거나 오랫동안 먹지 못하면 죽음에 이릅니다. 무질서해져서 평형상태로 가는 거죠. 외부에서 물질과 에너지를 끊임없이 가져와야 유지될 수 있는 존재가 바로 생명입니다. 그러니까 생명은 언제나 평형상태로 가지 않기 위해 저항하는 존재입니다. 평형상태는 곧 죽음입니다. 생명은 살아 있는 동안 비평형상태를 유지하는 존재이지요. 언제나 물질과 에너지를 받아들이고 그것으로 생명을 유지하는 데 필요한 일을 하고 나머지를 배출합니다. 생명체는 늙고 결국에는 죽습니다. 살아 있는 동안에는 치열하게 열역학 제2법칙에 저항하지만 결국엔 그 법칙에 굴복합니다. 더 이상 외부에서 아무것도 받아들일 수 없게 됩니다.

개별 생명이 아니라 수십억 년을 거치며 진화해온 지구 생명 전체는 어떨까요? 지구가 열린시스템이니까 태양에너지를 이용해 살아온 생명 전체도 마찬가지입니다. 열역학 제2법칙이 적용되지 않습니다. 지구에 나타난 최초의 생명은 단세포들이었습니다. 진화를 거듭해 더 복잡하고 고등한 생물이 나타났지요. 질서도가 더 증가한 셈입니다. 엔트로피는 감소했지요. 엔트로피가 감소하다니…, 열역학 제2법칙을 위배한 걸까요? 그렇지 않습니다. 생명들은 밖에서 온 태양에너지를 이용해 더욱 정교한 질서 체계를 얻은 겁니다. 개별 생명에 수명이 있듯이 지구 생태계도 그럴 겁니다. 현재 인간의 환경 파괴 때문에 많은 생물들의 멸종이 가속되고 있습니다. 전체 생명의 멸종 시점이 언제인지 단언할 수는 없지만 시기가 더 빨라지는 것은 분명합니다.

물리학은 주로 평형상태에 도달했거나 평형상태에 매우 가까운, 다시 말해 모든 구성원이 제멋대로 움직이는 최대로 무질서한 시스템에 대해서는 통계역학을 이용해 비교적 정확히 이해할 수 있습니다. 물론 완전한 질서에 대해서도 마찬가지죠. 이런 경우는 모두가 똑같은 상태에 있기 때문에 통계역학이란 도구도 필요 없고 고전역학 또는 필요에 따라 양자역학 같은 미시적 이론을 적용할 수 있습니다. 반면 완전한 질서도 완전한 무질서도 아닌 경우, 다시 말해 평형상태에서 멀리 떨어져 물질과 에너지가 계속 투입되어 시간적 변화가 일어나고 있는 시스템은 이해하기가 매우 어렵습니다. 이런 시스템은 '비평형 통계역학'이라는 분야에서 매우 제한적으로 다룰 뿐이지요.

노벨화학상을 수상하고 '열역학의 시인'이라고 불렸던 일리야 프리고진■은 이 분야에 중요한 업적을 남겼습니다. 프리고진은 최대한의 무질서에 이른 평형상태와 달리 계속적으로 물질과 에너지를 교환하는 시스템 내에서는 늘 변화가 일어나고 엔트로피를 내뱉으며 자발적으로 새로운 질서가 만들어질 수 있음을 증명합니다. 여기서 자발적으로 질서가 만들어진다는 건 어떤 의미일까요? 예를 들어 가열된 물에 대류현상이 생긴 것은 곧 질서가 생긴 겁니다. 이때 외부에서 열만 가해주었을 뿐인데 질서가 만들어졌으니 자발적으로 질서가 생긴 겁니다. 반면 방을 청소해서 방에 질서가 생긴 것은 비자발적으로 질서가 만들어진 것입니다.

그럼 무질서에서 질서를 거쳐 혼돈에 이르는 과정을 물이 데워져 끓는 현상을 통해 자세히 살펴보겠습니다. 처음에 차가운 물은 평형상태, 곧 최대로 무질서한 상태라 할 수 있습니다. 모든 물 분자가 제멋대로 움직이고 있지요. 이제 열을 가하면 조금씩 온도가 올라가지만 여전히 물 분

■ 프리고진이 과학사상가 이자벨 스탕제와 함께 쓴 《혼돈으로부터의 질서》와 《있음에서 됨으로》는 명저로 남아 있습니다.

자들이 제멋대로 움직입니다. 열을 더 가하면 위쪽과 아래쪽의 온도 차에 따라 전체적인 물의 움직임이 생기기 시작합니다. 대류라는 현상으로, 불에 가까운 아래쪽 물은 가열돼 가벼워져서 위로 올라가고 위쪽 차가운 물은 아래로 내려오는 과정이 반복됩니다. 대류 현상이 생긴 것은 곧 질서가 생긴 겁니다. 계속 열을 가하면 위아래의 온도 차가 커지면서 처음에 단순했던 대류 형태가 더욱 복잡해지고 결국 뒤죽박죽 물이 끓게 됩니다. 혼돈에 이르는 거죠. 토끼의 운명에서 나타났던 주기 배가 현상과 유사한 과정입니다. 질서를 보였던 시스템에 계속적으로 열에너지를 가하자 예측할 수 없는 혼돈 상태로 바뀝니다. 불을 끄면 물은 끓기를 멈추고 다시 평형상태, 물 분자들의 운동이 제멋대로인 상태가 됩니다.

질서도 혼돈도 아닌 복잡계

물이 끓을 때 일어나는 대류가 단순한 형태를 넘어 점점 복잡해지면서 결국 혼돈 상태로 가는 모습을 살펴봤습니다. 그런데 질서에서 혼돈으로 변해갈 때 중간 영역이 존재합니다. 이곳은 질서도 혼돈도 아닌 곳이지요. 바로 복잡계complex system입니다.

형용사 '복잡하다'는 영어로는 'complex'입니다. 어원을 보니 '엮는다'는 뜻의 'pleko'와 '함께'라는 'com'이 합해진 말입니다. 함께 엮여 있어 혼란스러워 보이지만 질서가 있는 상황이라 할까요. 아무튼 완전한 질서도 완전한 혼돈도 아닌 상황입니다. 이 영역에는 무궁무진한 가능성이 숨 쉬고 있습니다. 생명이 자리하는 영역이니까요. 생물학자 스튜어트 카우프만

은 이 영역을 일컬어 '혼돈의 가장자리'라고 말합니다.[34]

우선 복잡계가 갖는 전제 조건은 다음과 같습니다.

◆ 상호작용하는 구성요소가 매우 많으며 상호작용은 비선형적이다.

◆ 되먹임고리feedback loop를 형성한다.

◆ 열린시스템이다.

◆ 구성요소도 복잡계이다.

일단 첫째로 구성요소가 매우 많아야 하는 것이 필수 조건입니다. 그리고 구성원 간에 상호작용이 있어야 하며 비선형적이어야 합니다. 이미 비선형 동역학에서 이야기했죠. 이 경우에는 상호작용이 단순한 비례가 아닌 더 고차원적 관계를 갖는다고 말이죠. 선형적 상호작용은 상대에게 두 배로 자극을 가했을 때 반응 역시 두 배가 됩니다. 그다지 흥미로운 현상은 나타나지 않습니다. 반면에 비선형적 상호작용은 자극이 두 배일 때 그 반응은 네 배(제곱) 또는 여덟 배(세제곱) 등이 됩니다. 둘째 되먹임고리란 무엇일까요? 마이크를 사용할 때 스피커에서 나온 음이 다시 마이크로 입력되어 소리가 크게 증폭되는 하울링 현상과 비슷합니다. 반응이 다시 입력되어 매우 큰 반응으로 나타나는 것을 말하죠. 셋째 열린시스템은 당연한 조건이고요, 넷째 조건은 우리 몸을 보면 알 수 있습니다. 사람은 100조 개 가까운 세포로 이루어진 복잡계이지요. 그런데 세포 하나하나 역시 복잡계입니다. 그리고 세포의 구성요소 또한 복잡계입니다. 또 우리 사회는 많은 사람들로 구성된 복잡계이니 여러 층위의 구조로 이루어져 있다고 할 수 있지요.

6-5 긴 꼬리 법칙

이러한 특징을 갖는 복잡계는 매우 특별한 현상을 드러냅니다. 대표적 특성이 거듭제곱법칙power law입니다. 긴 꼬리 법칙이라고도 하지요. 어떤 사건이 일어나는 빈도가 그 규모에 따라 그림 6-5에서처럼 긴 꼬리 모양으로 나타난다는 말입니다. 예를 들어보죠. 지진의 세기는 리히터 규모라는 수치로 분류합니다. 지난 2011년 일본 후쿠시마에서 발생한 지진의 규모는 리히터 규모 9.0 이상이라고 합니다. 그런데 지금까지 일어난 수많은 지진을 그 규모에 따른 발생 빈도수로 분류해보았더니 거듭제곱법칙을 따른다는 것이 확인되었습니다. 지진의 규모를 x라 하고 그 규모에 해당하는 지진의 발생횟수를 y라 하면 대략 $y=x^{-\alpha}$을 만족합니다. x가 커지면 y는 지수 α에 따라 감소합니다. 즉 지진의 규모가 클수록 그 발생 횟수는 줄어듭니다. 지진은 대륙의 판이 이동하면서 발생하는 현상이지만 땅 내부의 여러 요인들이 결합된 복잡계라 할 수 있죠. 이 관계를 만족하는 사례는 지진 말고도 매우 많습니다. 인구로 분류한 전 세계 도시의 수도 거듭제곱법칙을 따릅니다. 소설에 등장하는 단어의 빈도와 그 순위의 관계도 같은 법칙을 따른다는 재미있는 결과도 있습니다.[35] 제임스 조이스의 소설 《율리시스》에 등장하는 영어 단어의 빈도를 조사해보니 1위를 차지한 단어는 'the'로 약 9퍼센트였습니다. 10위는 'I'로 1퍼센트 그리고 100위는 'say'로 0.1퍼센트의 비율이었습니다. 이 역시 정확히 들어맞았습니다. 소설의 구성 역시 복잡계를 이루고 있다는 증거일까요?

지구 역사에서 있었던 대량 멸종의 강도와 빈도, 인간이 일으킨 전쟁의 규모와 빈도의 관계가 모두 거듭제곱법칙을 따른다는 것은 우리에게 새로운 방향으로 희망을 갖게 합니다. 지금까지 과학적 방법론으로 다룰 수 없었던, 그러나 언제나 우리 삶의 영역에 있었고 우리에게 영향을 끼쳐왔던 수많은 일들이 그저 우연히 발생한 것이 아니라 저변에 보편적 원리가 깔려 있는 것처럼 보이기 때문입니다.

임계점을 지나
스스로 만들어내는 질서

복잡계의 구성요소들은 비선형적 상호작용을 한다고 했습니다. 한 쌍의 요소만 있다고 하면 둘 사이의 상호작용은 늘 같겠지만 수많은 요소들이 관여하면 그들 간의 상호작용이 항상 같은 것은 아닙니다. 조건에 따라 달라질 수 있지요. 복잡계가 아닌 상황에서도 마찬가지입니다. 이미 100년 전에 확인된 사례가 초전도체superconductor입니다. 납이나 알루미늄 같은 금속은 상온에서는 구리에 비해 전기가 잘 통하지 않습니다. 하지만 온도를 아주 낮게 절대영도 근처까지 낮추면 갑자기 전기저항이 사라지는 초전도체가 됩니다. 이때 저항이 사라지는 온도를 임계온도critical temperature라고 하지요. 이 현상의 원인은 1950년대에 이미 잘 규명되었습니다. 금속에서 전기를 통하게 하는 역할은 전자가 합니다. 온도가 내려감에 따라 전자들의 상호작용이 달라지는데 임계온도에 가까이 가면 전자들이 마치 하나처럼 행동합니다. 마치 제멋대로 놀던 아이들이 선생님 호루라기 소리에 일사분란하게 열을 맞추는 것과 비슷하지요. 이것은 매우 낮은 온도에서 보이는 전자들의 양자역학적 특성 때문에 생기는 임계현상입니다.

양자역학을 고려할 필요가 없는 복잡계에서도 비슷한 임계성criticality이 나타납니다. 덴마크의 물리학자 페르 박은 모래를 위에서 계속 뿌려주면서 모래성을 쌓는 모의실험을 통해 임계현상을 설명합니다. 모래가 많이 쌓이지 않았을 때에는 모래성이 안정된 상황에서 계속 올라갑니다. 임계점에서 멀리 떨어진 상태죠. 모래를 계속 뿌리면 모래성이 조금씩 불안정해집니다. 그러다 임계점에 다다르기 직전에 전체 모래알들이 서로 한덩어리처럼 존재하며 불안정한 균형을 이룹니다. 모래들이 스스로 임계를 향해 접근한 것이죠. 여기에 모래 몇 알만 더 뿌려도 균형이 깨지며 모래성은 무너져내립니다. 그리고 다시 안정된 상태로 돌아갑니다.

모래를 계속 쌓으면 비슷한 일이 일어나겠죠? 다시 임계점에 이르고 모래성은 또다시 무너집니다. 모래성이 무너질 때마다 시점과 규모가 같지 않으며 앞에서 소개한 대로 단지 거듭제곱법칙을 따를 뿐입니다. 이렇게 특성이 매번 달라지는 현상을 적응adaptation이라고 합니다. 우리 뇌세포처럼 매우 정교한 네트워크를 이루는 복잡계에서는 변화를 넘어 '학습'이라는 의미로 확장됩니다. 복잡계 네트워크에서는 실제적 학습이 이루어지며 네트워크가 진화해갑니다. 수십억 년을 이어온 지구 생명의 진화 역시 이와 같은 과정의 산물로 볼 수 있습니다.

지금까지 설명한 대로 가끔씩 일어나는 엄청난 재해도 복잡계의 임계현상으로 이해할 수 있습니다. 지진, 산사태, 화산 폭발, 생물종의 집단 멸종, 주식시장의 붕괴 역시 마찬가지입니다. 경제학에 '파레토의 법칙'이라고 있죠? 철도 기술자로 일하다가 경제학자가 된 빌프레도 파레토가 찾아낸 법칙으로 '20퍼센트의 인구가 80퍼센트의 부를 차지한다'는 내용입니다. 이 또한 거듭제곱법칙을 따르는 예입니다. 경제 시스템 역시 복잡계인데 복잡계적 요소를 제대로 고려하지 않은 기존의 경제학 모형을 극복하고 예측력을 높이기 위해 등장한 분야가 경제물리학[36]입니다. 특히 과거 여러 차례 있었던 위기들을 복잡계의 임계현상으로 이해하려고 합니다. 미국의 산타페연구소에서 주도적으로 연구하고 있지만 아직 주류 경제학에 포함되지는 않은 듯합니다. 아무튼 상식적으로 보기에는 전혀 관련이 없는 이러한 예들을 복잡계의 임계현상과 거듭제곱법칙이라는 보편적 이론으로 이해할 수 있습니다.

대표적 복잡계,
생명

복잡계의 중요한 예 가운데 하나인 생명에 관해 좀 더 알아보겠습니다. 생명은 물리학자들에게 매우 어려운 주제입니다. 일단 생명 체계는 수많은 구성요소로 이루어진 열역학적 체계이기 때문에 미시적 역학 이론으로는 접근할 수가 없습니다. 생물학은 생명 현상을 직접 설명하는 학문이지요. 현대 생물학의 발전으로 우리는 생명이 작동하는 중요한 원리를 많이 알아냈습니다. 그뿐 아니라 생명 현상의 핵심 정보를 담고 있는 유전자를 조작하여 생명 복제까지 가능한 시대가 되었습니다. 인간만의 세계라 할 수 있는 뇌 연구에서도 믿기지 않는 수준으로 진전이 이루어져 인공지능에 의한 4차 산업혁명까지 논의되는 실정입니다. 그러면 인류는 생명에 대해 보편적 지식을 얻은 걸까요?

일단 생명은 지구에만 존재합니다. 따라서 생물학은 엄밀히 말해 '지구 생물학'입니다. 그러나 우주 공간에는 외계 생명체가 살 수도 있는 너무나 많은 곳이 있습니다. 단지 우리가 아직 발견하지 못했을 뿐이죠. 어떻게 이렇게 드넓은 우주에 지구에만 생명이 존재한다고 단정할 수 있을까요? 더 나아가 혹 외계 생명체가 존재한다면 지구 생명과 같은 모습, 같은 방식으로 만들어졌을까요? 이 또한 누구도 장담하기 어려운 일이지요. 오래전 《코스모스》라는 멋진 책으로 보통 사람들에게 과학을 새롭게 인식시켰던 천문학자 칼 세이건은 외계 생명에 대해 "10억 개의 성부로 이루어진 은하 생명의 푸가"라고 표현했습니다. 여섯 개의 성부로 이루어진 푸가를 작곡한 바흐도 역사상 전무후무한 천재로 칭송 받는 마당에 10억 개의 성부라니 상상이 가지 않는군요.

우리나라 물리학자이자 오랫동안 생명을 연구해온 장회익 선생은 외부의 에너지 유입 없이 자족적으로 생존할 수 있는 생명 체계의 기본 단위로 '온생명'이란 개념을 제시했습니다.[37] 지금까지 우주에서 확인된 유일한 온생명은 공간적으로는 태양-지구를 합친 것으로 약 40억 년 전에 탄생했습니다. 온생명은 우주 어디에도 존재할 수 있는 보편적 개념입니다. 그러나 우리는 아직까지 지구 생명체도 완전히 이해하지 못하고 있습니다.

생명이란 무엇일까요? 생명을 구성하는 요소를 파헤쳐보면 생명이 무엇인지 알 수 있을까요? 모든 생명체는 생명이 없는 존재와 마찬가지로 셀 수 없이 많은 원자로 이루어져 있습니다. 하지만 원자에 생명이 있다고 볼 수는 없습니다. 원자가 모여 분자를 이룬다고 해도 살아 있지는 않습니다. 생명체를 이루는 단백질, 지질, 탄수화물 같은 거대 분자들도 살아 있다고 할 수 없습니다. 세포에 이르러서야 분명히 살아 있는 존재라는 것을 알 수 있습니다. 세포는 물질대사를 하고 스스로 복제함으로써 증식하고 성세포들은 배우자 세포를 만나 새로운 생명을 만듭니다. 어떻게 살아 있지 않은 원자들이 모여 고도로 정교하고 복잡한 세포를 만들고 생명을 얻는 걸까요? 매우 어려운 문제입니다. 동학을 창시한 최제우 선생은 〈불연기연不然其然〉이라는 글을 썼더랬죠. "그러한 면으로 보면 충분히 그러하지만 그러하지 않은 면으로 보면 전혀 알기가 어렵다"는 말입니다.[38] 생명이란 이처럼 알 것 같으면서도 전혀 그렇지 않은 현상이라고 할 수 있습니다.

지금까지 물리학은 완전한 질서 체계에 대해서는 아주 잘 설명할 수 있었습니다. 또 완전히 고립된 평형상태에 대해서도 통계역학을 적용해 이해할 수 있었습니다. 그러나 생명은 열린시스템이며 '혼돈의 가장자리'에 위치해 있습니다. 양자역학의 기본 방정식을 이끌어낸 슈뢰딩거는 DNA 구조가 밝혀지기 오래전인 1944년 《생명이란 무엇인가》[39]라는 훌륭한 저서에서 생명은 완전한 질서 체계가 아니라 '비주기적 결정'이라고 규정하고 이는 복잡함 속에서 조화롭고 의미 있는 질서를 드러내는 거장의 위대한 작품과 같다며 매우 통찰력 있는 비유를 들어 설명합니다. 지금의 표현으로 바꾸면 '생명은 복잡계'라고 단언한 거지요. 주기적 결정은 매우 단순해서 부분만 봐도 전체를 알 수 있는 질서 체계입니다. 그런데 비주기적 결정도 구조가 복잡하긴 하지만 그 속에 질서가 내재해 있습니다. 이 구조를 '높은 수준의 질서'라 하고 싶군요. 이런 시스템은 환원주의적 방식에서처럼 부분을 분석한 후 종합해서 전체를 알 수 있는 시스템이 아닙니다. 단순한 물질인 원자들이 매우 특별한 방식으로 모이는 과정에서 생명이라는 매우 독특한 현상이 창발한다고 할 수 있습니다. 앞으로 생명의 탄생과 진화, 더 나아가 생명 자체를 어떻게 볼 것인가에 대해 복잡계 과학의 틀 안에서 많은 진척이 있으리라 기대해봅니다.

새로운 과학혁명

우리 인체를 비롯해 모든 생명체는 원자로 이루어져 있습니다. 원자는 양성자, 중성자, 전자로 이루어지며 양성자와 중성자는 더욱 근본적인 입자인 쿼크가 모여 만듭니다. 앞서 잠시 소개한 끈이론에서는 더 근본적으로 내려가 모든 소립자는 물리학이 접근할 수 있는 가장 작은 크기인 플랑크 길이(10^{-35}미터)의 끈에서부터 시작해야 한다고 주장합니다. 물리학이 달려온 환원주의의 길에서 막바지에 이른 듯합니다. 하지만 끈이론의 주장이 타당한지에 대해서는 아직 검증할 수 없으며 앞으로도 직접 검증하는 것은 불가능해 보입니다. 멋진 수학적 체계를 보여주는 끈이론이지만 실험적으로 검증할 수 없다면 큰 의미를 갖기는 어렵지요.

설령 끈이론이 객관적 사실로 검증된다 하더라도 끈이론으로 생명을 비롯한 '창발'적 현상들을 설명하기는 불가능합니다. '전체가 부분의 합보다 크다'는 복잡계의 특성상 부분에 관해 아무리 정확히 이해하고 있더라도 부분들이 만드는 '전체'까지 정확히 이해할 수는 없습니다. 다시 말해 우리가 미시적으로 원자를 이해한다 해도 수많은 원자들이 복잡하게 얽혀 창출해내는 생명의 질서를 알 수는 없습니다. 따라서 거시적이고 전체적인 관점을 제시하는 복잡계 과학이 필요합니다. 물론 기존의 환원론적 과학과 복잡계 과학의 두 관점 중 어느 하나를 택하라는 것은 아닙니다. 이 책의 많은 부분(1~5장)을 할애하여 설명한 환원론적 방법은 과학에서 매우 강력하고 효과적인 방식입니다. 하지만 우리 주변에서 일어나는 많은 현상은 복잡성을 근거로 발생합니다.

미시적이고 환원론적인 관점으로 이해할 수 있는 물리적 대상은 완벽에 가까운 질서를 보여줍니다. 공전하는 지구와 흔들리는 시계추, 포물선으로 날아가는 공이 대표적이죠. 이들의 운동은 완벽하게 기술되며 정확히 예측할 수 있습니다. 그러나 셋 이상의 대상이 서로 상호작용하며 운동하는 상황에서는 혼돈과 같은 예측 불가능한 현상이 일어나고, 방정식도 정확히 풀 수 없습니다. 자연은 질서와 혼돈이 결합하여 조화를 이루는 매우 복잡한 세계입니다. 완전한 질서처럼 보이는 내면에 혼돈이 존재하고 반대로 매우 혼란스러운 상황에도 그 안에 질서가 존재합니다. 이 체계는 내부 구성요소가 무엇이냐에 관계없이 통일된 모습을 보여주며, 따라서 환원론적 관점만으로는 이해할 수가 없습니다.

복잡계 과학은 21세기로 넘어온 지금 여러 의미에서 새로운 과학적 세계관을 필요로 하는 과학혁명의 과정에서 생각해야 합니다. 현대물리학에서 우리는 시간과 공간, 물질과 에너지(상대성이론), 파동과 입자(양자

역학) 등의 개념이 통합돼가는 과정을 볼 수 있었습니다. 가장 작은 세계에서부터 우주 전체까지 아우르지요. 그러나 또 다른 세계가 존재합니다. 바로 혼돈의 가장자리인 복잡성의 세계입니다.

다윈의 진화론은 다른 피조물과 달리 특별한 위치를 점하고 있던 인간을 그 자리에서 끌어내렸고 20세기 들어 눈부신 발전을 거듭한 생물학은 물질세계의 중요한 대상으로 등장했습니다. 그런데 생명의 세계를 들여다보려면 지금까지의 환원론적 관점은 근본적으로 한계가 있습니다. 대신 전일론적 관점holism이 필요하지요. 전일론적 관점은 질서와 혼돈이 뒤섞인 높은 수준의 복잡계를 이해하려는 관점입니다. 만유인력으로 하늘과 땅을 통합했듯이 이 관점에서는 생명, 인간의 뇌, 경제 시스템, 인터넷 네트워크, 생태계, 기후 체계 등 다양한 복잡계가 보편적 원리와 법칙으로 통합될 수 있습니다. 각자 구성요소가 다르므로 그것을 설명하는 미시적 이론은 제각기 다르겠지만 그들의 창발적 행위와 변화는 통일된 방식으로 일어나고 있기 때문입니다.

복잡계 과학은 주로 우리 삶과 연관된 대상이나 현상을 다룹니다. 바람이 불고 파도가 넘실거리며 생명들이 살아 숨 쉬는 현장의 모습 그대로를 다루죠. 많은 돈을 들여 최첨단 장비와 실험 조건을 갖추어야 실험할 수 있는 극한의 세계가 아니라 평범한 세상의 일들입니다. 평범한 세상은 한 치의 오차도 허용하지 않는 경직된 세계와는 다릅니다. 전쟁과 기근으로 죽어가는 사람들, 대공황으로 빈털터리가 된 사람들, 기후 재앙으로 집을 잃은 사람들이 넘쳐나는 이 세상의 일들은 정확한 예측과는 거리가 멉니다. 복잡계의 임계치를 정확히 알 수 없기 때문이지요.

그러나 그 안에도 긴 시간과 공간을 통해 도도히 흐르는 질서와 규칙이 있으며 이 질서는 앞으로 우리가 준비하는 삶이 어떠해야 하는지 알려줍니다. 다시 말해 정확히 어떤 일이 언제 어디서 일어날지는 모르지만 꼭 일어날 수밖에 없다는 정보를 주는 것이죠. 더욱이 그 결말이 어떠하리라는 것도 과거 역사를 통해 알 수 있습니다. 지구의 긴 역사에서 생명체는 여러 가지 재앙으로 혹독한 고통의 시기를 겪었습니다. 넓은 지역이 오염되고 많은 사람이 죽어간 핵발전소 사고만 지금까지 여섯 차례입니다. 우리가 기후나 핵발전 문제에 대해 현명하게 대처해야 하는 이유가 여기에 있습니다.

질서가 보이게 드러나지 않는 세계

여섯 번째 과학혁명

선형성을 가진
두 물체의 운동

미시 동역학 이론
개별 대상만 예측할 수 있음

고전역학, 상대성이론, 양자역학

푸앵카레
고전역학에서 예측할 수 있는 건 오직 두 물체까지만… 세 물체부터는 예측 불가능

혼돈을 보임

질서에서 벗어난 미시 동역학
미시 동역학 이론을 적용할 수 있지만 비선형성을 가지고 있어 예측이 불가능

나비효과
고전역학으로 예측할 수 있는 경우지만
조그만 차이도 증폭돼
결과를 예측할 수 없게 만듦

결정론적 혼돈

주사위던지기

주기 배가
걷잡을 수 없는 주기의 증가는
선형적인 방법으로는 예측이 불가

비선형 운동

로지스틱 맵, 프랙털 구조

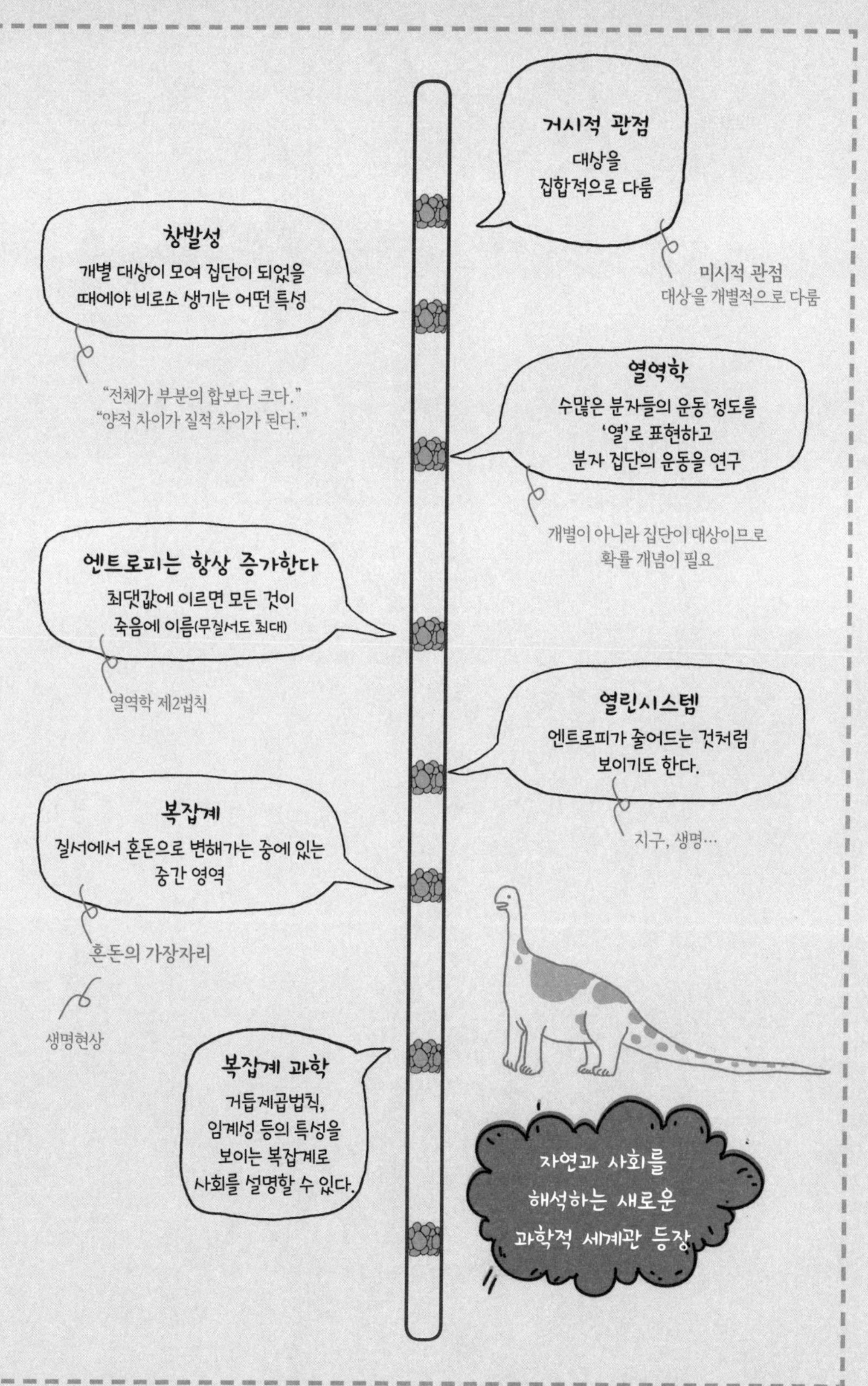
거시적 관점
대상을
집합적으로 다룸
미시적 관점
대상을 개별적으로 다룸
창발성
개별 대상이 모여 집단이 되었을
때에야 비로소 생기는 어떤 특성
"전체가 부분의 합보다 크다."
"양적 차이가 질적 차이가 된다."
열역학
수많은 분자들의 운동 정도를
'열'로 표현하고
분자 집단의 운동을 연구
개별이 아니라 집단이 대상이므로
확률 개념이 필요
엔트로피는 항상 증가한다
최댓값에 이르면 모든 것이
죽음에 이름(무질서도 최대)
열역학 제2법칙
열린시스템
엔트로피가 줄어드는 것처럼
보이기도 한다.
지구, 생명…
복잡계
질서에서 혼돈으로 변해가는 중에 있는
중간 영역
혼돈의 가장자리
생명현상
복잡계 과학
거듭제곱법칙,
임계성 등의 특성을
보이는 복잡계로
사회를 설명할 수 있다.
자연과 사회를
해석하는 새로운
과학적 세계관 등장

1장 그리스 자연철학

2장 고전 물리학의 시작

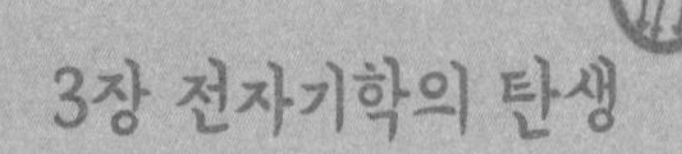

4장 현대물리학의 시작
5장 현대물리학의 또 한 축
6장 복잡계 과학의 또 다른 혁명
시민의, 시민에 의한,
시민을 위한 과학
닫는 글
physics!

물리학은 이미 오래전부터

지구의 엔트로피가 날로 증가하여

대다수 생명이 죽음을 맞이할 수 있다고 경고했지만

세계는 더욱 악화일로를 걷고 있습니다.

공멸로 가기 전에 주권자인 시민이 나서야 합니다.

지금까지 시민들을 하찮게 취급하면서

거짓말을 늘어놓고 온갖 패악을 저지른 자본과 권력,

그들의 마름으로 행세한 과학기술자들이

다시는 시민들을 무시하고

거짓말하지 못하도록 우리 모두

깨어 있어야 합니다.

지금까지 물리학이 걸어온 발자취를 커다란 변혁의 내용을 중심으로 살펴봤습니다. 짧은 시간 동안 많은 변화가 있었죠? 우주는 137억 년이라는 장구한 역사를 가지고 있습니다. 밝혀진 지구의 나이도 46억 년에 이르고 최초의 생명체가 등장한 시기도 약 38억 년 전입니다. 진화 과정에서 침팬지와 인류가 분리된 것이 약 700만 년 전이며, 현재까지 생존한 유일한 인류인 호모 사피엔스는 겨우 20만 년 전에 지구상에 나타났습니다. 호모 사피엔스는 그중 19만 년을 농사를 짓지 않는 구석기 시대로 살았고요. 겨우 1만 년 전에 우리는 자연에 농사라는 본격적 조작을 가하기 시작했습니다. 농사는 인류가 최초로 삶의 방식을 근원적으로 변화시킨 혁명이라 할 수 있습니다. 그 후로 또 '축의 시대'에 이르기까지 7,000년 이상의 시간이 흐릅니다. 이처럼 장구한 역사가 있지만 최근 100년 동안의 변화는 실로 믿기 힘들 정도입니다. 그러나 충분한 성찰이 없는 급격한 변화에는 언제나 부작용이 뒤따르게 마련이지요.

이제 주권자인 우리 시민이 과학적 사고를 넘어 과학 지식을 갖춘 시민 과학자로서 어떻게 당면한 문제들을 풀어나갈 수 있을지 생각해보겠습니다. 우리 삶에 직접 연결된 이 문제들을 더 이상 회피할 수 없기 때문입니다.

과학혁명 그 이후

여는 글에서 과학혁명이 갖는 내용적 특성에 관해 이야기했는데, 여기서는 물리학 혁명 이후에 전개된 과정을 잠깐 요약해보겠습니다.

고전물리학은 코페르니쿠스의 지동설에서 출발하여 뉴턴의 운동법칙으로 완성되었습니다. 결국 현대물리학 이전의 이론적 틀은 뉴턴의 법칙이라 할 수 있으니까요. 그러나 뉴턴의 법칙만으로는 분명 한계가 있습니다. 힘에 대해 안다는 것을 전제로 이 법칙을 사용할 수 있지만 충돌하는 물체들 사이에 작용하는 힘은 원리적으로 알 수가 없습니다(2장). 그래서 운동량과 일 등의 새로운 개념을 추가해 보존법칙 같은 유용한 원리를 도출했습니다. 물론 여전히 뉴턴 법칙의 패러다임 안에서 말이지요. 과학혁명이 혁명의 시기와 정상과학의 시기로 나누어진다고 주장했던 과학사가 토머스 쿤을 기억하시죠? 보존법칙은 정상과학 시기의 활동에 따른 결과일 겁니다. 동시에 뉴턴 법칙의 단순한 변형을 넘어 뉴턴 법칙이 해결할 수 없는 충돌 현상을 이해할 수 있도록 한 확장이요, 중요한 도약입니다.

앞에서는 다루지 않았지만 힘과 가속도의 개념을 근거로 나온 뉴턴의 법칙과 달리 19세기 조제프 루이 라그랑주, 윌리엄 로언 해밀턴 등이 이끌어낸 해석역학analytical mechanics이란 분야도 있습니다. 이들은 뉴턴과 달리 에너지를 중심으로 운동을 기술했습니다. 특히 자연에는 작용action이라는 물리량이 최소가 되도록 운동이 일어난다는 최소작용의 원리least action principle가 결국 뉴턴의 운동법칙과 정확히 일치함을 보였습니다. 이 법칙들은 라그랑주 방정식Lagrange equation과 해밀턴 방정식Hamilton equation으로 알려져 있지요.

물론 해석역학이 뉴턴 법칙을 훨씬 뛰어넘는 정보를 담고 있다고 보기는 어렵습니다. 그러나 자연의 운동을 보는 새로운 방식을 제시했으며, 나아가 양자역학이 나올 수 있는 씨앗을 품고 있었습니다. 보어가 원자를 연구하면서 수학적으로 제시한 양자화된 궤도도 해석역학에서 말하는 '작용'의 양자화에서 끌어낸 겁니다. 물리학자 파인만은 양자역학을 기술하는 슈뢰딩거의 파동역학, 하이젠베르크의 행렬역학 말고도 경로적분path integral이라는 새로운 방법론을 제시합니다. 이 역시 해석역학을 양자역학의 패러다임으로 전환한 것입니다. 뉴턴의 법칙과 양자역학 사이에 매우 큰 단절이 있어 보이지만 해석역학이 그 연결고리가 되고 있습니다.

그렇다면 뉴턴 물리학이 궁극적으로 완성된 시기는 운동량 및 에너지 보존법칙, 라그랑주와 해밀턴의 해석역학, 맥스웰의 전자기 법칙과 빛의 통합 이론이 나온 19세기 후반이라고 할 수 있습니다. 과학철학자 팀 르윈스가 말했듯이 쿤의 정상과학의 시기도 "과학적 창의성과 큰 관련이 있는 시기"입니다.[40] 더 나아가 당대의 패러다임을 완성시켜가는 과정이라 볼 수 있습니다.

상대성이론과 양자역학도 마찬가지입니다. 상대성이론은 1915년 일반상대성이론으로 큰 틀이 완성되었지요. 이후 중력파, 우주팽창과 블랙홀을 설명하는 이론으로 확장되었습니다. 최근 중력파가 검증되어 상대성이론 자체만으로는 완성 단계에 도달했다고 할 수 있습니다. 양자역학은 1927년 코펜하겐 해석으로 패러다임이 완성되었지만 여러 다른 해석도 제시되어왔으며, 특수상대성이론과 통합하는 과정에서 양자장론, 표준모형 등으로 확장됐습니다. 또 컴퓨터의 혁명이라 불리는 양자컴퓨터 등 양자정보 이론은 현재의 양자역학 분야에서 가장 뜨거운 주제입니다. 상대성이론과 양자역학을 합쳐 현대물리학이라고 부르는 것은 이 두 체계가 완성되어서가 아니라 완성되어가는 과정에 있기 때문입니다. 궁극적 완성은 두 체계가 매우 합리적으로 통합하여 궁극 이론에 이르고 신뢰할 만한 검증을 통과하는 단계에서 이루어질 겁니다.

2017년은 러시아혁명이 일어난 지 100년이 된 해입니다. 20세기 역사에서 자본주의를 부정한 러시아혁명은 현대에 커다란 영향을 미친 엄청난 사건이었습니다. 지금 선진국에서 복지제도나 평등을 어느 정도 이룰 수 있는 것은 러시아혁명 덕분이라고 하죠. 하지만 자본주의가 한계에 도달한 지금 위대한 혁명의 영향은 사라지고 파국으로 치닫고 있는 것은 아닌가 하는 생각이 듭니다. 자본주의를 넘어 새로운 시스템으로 전환하기 위해 소련의 붕괴 이후 실패로 규정된 러시아혁명을 재조명하는 노력도 한창입니다. 오슬로대학교의 박노자 교수는 최근 저서에서 "혁명의 종착지는 또 하나의 혁명의 출발지"라고 썼더랬죠.[41]

19세기 말 고전물리학은 그 완성을 눈앞에 두고 세상을 모두 점령해버린 것처럼 보였습니다. 하지만 동시에 고전물리학의 한계도 드러나기 시작했고 다음 혁명의 출발점이 되었습니다. 그래서 나타난 양자역학과 상대성이론은 100년의 세월 동안 과학을 지배해온 두 기둥이지만 궁극 이론으로서 한계도 드러내고 있습니다. 바야흐로 새로운 물리학의 출발선에 서 있는 것은 아닐까요.

과학자의 역할

물리학은 지금까지 매우 합리적 과정을 거쳐 세계관을 변화시키고 시대정신을 선도해왔습니다. 하지만 물리학도 결국 사람이 하는 일이라 당대에 속한 과학자들의 진실하고 깊은 탐구 활동이 중요합니다. 그런데 대체로 과학혁명이 일어나고 세계관이 정립되는 과정에서 대다수 과학자들은 부지런히 시대 변화의 흐름을 읽고 세계관을 성찰하며 숙고하는 데는 관심을 갖지 않았습니다.

고전물리학에서 현대물리학으로 전환되는 과정을 함께했던 철학자 화이트헤드는 근대 과학을 성찰한 저서 《과학과 근대 세계》에서 고전물리학이 실증적 지식의 측면에서 큰 성과를 올리고 기술 진보를 진작시켰음을 인정하지만 세계를 설명하는 데에서 맹목성을 드러냈다고 비판합니다.[42] 그리고 미래에는 환원주의 물리학이 가지는 거대한 주권이 퇴조하는 대신 살아 있는 유기체가 좀 더 존중받을 것이라 주장합니다. 화이트헤드는 때마침 등장한 상대성이론과 양자역학이 기존의 기계론적 환원주의를 극복하는 계기를 마련하리라 여기고 자신의 저서에 두 이론에 대한 해석을 내놓기도 했습니다.

그러나 현대물리학이 등장한 이후에도 소수의 학자들을 제외한 대부분의 과학자들은 과학혁명이 주는 열매를 따 먹기에 바빴습니다. 20세기 전반기에 세계 대공황과 비극적인 세계대전이 두 차례 발발했습니다. 특히 세계대전은 제국들이 식민지 재편을 기도한 제국주의 전쟁이라 할 수 있지만, 더 깊숙이 들어가면 오랫동안 브레이크 없는 폭주 기관차처럼 질주하던 인간 이성이 드디어 밑 모를 낭떠러지에 이른 것으로 이해할 수 있습니다.[43] 제2차 세계대전은 현대물리학의 결과인 원폭 투하로 마무리됩니다. 미국은 원자폭탄 개발을 위한 '맨해튼 프로젝트'에 로버트 오펜하이머를 비롯한 많은 과학자를 동원해 독일보다 앞서 원자폭탄을 개발했고 전쟁에서 승리합니다. 아인슈타인을 비롯해 소수의 과학자들이 끔찍한 살상무기를 반대하며 반전운동에 나서기도 했지만 대다수는 그 후로도 제 갈 길만 가고 있었습니다.

세계대전 이후 곧이어 한국전쟁이 발발했고 1960년대 미국은 베트남에서 명분 없는 전쟁을 일으키며 수많은 젊은이를 희생시켰습니다. 유럽과 미국을 비롯해 전세계에서는 성장 중심의 경제정책과 억압적인 정치문화로 젊은 지식인들의 불만이 고조되었고 결국 5월혁명(68혁명)으로 이어졌습니다. 학생들을 중심으로 기성세대를 거부하며 권위의 타파, 성평등, 환경 보존 등 다양한 사회문화적 이슈들이 등장했지요.

이 거대한 물결에 앞장서며 기존 문명에 대해 깊이 성찰한 물리학자가 프리초프 카프라입니다. 카프라는 현대물리학 이론의 기본 사상이 생태·생명 사상을 기본으로 하는 동양사상과 유사함을 발견하고 앞에서도 소개한 《현대물리학과 동양사상》을 썼습니다.[44] 이 책은 세계적 베스트셀러가 되어 과학자보다 일반인들로 하여금 근대 과학적 세계관에 머물고 있는 지금의 문명에 대해 성찰하는 계기를 만들어주었습니다. 카프라는 또 다른 저서 《새로운 과학과 문명의 전환》에서 기존의 기계적 세계관으로부터 통섭적 패러다임으로 전환이 필요함을 역설합니다.[45] 물리학자로서 카프라는 현대물리학의 열매만을 따 먹는 손쉬운 일을 포기하고 스스로 동양사상을 탐구하면서 현대물리학이 담고 있는 사상의 본질을 제시한 겁니다. 서양인으로서 동양사상을 해석하는 깊이가 얕다는 비판도 있지만 심각한 위기 앞에 선 인류가 현대물리학을 통해 위기를 극복할 방향성을 제시했다는 데 큰 의미를 둘 수 있습니다.

카프라와 더불어 기존 문명에 대한 성찰을 가져다준 과학자는 또 있습니다. 농약과 살충제로 오염되어 지옥으로 변해가는 미국의 현실을 보고 1962년 화학물질 남용을 고발한 책 《침묵의 봄》을 발표한 과학자 레이철 카슨입니다. 작가가 되고 싶어 영문학을 공부하려다 생물학자가 된 카슨은 당시 여성이라는 한계 속에서도 굴하지 않고 DDT 등 화학물질의 악영향에 대해 오랜 세월 자료를 수집하고 연구한 결과를 바탕으로 명저를 저술합니다. 또 1964년 암으로 작고할 때까지 화학물질의 남용을 금지하는 법안을 통과시키기 위해 노력했고 결국 존 F. 케네디 대통령과 의회의 승인을 얻어냅니다. 카슨의 노력은 전세계로 번져 이제 우리는 그녀를 환경운동의 어머니로 기억하고 있지요. 레이철 카슨은 세상을 떠났지만 그녀의 정신은 계속 이어져 1970년 4월 22일을 '지구의 날'로 제정하기에 이릅니다. 한 명의 과학자가 어떻게 세상을 변화시킬 수 있는지 보여주는 좋은 본보기이죠. 《침묵의 봄》은 작가다운 멋진 글로 채워진 가장 영향력 있는 과학책으로 우리 곁에 남아 있습니다.[46]

자본주의와
과학기술

그럼에도 여전히 달라진 것은 별로 없습니다. 자본 권력의 시녀가 된 과학기술의 위험성은 보통 시민들의 일상적 삶마저 위협하고 있습니다. 몇 해 전 우리나라에서 많은 희생을 가져온 가습기 살균제 사태는 이른바 '청부 과학자'들이 연구보고서까지 조작한 참사로 밝혀졌습니다. 하루 4,000만 개의 달걀을 생산하는 나라에서 건강에 치명적인 살충제를 양계장에 버젓이 뿌리며 돈을 버는 상황은 또 어떻게 이해할 수 있을까요? 카슨 덕택에 오래전에 금지된 DDT 성분이 여전히 토양에 남아 그 흙에서 자란 풀을 먹은 닭한테서 검출됐다는 소식도 있었죠. 이처럼 한번 오염된 토양이 회복되려면 많은 시간이 걸립니다. 아무튼 지금 우리 일상을 둘러볼 때 너무나 많은 위험물질이 우리 건강과 안전을 노리고 있습니다. 당장은 큰 탈이 나지 않더라도 몸에 축적되어 결국 암과 같은 병에 이르게 하는 무서운 독극물이 세상 곳곳에 퍼져 있는 겁니다. 이제 우리 삶의 방식 자체를 근본적으로 반성할 때입니다.

양자역학과 생물학이 만나면서 성립된 분자생물학은 생명의 물리적 메커니즘을 깊이 이해할 수 있게 해주었지만 생명을 조작하고 변형시키며 심지어 복제하는 능력까지 가져다주었습니다. 물론 이 흐름은 화이트헤드가 기대했던 방향과는 다릅니다. 이는 전세계 과학자들의 폭발적 경쟁을 불러일으켰고 그 배후에는 엄청난 자본 권력이 있지요. 이곳에는 연구윤리나 기본 인권마저도 존재하지 않습니다. 이런 총체적 문제의 결정판이 2005년 여성 연구원의 난자 불법 채취와 연구결과 조작 등의 문제를 일으킨 '황우석 교수 사건'이었습니다.

또 다른 위협도 있습니다. 핵발전입니다. 원자폭탄이라는 가공할 무기가 오히려 전쟁 억지력을 가지고 있다고는 하지만 일상에서는 핵발전이라는 위험한 괴물이 우리 삶을 위협하고 있습니다. 이미 여섯 차례나 있었던 원전사고의 교훈으로 지금 여러 선진국에서는 원전을 포기하고 청정하고 재생 가능한 에너지원으로 에너지 생산의 방향을 바꾸었습니다. 그런데 동아시아의 한·중·일 세 나라는 최근까지도 원전 확대 정책을 펴고 있습니다. 다행히 현 정부가 원전 포기를 선언했지만 지금의 발전소를 수명이 다할 때까지는 유지할 계획입니다. 결국 50~60년 후에나 완전히 핵발전이 없는 사회가 될 수 있는 것이죠. 원전 폐기 정책이 너무 느슨한 것은 아닐까요. 이미 양심적 독립언론 등에서 파헤쳤듯이 핵발전 산업은 '한수원'이라는 원자력공학과 출신의 관료집단과 핵공학자 그리고 정치인들의 이권이 개입된 '황금알을 낳는 거위'입니다. 후쿠시마 사고에서 보듯이 엄청난 재앙을 부를 수 있는 원전이 단 몇 사람의 결정으로 운영되며 그 과정도 전혀 공개되지 않고 있습니다. 이와 같은 원전의 비밀주의와 이권 챙기기 속에서 참혹한 사고는 언제든 일어날 수 있습니다.■

과학자와 권력이 한 패가 되어 국토를 훼손한 사례도 있지요? 우리의 젖줄인 강을 '사死대 강'으로 만들어버린 이른바 '4대 강 살리기 사업'은 역사상 최악의 국책사업으로 기록될 겁니다. 고인 물은 썩는다는 단순한 이치도 무시한 이 사업은 건설업자 출신의 최고 권력자와 대기업 건설사, 특

■ 이 내용에 대해서는 인터넷 독립언론 〈뉴스타파〉(newstapa.org)의 원전 비리와 관련한 기획보도를 참조하세요.

정 지역의 업자들과 더불어 이른바 '하천 전문가'라는 과학자들이 합세해 벌인 시대의 사기극으로 드러났습니다. 최소 22조 원의 건설비용과 매년 들어가는 유지비를 고려하면 앞으로 또 얼마나 돈을 쏟아부어야 할지 알 수 없습니다. 이런 사업을 앞장서서 진두지휘한 학자들이 언론에 나와 사업의 정당성을 부르짖던 모습이 생생히 떠오릅니다. 일제강점기에 전쟁 참여를 독려하며 젊은이들을 사지로 내몰았던 친일 앞잡이 지식인들과 오버랩되는 것은 비단 저만일까요? 우리는 이 사업이 강행되는 것을 막지 못했습니다. '광우병' 문제로 국민들의 대대적 저항에 부딪혔던 MB 정권이 진실을 알려야 할 언론을 장악하면서 4대 강 사업은 모든 절차를 무시한 채 일사천리로 진행되었습니다. 우리 대다수는 많은 정보가 차단된 상황에서 눈앞의 일을 제대로 보지 못했지요.

시민과학자,
우리 모두 삶의 혁명으로

이 밖에도 너무나 위협요소가 많아 모든 기본 생활이 불안한 세상이 되었습니다. 게다가 전 지구적으로 보면 전쟁으로 배를 불리는 미국 군산복합체, 세계의 모든 먹거리를 마음대로 조작하는 몬산토Monsanto, 카길Cargill 같은 다국적기업의 횡포[47], 온난화, 오존층 파괴, 아마존 습지의 파괴, 사막화 등 헤아릴 수 없을 정도로 처참한 재앙이 다가오고 있습니다. 이 재앙에서 벗어나야 합니다. 이것은 오로지 우리 시민의 힘으로만 가능합니다. 우리 생활 곳곳에 침투해 우리의 생명과 재산을 노리는 검은 세력은 우리 스스로 물리쳐야 합니다.

학자라는 사람들이 4대 강 사업을 하며 과학의 법칙에 반하는 얼토당토않은 주장을 버젓이 떠들어댔지요. 핵공학자들은 원전이 안전하다며 역시 가장 기본적인 과학적 사실과 동떨어진 주장을 하고 있죠. 먹거리와 많은 생필품에 유해한 화학물질을 사용하면서 맛과 효능을 선전하지만, 역시 과학적으로 전혀 타당성이 없는 게 대부분입니다. 이런 위험으로부터 우리 자신을 어떻게 지킬 수 있을까요?

기본적인 과학지식만 가지고 있어도 많은 위험 요소를 막아낼 수 있습니다. 자본주의는 끊임없이 우리를 유혹하고 굴복시킵니다. 자본주의는 끊임없이 우리가 쓰던 것을 던져버리고 새것으로 바꾸도록 요구합니다. 열역학 제2법칙을 기억하시죠? 우리는 지금 매우 높은 질서의 에너지원을 낭비하여 쓰레기로 만들고 있습니다. 지구의 엔트로피는 날로 증가하여 죽음을 향해 빠른 걸음으로 나아가고 있습니다. 물리학은 이미 200년 전부터 이를 경고해오고 있지만 모두가 귀를 닫고 쓰레기를 만드는 데 열을 올리고 있습니다. 이 흐름을 되돌려 더 이상 피해를 입지 않기 위해서는 결국 주권자인 시민이 나서야 합니다. 스스로 삶 속에서 실천할 뿐 아니라 시민을 대신해 일하는 이들에게 직접 명령해야 합니다. 우리를 더 이상 위협하지 말라고요. 지금까지 거짓말을 늘어놓고 온갖 패악을 저질러온 자본과 권력, 그들의 마름으로 행세한 과학기술자들이 다시는 시민을 무시하고 거짓말을 하지 못하도록 깨어 있어야 합니다. 그러니 우리 모두 시민과학자가 되어야 하지 않을까요?

어느덧 마무리할 때입니다. 2016년 겨울 우리가 보여준 촛불혁명은 현대사에 큰 의미를 지니는 세계적 대사건이었습니다. 우리 시민들은 위대한 역사를 창조했죠. 국정을 농단한 적폐정권을 몰아내고 새로운 민주정권이 들어섰습니다. 그러나 그것이 혁명의 종착역은 아닙니다. 그동안 쌓인 적폐들이 사회 곳곳에서 드러나고 거대한 변화의 물줄기를 거스르려는 움직임이 국회에서, 언론에서, 법원과 검찰에서, 원전에서 벌어지고 있습니다. 이 모든 영역이 우리 손 안에 들어올 때까지 시민이 주권자로서 의식을 가지고 쉼 없이 노력해야 합니다.

이와 더불어 우리가 잊고 살았던 우리 삶 안의 적폐들도 말끔히 털어버려야 합니다. 인류의 생존마저 위협받는 이 시대에 어떤 생활방식이 필요한지 공부하고 실천하는 노력이 필요합니다. 시민들이 스스로 공부하고 실천하고 고민하는 모임을 만들고 확산시켜가는 것도 좋은 방법이겠죠. 거기에 물리학을 공부하는 모임도 많이 생겨나기를 기대해봅니다. 이러한 노력을 통해 우리는 참된 민주주의를 이루고 참혹한 생태위기 또한 극복해낼 수 있을 겁니다.

이제 우리가 주인이고 모든 것은 우리 손에 달렸습니다.

1《독일 이데올로기》'포이어바흐에 관한 테제 11'. (카를 마르크스·프리드리히 엥겔스 지음, 김대웅 옮김,두레, 2015)

2 博學之, 審問之, 愼思之, 明辯之, 篤行之.《중용 한글역주》 20장. (도올 김용옥 지음, 통나무, 2011)

3《또 다른 교양 : 교양인이 알아야 할 과학의 모든 것》(에른스트 페터 피셔 지음, 김재영 외 옮김, 이레, 2006)

4《과학혁명의 구조》(토머스 쿤 지음, 김명자·홍성욱 옮김, 까치, 2003)

5《과학한다, 고로 철학한다》(팀 르윈스 지음, 김경숙 옮김, MID, 2016)

6 無極而太極, 太極動而生陽, 動極而靜, 靜而生陰. 靜極復動, 一動一靜, 互爲基根, 分陰分陽, 兩儀立焉. 兩變陰合, 而生水火木金土, 五氣順布, 四時行焉.

7《최무영 교수의 물리학 강의》(최무영 지음, 책갈피, 2008)

8《두 문화》(찰스 스노 지음, 오영환 옮김, 사이언스북스, 1996)

9《축의 시대》(캐런 암스트롱 지음, 정영목 지음, 교양인, 2010)

10《철학의 기원》(가라타니 고진 지음, 조영일 지음, 도서출판 b, 2015)

11《데모크리토스와 에피쿠로스 자연철학 차이 : 마르크스 박사 학위 논문》(카를 마르크스 지음, 고병권 옮김, 그린비, 2001)

12《과학의 탄생》(야마모토 요시타카 지음, 이영기 옮김, 동아시아, 2005)

13《16세기 문화혁명》(야마모토 요시타카 지음, 남윤호 옮김, 동아시아, 2010)

14《과학의 민중사》(클리퍼드 코너 지음, 김명진·안성우·최형섭 옮김, 사이언스북스, 2014)

15《과학과 근대 세계》(알프레드 노스 화이트헤드 지음, 오영환 옮김, 서광사, 1989)

16 위의 책

17《월든》(헨리 데이비드 소로 지음, 강승영 옮김, 은행나무, 1993)

18《시민의 불복종》(헨리 데이비드 소로 지음, 강승영 옮김, 은행나무, 1999)

19《과학의 탄생》(야마모토 요시타카 지음, 이영기 옮김, 동아시아, 2005)

20《동학 1 : 수운의 삶과 생각》(표영삼 지음, 통나무, 2004),《동학 2 : 해월의 고난역정》(표영삼 지음, 통나무, 2005)

21《생각의 역사 2 : 20세기 지성사》(피터 왓슨 지음, 이광일 옮김, 들녘, 2009)

22《Conversations with Claude Levi-Strauss》(Claude Levi-Strauss and Didier Eribon, Chicago University Press, 1988)

23 四方上下謂之宇, 往古來今謂之宙.

24 《완벽한 이론 : 일반상대성이론 100년사》(페드루 페레이라 지음, 전대호 옮김, 까치, 2014)

25 위의 책

26 《멀티 유니버스》(브라이언 그린 지음, 박병철 옮김, 김영사, 2012)

27 《현대물리학과 동양사상》(프리초프 카프라 지음, 이성범 옮김, 범양사, 2006)

28 《Science and the Common Understanding》(J. R. Oppenheimer, Oxford Univ. Press, 1956)

29 《우파니샤드》 이샤 우파니샤드 5장.

30 〈Can Quantum-Mechanical Description of Physical Reality be Considered Complete?〉(A. Einstein, B. Podolsky, N. Rosen, 《Physical Review》 47: 777~780, 1935)

31 《천 개의 고원》(질 들뢰즈·펠릭스 가타리 지음, 김재인 옮김, 새물결, 2001)

32 〈More is Different〉(P. W. Anderson, 《Science》 177: 393~396, 1972)

33 今夫山 一卷石之多 及其廣大 草木生之 禽獸居之 寶藏興焉. 《중용 한글역주》 26장(김용옥 지음, 통나무, 2011)

34 《혼돈의 가장자리》(스튜어트 카우프만 지음, 국형태 옮김, 사이언스북스, 2002)

35 〈복잡계 개론〉(윤영수·채승병 지음, 삼성경제연구소, 2005)

36 《An Introduction to Econophysics》(R. N. Maantegna and E. H. Stanley, Cambridge University Press, 2004)

37 《생명을 어떻게 이해할까》(장회익 지음, 한울, 2014) ; 《삶과 온생명》(장회익 지음, 현암사, 2014)

38 《동학 1》(표영삼 지음, 통나무, 2004)

39 《생명이란 무엇인가》(에르빈 슈뢰딩거 지음, 전대호 옮김, 궁리, 2007)

40 《과학한다, 고로 철학한다》(팀 르윈스 지음, 김경숙 옮김, MID, 2016)

41 《러시아혁명사 강의》(박노자 지음, 나무연필, 2017)

42 《과학과 근대 세계》(알프레드 노스 화이트헤드 지음, 오영환 옮김, 서광사, 1989)

43 《사람이 알아야 할 모든 것, 철학》(남경태 지음, 들녘, 2007)

44 《현대물리학과 동양사상》(프리초프 카프라 지음, 이성범 옮김, 범양사, 2006)

45 《새로운 과학과 문명의 전환》(프리초프 카프라 지음, 구윤서·이성범 옮김, 범양사, 2007)

46 《침묵의 봄》(레이철 카슨 지음, 김은령 옮김, 에코리브르, 2011)

47 《죽음의 밥상》(피터 싱어·짐 메이슨 지음, 함규진 옮김, 산책자, 2008)

여는 글

공자孔子, BC551~479

애공哀公

염계濂溪

주돈이周敦?, 1017~1073

퇴계 이황退溪 李滉, 1502~1571

자공子貢

1장

카를 야스퍼스Karl Jasperse, 1883~1969

가라타니 고진柄谷行人, 1941~

탈레스Thales, BC 624~546

아낙시만드로스Anaximandros, BC 610~547

아낙시메네스Anaximenes, BC 550~475

헤라클레이토스Herakleitos, BC 540?~480?

파르메니데스Parmenides, BC 515?~445?

제논Zenon, BC 490?~430?

피타고라스Pythagoras, BC 582~497

투유유屠呦呦, 1930~

데모크리토스Democritus, BC 460~370

에피쿠로스Epicurus, BC 341~271

루크레티우스Lucretius, BC 99~55

알프레드 노스 화이트헤드Alfred North Whitehead, 1861~1947

아르키메데스Archimedes, BC 287~212

2장

야마모토 요시타카山本義隆, 1941~

니콜라우스 코페르니쿠스Nicolaus Copernicus, 1473~1543

안드레아스 오시안더Andreas Osiander, 1498~1552

요하네스 케플러Johannes Kepler, 1571~1630

티코 브라헤Tycho Brahe, 1546~1601

르네 데카르트Rene Decarets, 1596~1650

갈릴레오 갈릴레이Galileo Galilei, 1564~1642

조토 디 본도네Giotto di Bondone, 1267~1337

위르뱅 르베리에Urbain Jean Joseph Le Verrier, 1811~1877

요한 고트프리트 갈레Johann Gottfried Galle, 1812~1910

하인리히 다레스트Heinrich Ludwig d'Arrest, 1822~1875

윌리엄 블레이크William Blake, 1757~1827

윌리엄 워즈워스William Wordsworth, 1770~1850

헨리 데이비드 소로Henry David Thoreau, 1817~1862

아폴로니우스Apollonius of Perga, BC 230경

알렉산더 포프Alexander Pope, 1688~1744

3장

크리스티안 하위헌스Christiaan Huygens, 1629~1695

토머스 영Thomas Young, 1773~1829

샤를 오귀스탱 드 쿨롱Charles Augustin de Coulomb, 1736~1806

한스 크리스티안 외르스테드Hans Christian Ørsted, 1777~1851

앙드레마리 앙페르Andre_Marie Ampere, 1775~1836

마이클 패러데이Michael Faraday, 1791~1867

제임스 클러크 맥스웰James Clerk Maxwell, 1831~1879

하인리히 루돌프 헤르츠Heinrich Rudolf Hertz, 1857~1894

최제우崔濟愚, 1824~1864

최시형崔時亨, 1827~1898

손병희孫秉熙, 1861~1922

소파 방정환小波 方定煥, 1899~1931

표영삼表暎三, 1925~2008

4장

지그문트 프로이트Sigmund Freud, 1856~1939

피터 왓슨Peter Watson, 1943~

앨버트 마이컬슨Albert Abraham Michelson, 1852~1931

에드워드 몰리Edward Morley, 1838~1923

헤르만 민코프스키Hermann Minkovsky, 1864~1909

마르셀 그로스만Marcel Grossman, 1878~1936

게오르크 칸토어Georg Ferdinand Ludwig Philipp Cantor, 1845~1918

아서 에딩턴 경Sir Arthur Stanley Eddington, 1882~1944

알렉산드르 프리드만Алекса́ндр Алекса́ндрович Фрйдман, 1888~1925

조르주 르메트르 Georges Henri Joseph Edouard Lemaitre, 1894~1966

에드윈 허블Edwin Powell Hubble, 1889~1953

조지 가모프George Gamow, 1904~1968

아노 펜지어스Arno Allan Penzias, 1933~

로버트 윌슨Robert Woodrow Wilson, 1936~

카를 슈바르츠실트Karl Schwarzschild, 1873~1916

존 휠러John Archibald Wheeler, 1911~2008

스티븐 호킹Stephen William Hawking, 1942~2018

5장

닐스 보어Niels Henrik David Bohr, 1885~1962

리처드 파인만Richard Phillips Feynman, 1918~1988

막스 플랑크Max Planck, 1858~1947

조지프 톰슨 경Sir Joseph John Thomson, 1856~1940

빌헬름 뢴트겐Wilhelm Conrad Rontgen, 1845~1923

퀴리 부부Pierre and Maria Skłodowska-Curie

앙리 베크렐Antoine Henri Becquerel, 1852~1908

로버트 브라운Robert Brown, 1773~1858

존 돌턴John Dalton, 1766~1844

어니스트 러더퍼드Ernest Rutherford, 1871~1937

루이 드브로이Louis Victor Pierre Raymond de Broglie, 1892~1987

베르너 하이젠베르크Werner Karl Heisenberg, 1901~1976

브라이언 그린Brian Greene, 1963~

에르빈 슈뢰딩거Erwin Rudolf Josef Alexander Schrodinger, 1887~1961

막스 보른Max Born, 1882~1970

볼프강 파울리Wolfgang Ernst Pauli, 1900~1958

프리초프 카프라Fritjof Capra, 1939~

로버트 오펜하이머Julius Robert Oppenheimer, 1904~1967

폴 디랙Paul Adrian Maurice Dirac, 1902~1984

제임스 채드윅Sir James Chadwick, 1891~1974

스티븐 와인버그Steven Weinberg, 1933~

압두스 살람Muhammad Abdus Salam, 1926~1996

머리 겔만Murray Gell_Mann, 1929~

6장

앙리 푸앵카레Jules_Henri Poincare, 1854~1912

필립 워런 앤더슨Philip Warren Anderson, 1923~

앙투안 라부아지에Antoine_Laurent de Lavoisier, 1743~1794

윌리엄 톰슨William Thomson, 1824~1907

제임스 줄James Prescott Joule, 1818~1889

일리야 프리고진Ilya Prigogine, 1917~2003

칼 세이건Carl Edward Sagan, 1934~1996

이자벨 스탕제Isabelle Stengers, 1949~

닫는 글

조제프 루이 라그랑주Joseph_Louis Lagrange, 1736~1813

윌리엄 로언 해밀턴William Rowan Hamilton, 1805~1865

레이철 카슨Rachel Carson, 1907~1964

페르 박Per Bak, 1948~2002

시민의 물리학

그리스 자연철학에서 복잡계 과학까지,
세상 보는 눈이 바뀌는 물리학 이야기

1판 1쇄 발행 | 2018년 8월 1일
1판 7쇄 발행 | 2024년 5월 14일

지은이 | 유상균
펴낸이 | 박남주
펴낸곳 | 플루토

출판등록 | 2014년 9월 11일 제2014 - 61호
주소 | 07803 서울특별시 강서구 공항대로 237 (마곡동) 에이스타워 마곡 1204호
전화 | 070 - 4234 - 5134
팩스 | 0303 - 3441 - 5134
전자우편 | theplutobooker@gmail.com

ISBN 979 - 11 - 88569 - 05 - 2 03420

이 도서의 국립중앙도서관 출판시도서목록(CIP)은 서지정보유통지원시스템 홈페이지(http://seoji.nl.go.kr)와
국가자료공동목록시스템(http://www.nl.go.kr/kolisnet)에서 이용하실 수 있습니다.(CIP제어번호: CIP 2018021782)